全国专业技术人员新职业培训教程

增材制造工程技术人员 初级

增材制造技术应用

人力资源社会保障部专业技术人员管理司　组织编写

中国人事出版社

图书在版编目（CIP）数据

增材制造工程技术人员：初级．增材制造技术应用 / 人力资源社会保障部专业技术人员管理司组织编写．北京：中国人事出版社，2024. --（全国专业技术人员新职业培训教程）. -- ISBN 978-7-5129-2088-0

Ⅰ. TB4

中国国家版本馆 CIP 数据核字第 2024D6S394 号

中国人事出版社出版发行

（北京市惠新东街 1 号　邮政编码：100029）

*

北京瑞禾彩色印刷有限公司印刷装订　　新华书店经销

787 毫米 ×1092 毫米　16 开本　19 印张　286 千字

2024 年 12 月第 1 版　　2024 年 12 月第 1 次印刷

定价：56.00 元

营销中心电话：400-606-6496

出版社网址：https://www.class.com.cn

本书编委会

指导委员会

编审委员会

出版说明

当今世界正经历百年未有之大变局，我国正处于实现中华民族伟大复兴关键时期。在全球经济低迷，我国加快形成以国内大循环为主体、国内国际双循环相互促进的新发展格局背景下，数字经济发挥着提振经济的重要作用。党的十九届五中全会提出，要发展战略性新兴产业，推动互联网、大数据、人工智能等同各产业深度融合，推动先进制造业集群发展，构建一批各具特色、优势互补、结构合理的战略性新兴产业增长引擎。党的二十届三中全会强调，健全促进实体经济和数字经济深度融合制度，加快构建促进数字经济发展体制机制，完善促进数字产业化和产业数字化政策体系。数字技术、数字经济是世界科技革命和产业变革的先机。数字经济发展速度之快、辐射范围之广、影响程度之深前所未有，成为我国推动高质量发展的核心动力。

近年来，人工智能、物联网、大数据、云计算、数字化管理、智能制造、工业互联网、虚拟现实、区块链、集成电路、机器人、增材制造、数据安全、密码等数字技术领域新职业不断涌现，这些新职业从业人员通过不断学习与探索，将推动科技创新、释放巨大能量，推动人们生产生活方式智能化、智慧化、数字化，推动传统产业转型升级，为经济高质量发展注入强劲活力。我国在技术、消费与应用领域具备数字经济创新领先优势，但还存在数字技术人才供给缺口较大、关键核心技术领域自主创新能力不足、数字经济与实体经济融合的深度和广度不够等问题。发展数字经济，推进数字产业化和产业数字化，推动数字经济和实体经济深度融合，急需培育壮大数字技术工程师队伍。

人力资源社会保障部会同有关行业主管部门陆续制定颁布数字技术领域国家职业标准，坚持以职业活动为导向、以专业能力为核心，遵循人才成长规律，对从业人员的理论知识和专业能力提出综合性引导性培养标准，为加快培育数字技术人才提供基本依据。根据《人力资源社会保障部办公厅关于加强新职业培训工作的通知》（人社厅发〔2021〕28号）要求，为提高新职业培训的针对性、有效性，进一步发挥新职业培训促进更好就业的作用，人力资源社会保障部专业技术人员管理司组织相关领域的专家学者编写了全国专业技术人员新职业培训教程，供相关领域开展新职业培训使用。

本系列教程依据相应国家职业标准编写，划分初级、中级、高级三个等级，有的职业划分若干职业方向。教程紧贴数字技术人员职业活动特点，定位于全国平均水平，且是相关数字技术人员经过继续教育或岗位实践能够达到的水平，突出该职业领域的核心理论知识、主流技术及未来发展要求，为教学活动和培训考核提供规范和引导，将帮助广大有意或正在从事数字技术职业的人员改善知识结构、掌握数字技术、提升创新能力。

希望本系列教程的出版，能够在加强数字技术人才队伍建设、推动数字经济快速发展中发挥支持作用。

目　录

第一章
增材制造技术应用基础

掌握增材制造基本原理和基础知识是成功应用增材制造技术的前提。本章主要介绍增材制造技术应用的基础知识，内容包括增材制造技术原理、增材制造技术的发展历程、典型增材制造工艺、增材制造技术发展趋势，以及增材制造工程技术人员的职业概况、职业认知等。读者通过学习，可掌握增材制造的基础知识，熟悉增材制造技术的原理和发展现状，了解增材制造工程技术人员的职业范畴，为增材制造技术应用奠定基础。

- **职业功能：** 设计产品与处理数据；应用工艺与生产运维；后处理与检验产品制造质量。
- **工作内容：** 掌握增材制造的基本原理、典型增材制造工艺、增材制造技术发展趋势，以及增材制造工程技术人员的职业概况、职业认知等增材制造应用的基础知识。
- **专业能力要求：** 掌握典型增材制造工艺的原理、特点及应用领域，能根据客户的需求选择适合的增材制造工艺。
- **相关知识要求：** 增材制造技术基础知识，包括增材制造原理、工艺与装备；增材制造产品设计与数据处理知识；增材制造专用材料相关知识，包括金属材料和非金属材料等。

第一节　增材制造技术概述

增材制造（additive manufacturing，AM）技术，是根据三维计算机辅助设计（CAD）模型的数据，将高分子、金属、陶瓷、玻璃等材料从其液态、粉末、丝材等离散形式逐层累加制造出三维实体的技术。传统制造方法主要包括减材制造和等材制造。减材制造采用车、铣、刨、磨等工艺对材料进行去除加工以获得所设计的零件形状，期间原材料的量由多变少。等材制造主要通过铸、锻、焊等方式对零件的形状进行更改，工艺过程中材料的质量基本保持不变。与等材、减材制造相比，增材制造是一种从无到有的材料累积制造过程。

增材制造技术在早期也被称为快速原型（rapid prototyping，RP）、材料累加制造、分层制造、实体自由制造、3D 打印等，这些名称从不同的侧面反映了增材制造工艺的技术特点。20 世纪 70 年代末到 80 年代初，美国和日本的学者提出了快速成形的概念，即利用连续层的选区固化产生三维实体的新思想。1984 年，美国人查尔斯·胡尔（Charles W. Hull）提出的立体光固化成形工艺获得了最早的增材制造专利，其工艺原理如图 1-1 所示。1988 年，美国的 3D Systems 公司生产出了第一台基于液态光敏树脂的光固化增材制造装备 SLA250，开创了增材制造技术发展的新纪元，这是世界上最早可以实际应用于商业生产的 3D 打印设备。

这种材料累加成形的工艺特点是制件精度高、表面质量好，能制造出特别精细的零件。此外，该工艺对原材料的利用率高，且不易产生环境污染。最大的不足是设备和材料的成本通常较昂贵，对于复杂的制件往往还需要增加辅助支撑结构，加工完后需要利用特定的后处理工艺将支撑结构去除。

从更广义的角度来看，增材制造是计算机、新材料、光学、控制工程等多学科协同发展的产物，其工作主要包括两个过程：一是数据处理，即采用切片软件将三维 CAD 模型分切成一系列薄层；二是成形过程，根据分层的数据，采用特定的堆积方法按顺序逐层制作出相应的薄片，累加构成三维实体。将 CAD 数据从三维模型切成二维薄层是一个数据“离散”的过程，而制作过程中将二维薄片堆积成三维实体则是一个材料“堆积”的过程。

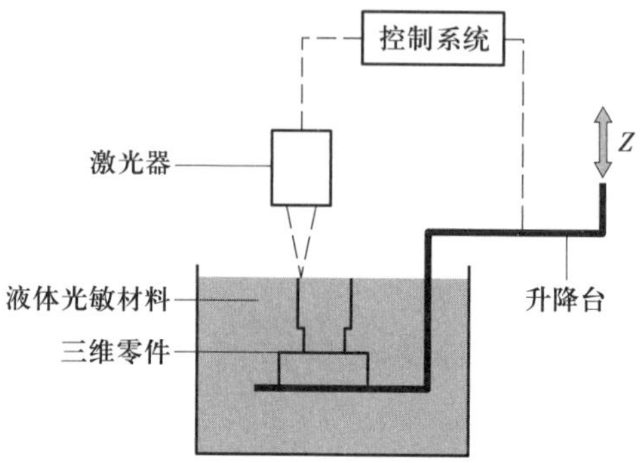

图 1–1　Charles W. Hull 提出的立体光固化成形工艺原理图

这一制造模式是对传统制造模式的一种原理上的变革。基于材料累加原理，人们在制造过程中不断发挥想象力，提出了各式各样的材料累加成形方法，使得这一技术在近 40 年间取得显著的发展，所涉及的材料日益广泛，所涉及的产业也在不断扩大。相比于传统制造方法，增材制造技术的主要优势体现在以下几个方面。

一是产品开发周期短、制造成本低。相对于传统的减材制造和等材制造，增材制造无须开模，零件制作一体成形，可显著缩短新产品的研发周期，在单件生产和小批量定制生产上具有突出的优势。

二是产品设计多样化、个性化。增材制造是一个材料累加的过程，突破传统加工工艺的局限，拓展了复杂结构可制造性，给结构设计提供了发展空间，对于复杂结构可以直接进行一体化制造，构建出其他传统制造工艺所不能实现的形状，从原理上实现“制造自由”。

三是产品净近成形和绿色生产。增材制造是一种高水平净近成形技术，对材料的利用率极高，加工后的余料可以重复循环利用，降低了副产品和废料的产生，减少了生产过程的浪费，提高了资源的生产效率，大大降低了对环境的污染，支撑绿色制造理念的实现。

第二节　增材制造技术发展历程

自从 3D Systems 公司在美国将立体光固化增材制造技术商业化以后，日本分别在 1988 年和 1989 年将立体光固化技术以其他形式商业化。1990 年，德国光电公司交付了第一套立体光固化系统。1991 年，又有三项增材制造技术投入商业生产。1993 年，麻省理工学院发明的基于三维喷墨打印技术的直接型壳生产铸造技术正式投入生产。1996 年，美国 Z Corp 公司基于麻省理工学院的三维喷墨打印技术，研制出了用于概念模型构筑的 Z 402 型 3D 打印机，该 3D 打印机使用淀粉基和石膏基粉末材料以及水基液体黏合剂来增材制造模型。2000 年是新型增材制造技术大量涌现的年份。Z Corp 公司推出了世界上第一个商用的多色 3D 打印机；以色列的 Object Geometries 公司推出了一款三维喷墨打印机，该款打印机利用 1 536 个喷嘴和紫外线光源来喷涂硬化光敏聚合物；美国精密光学制造公司研制出了一种激光直接金属沉积技术，该技术可以使用金属粉末制造和修复金属零件。

2008 年，大批量的增材制造新产品纷纷问世，其中不仅有新材料，还有新型 3D 打印设备，3D 打印机的价格随着新产品的问世也在不断地下降。在牙医市场，研究人员开始大量应用这一技术。此外，直接金属烧结 / 熔融技术在生物医学和航空航天领域也被视为非常有潜力的技术，大量的组织机构开始涉足这一技术研究。3D 打印巨头 Shapeways 公司于 2009 年推出了 3D 打印服务商店，倡导艺术家、设计师或其他任何人建立自己的“店面”，并上传 3D 模型来向公众出售。这些产品可以采用增材制造系统一体化制造出来，并直接由 Shapeways 公司向消费者出售，产品包括雕刻品、珠宝、塑像和大量定制化的产品，起订价格仅为数美元。2012 年的增材制造设备市场延续了良好的发展势头，销售数量和收入的增加让销售商获益匪浅。2012 年，增材制造技术通过出版物、电视节目，甚至电影的方式涌入公众的视野。2012 年 4 月，在 Materialise 公司的大型会议上，展出了使用增材制造技术制造的帽子和饰品，使得增材制造技术更加贴近普通百姓的生活。

从增材制造的发展历程来看，美国在增材制造装备研制、生产销售以及应用服务方面仍然占据全球的主导地位，其发展水平及趋势基本上引领了世界增材制造技术的发展。其次是德国，其在设备研发和工程应用方面居于前列。中国增材制造技术自 20 世纪 90 年代初开始蓬勃发展，其中，清华大学、西安交通大学、华中科技大学等高校研究团队开展了大量增材制造相关的装备、工艺、材料及应用方面的研发。近年来，在典型的成形设备、控制软件和打印材料的研究和产业化方面取得了重大进展，已经逐步向国外先进水平靠拢。20 世纪 90 年代中后期，北京航空航天大学、西北工业大学、南京航空航天大学、华南理工大学、中国工程物理研究院、西北有色金属研究院等一批高校和研究机构也相继开展了增材制造相关的研究和应用探索工作。其中，北京航空航天大学、西北工业大学、华南理工大学等高校主要从事金属增材制造技术的研究。目前，增材制造的高性能金属零件已应用于我国新型飞机的研制，并取得了显著的成效。

据《Wohlers Report 2024》（沃勒斯报告 2024）数据统计，截至 2023 年，中国增材制造装备保有量占全球装备保有量的 11.5%，这使中国成为仅次于美国的全球第二大市场，并且这一比例将在今后几年持续上涨。

目前，全球拥有增材制造技术专利数量最多的国家是中国，2016 年至 2021 年，中国增材制造技术公开专利数量占增材制造技术专利全球申请总量的 56.5%；其次为日本，美国、韩国、德国紧随其后。这表明中国、美国、德国、韩国、日本不仅是增材制造技术主要的研发创新国家，更是增材制造技术应用方面备受重视的五大国际市场。但对全球增材制造专利申请按照发明人国别和优先国别进行排序后可发现，美国发明人申请专利占全球增材制造专利总数的 30%，日本占 15%，韩国占 14%，德国占 11%，而中国仅占 3%。这表明美国仍保持增材制造主要原创专利产出国的重要地位，掌握大部分增材制造核心技术，且具有较高的自主创新能力。

第三节　增材制造典型工艺

增材制造技术综合了材料、机械、控制、光学及计算机软件等多学科知识，是一种深度学科交叉的先进制造技术。美国材料与试验协会（ASTM）F 42 增材制造技术委员会按照材料堆积方式，将增材制造工艺分为七大类：立体光固化（vat photopolymerization，VPP），材料挤出（material extrusion，MEX），粉末床熔融（powder bed fusion，PBF），定向能量沉积（directed energy deposition，DED），材料喷射（material jetting，MJ），粘结剂喷射（binder jetting，BJ），薄材叠层（sheet lamination，SHL），下面将对各工艺进行简要介绍。

一、立体光固化

立体光固化成形也称立体光刻（SLA）成形或光固化成形，是一种以光敏树脂为原料，通过光化学反应使其一层一层固化堆积，最终制作出完整的模型的增材制造技术。该技术可采用点光源逐点扫描成形，也可采用面曝光式成形，以获得较高的成形效率，其工艺原理如图 1-2 所示。该工艺集成了机械工程、计算机辅助设计及制造（CAD/CAM）技术、计算机数字控制（CNC）、精密伺服驱动、检测技术、激光技术及材料科学等多学科以及多项关键技术。

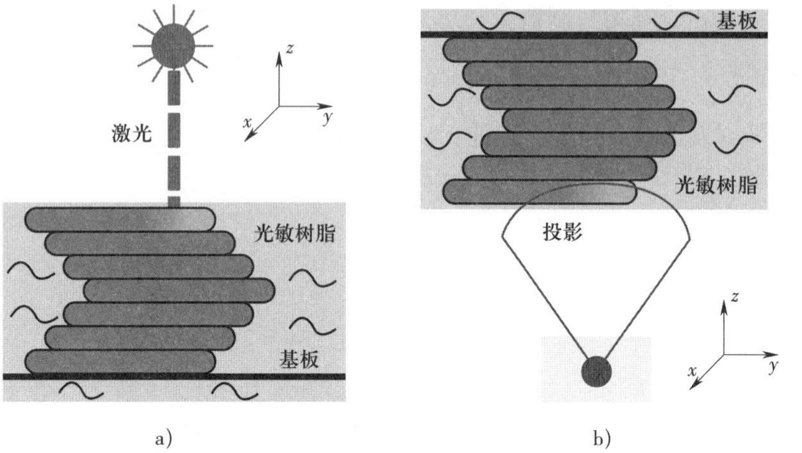

图 1–2　光固化成形工艺原理

a）点光源逐点扫描式　b）面曝光式逐层扫描

立体光固化成形是所有增材制造技术中最早发展起来的，也是目前发展最为成熟、使用率最高的非金属增材制造技术。从使用时间来讲，它是第一个投入商业应用的增材制造技术，在所有增材制造技术中，光固化成形技术的精度和表面光洁度都是最高的。通常情况下，在新产品研发阶段需要先加工少量的样品，也称为新品试制。新品试制阶段一般需要对模具进行修改或者重新加工，所以一款新品的开发周期非常长，耗费的精力和财力也相当大。而光固化成形技术不需要模具，也不需要机械加工，就可以制作复杂的原型，把原型的制造时间减少为几天甚至几小时，相对于传统的制造加工模式可节约 70% 以上的时间，显著缩短了产品开发周期，降低了开发成本。光固化成形技术特别适合新产品的开发，尤其适合不规则或复杂形状零件制造、动漫玩具制造、模具设计与制造、产品设计的外观评估和装配检验以及快速反求与复制，也可与其他技术（如铸造、喷涂等）结合加工金属模型。该技术不仅在制造业得到广泛的应用，而且在材料科学与工程、生物医学、教育培训、文化艺术、文物考古、建筑等领域也有广阔的应用前景。

（一）技术原理

立体光固化增材制造可采用点光源逐点扫描成形，也可采用面曝光式逐层扫描成形。第一种逐点扫描方式，也称为扫描法，该方法一般采用半导体固体激光器或者紫外汞灯作为光源。进行扫描固化时，通过逐点地连续扫描，由点组成线，再由线组成面，最终固化一个薄层。点光源逐点扫描工艺可以实现较大尺寸零件的加工，加工精度也比较高。降低该工艺的设备成本和提高其成形稳定性是近年来的主要研究方向。

第二种方式是基于掩膜工艺的面曝光成形方法，也称整层曝光法。如图 1–3 所示，该技术采用数字光处理（DLP）技术，一次性将模型的一个截面直接投影到液态的光敏树脂上，每次固化一个截面。该工艺一般采用底部投影的方式，所以不需要涂铺系统，层厚度最低能达到 10 μm，和其他工艺制作出的模型在相同的层厚下对比，DLP 工艺看不到明显的层痕迹。由于这种方式每次固化一个截面，因此其加工速度比较快。目前主流的投影仪使用的数字微镜装置（DMD）芯片投影尺寸有限，因此，虽然这种工艺的成形精度很高，但是成形幅面都比较小。该工艺具有成形速度快，加工精度高，设备成本低、体积小等特点，在微小零件、齿科和工艺品等行业得到了快速推广。

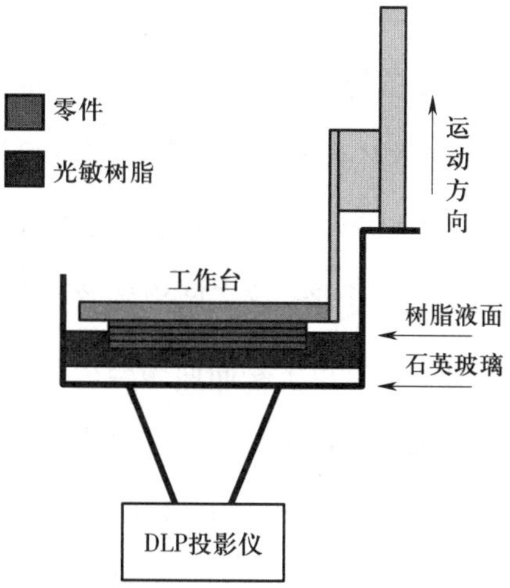

图 1–3 DLP 成形技术原理

（二）发展现状及趋势

立体光固化成形技术从诞生至今经历了几十年的发展，初期主要因激光器、振镜、材料性能较低等使其发展缓慢。随着现代制造业的飞速发展，立体光固化成形技术也突破了很多技术难题，如今已应用于各行各业。而作为增材制造领域最早出现的工艺之一，立体光固化成形技术又迎来了一次技术革新，比如连续面曝光、回转轴向曝光等新技术。在设备方面，作为最大的增材制造设备生产商的美国 3D Systems 公司，早在 1988 年就推出了世界上第一台商用立体光固化成形设备，至今已推出几十种型号。其中 ProX 950 是其最新型的产品，堪称生产级的打印机。该设备的最大制作尺寸达到了 1 500 mm × 750 mm × 550 mm，使用两套扫描系统同时工作，而且采用了先进的变光斑扫描工艺，轮廓扫描光斑 0.13 mm，填充扫描光斑 0.76 mm，显著提高了扫描效率。该设备还使用了新型的 ProScan TM 数字扫描系统，能提供超光滑的表面成形和微细结构制作，重复精度高，可靠性好；使用了大功率激光器，填充速度最高可达 25 m/s；还采用了 Zephyr TM 涂覆系统，可实现刮刀的自动调平和自动校准，层厚可达 0.05 mm。

德国的 Envision TEC 是全球著名的 DLP 装备生产商，其生产的高精度 Micro DDP 成形设备的成形精度可达 0.03 mm，材料也有多种选择。随着 DLP 投影技术的发展，其分辨率不断提高，有望使该技术的加工精度达到微纳米级别。

2012 年，Formlabs 团队推出了一款基于光固化成形技术的桌面型 3D 打印机——Form 1，其使用数字微镜装置系统实现激光的二维扫描，大大降低了使用振镜带来的成本。由于主要面向家庭级消费者，因此该设备体积小，仅有 300 mm × 280 mm × 450 mm，接近于一台微波炉的大小，可制作最小特征为 0.3 mm 的零件。Formlabs 公司于 2016 年将该设备升级到 Form 2，加工尺寸和精度均得到了大幅度提高，2019 年又升级到了 Form 3，进一步提高了设备的稳定性、成形效率和精度，其成形分辨率达到 25 μm。

我国很多高校和研究机构也对光固化成形技术作了大量的研究。由于大多数 SLA 设备使用的是紫外激光配合振镜扫描实现工艺过程，因此设备的价格仍然比较昂贵。西安交通大学研发了一种使用 LED 灯作为光源的 CPS 低成本设备，使用大功率 UV-LED 作为光源，此光源具有价格低、寿命长、能耗小等优点，大大降低了设备的价格，延长了光源的使用寿命。此外，3D 打印市场的强势发展也带动了一大批企业投身设备研发和生产。

高精度、高效率和大幅面光固化成形技术是 3D 打印技术的重要发展方向。连续和一次性体成形光固化技术的出现大幅提高了光固化成形增材制造的效率，可将制造效率较传统光固化成形提升上百倍。近年来具有突破性的光固化增材制造工艺主要有：基于氧阻聚效应的连续液相界面光固化成形技术；基于轴向计算光刻的光固化体成形技术；基于移动液面的大面积高速光固化打印技术；基于双光子聚合的光固化体成形技术。由于上述连续液面或体成形光固化成形技术在成形过程中不再引入物理成形单元的累加，因此其制造精度特别是沿堆积方向的制造精度得到很大提升，这样也更有利于提高打印件的表面光洁度和降低性能的各向异性，具有极高的价值和应用前景。光固化材料是该技术发展的核心，当前光固化增材制造基本采用单一材料体系进行。由于其他不溶无机填料粉体在树脂中引发的分散性和光散射等问题的存在，因此目前光固化成形技术在制造具有一定性能差异的多材料混合体系的应用方面尚不成熟。随着工业科技发展对复杂材料组分陶瓷零部件需求的与日俱增，如何能够同时制造具有异种材料的结构成为 3D 打印领域的一个研究前沿。

二、材料挤出

材料挤出成形是增材制造最常用的工艺之一。1988 年，美国发明了熔融沉积（FDM）成形增材制造技术，并在此技术基础上创建了美国 Stratasys 公司，之后该公司研发并推出了首台商用的材料挤出增材制造设备。由此至今的 30 多年里，国内外学者主要针对该技术所涉及的材料、装备和工艺进行广泛而系统的研究，有效地推动了材料挤出成形技术的发展与应用。

（一）技术原理

材料挤出成形工艺是目前装备成本和运行成本相对较低，在市场上和生活中最为常见的增材制造技术，其工艺原理如图 1–4 所示。该工艺采用热塑性高分子丝材，通过送丝机构送进成形喷头，在成形喷头中进行加热使丝材从固态熔化至液态，并在流道内向前流动，在喷嘴处被挤出；同时，成形喷头在计算机的控制下根据预先处理的运动数据沿着零件截面轮廓和填充轨迹运动，并将已经熔化的热塑性材料挤附在打印平台上或周围已经冷却固化成形的材料上，随后冷却固化。其中如聚醚醚酮等半结晶材料，还伴随着材料结晶（晶核形成与长大）过程。除了热塑性高分子材料外，材料挤出成形工艺还适用于膏体类材料，通过挤出头将膏体挤出堆积成形。挤出材料由点到线、线线粘结、层层累加，最终堆积成形，完成制件制造。材料挤出成形增材制造作为典型的增材制造工艺方法，其工艺成本较低、材料适用范围较广、工艺过程简单、制件性能更可控，被广泛应用在各个领域。

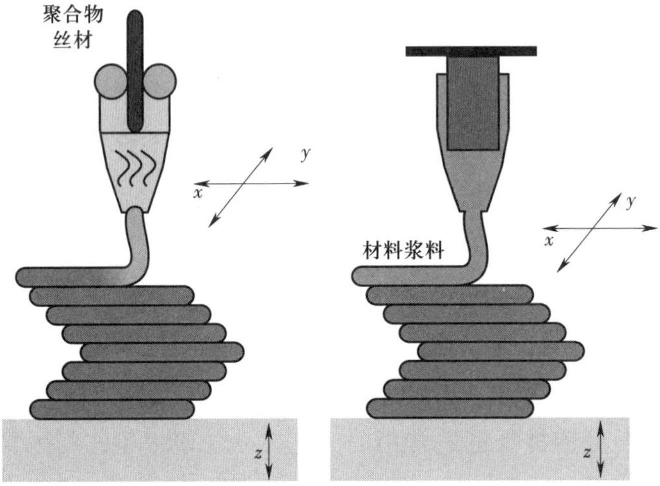

a)　　b)

图 1–4　材料挤出成形工艺原理

a）熔融沉积成形　b）膏体类材料挤出成形

（二）发展现状及趋势

材料挤出成形工艺的研究一直是国内外该领域学者的研究重点，其研究内容主要是通过各种所设计的工艺试验，建立前处理、制造过程和后处理工艺参数与最终制件精度或性能指标之间的定性或定量的内在关系。由于材料挤出成形工艺参数较多，其需要明确关系的制件指标也包含多个方面，而且互相之间又有复杂的耦合影响关系，因此，目前采用数学建模、数值仿真、大数据技术和人工智能等技术进行成形工艺研究是非常有效的。我国学者已经采用模糊理论、神经网络等数值计算方法，对材料挤出成形常见的工艺参数进行机器学习与预测，得到了可靠性较高的理论模型，获得了国际同行的普遍认可。

目前，材料挤出成形工艺主要向大尺寸、高效率、高精度、复合材料成形等方向发展，旨在形成材料挤出成形增材制造新能力。大尺寸、高效率发展方向主要面向汽车整车、家具整件、航天航空大尺寸塑料零件等制件的快速制造；高精度发展方向主要面向口腔医疗假体、复杂多孔结构等制件的精密制造；复合材料成形方向主要是实现高性能（力学性能和物化性能）工业和医疗零件的匹配制造。我国材料挤出成形工艺方法的技术成熟度和应用普遍性与国外仍略有差距，主要体现在设备和工艺的稳定性、软件和控制的自主性等。但是，对于高性能和功能化挤出成形增材制造工艺技术，国内的水平与国外相近，甚至在生物医疗和航天航空领域的技术和应用有所超越。因此，在我国增材制造国家层面的发展战略中，已经提出持续支持材料挤出成形设备和工艺的稳定性研究和产业转化，支持核心算法的开发，以及国产软件和控制系统的发展，支持国家 / 行业标准的制定和知识产权多样化发展，弥补这些领域的差距，并进一步支持高性能和功能化材料挤出成形工艺技术的进一步发展，包括大尺寸、高效率、高精度、复合材料成形等方向的发展，以及在工业和医学上的应用研究，以期达到国际领先水平。

三、粉末床熔融

粉末床熔融是当前金属构件增材制造技术中影响最大、应用最广泛的技术之一。该技术主要采用激光或电子束作为能量源，逐层扫描、熔化金属粉末材料，经熔池凝固，实现复杂结构金属零件制造，其工艺原理如图 1–5 所示。

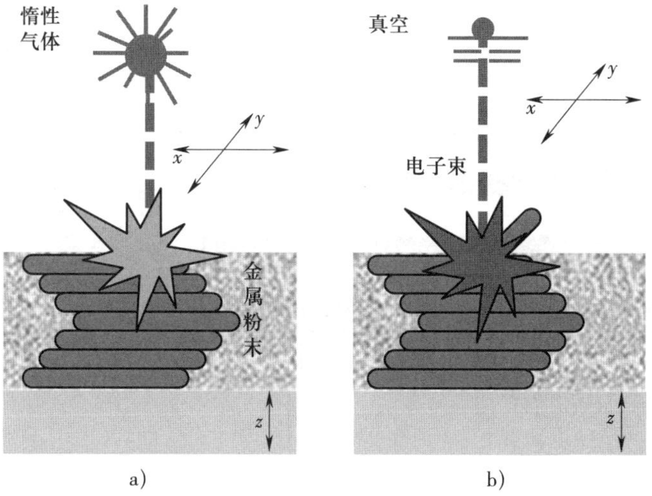

图 1–5　粉末床熔融成形工艺原理

a）激光粉末床熔融成形　b）电子束粉末床熔融成形

粉末床熔融成形技术最早可追溯至 1989 年，最初只能成形一些低熔点非金属材料，称为选区激光烧结（SLS）技术。直接金属激光烧结（direct metal laser sintering，DMLS）与 SLS 在概念上都是烧结工艺。在 DMLS 过程中，金属粉末加热到足够高的温度后熔化形成液相，但通常未完全熔化，液相粘结固相颗粒以实现实体致密化及零件成形。随着高功率激光器发展并逐步运用到增材制造技术中，2001 年德国弗劳恩霍夫激光技术研究所取得选区激光熔化（SLM）发明专利，即“金属熔点温度之上的选区激光烧结”，并联合德国 Fockele & Schwarze（F&S）联合研制出首台 SLM 设备。随后，受益于激光器、振镜、建模与扫描软件、粉末材料、工艺控制等技术的提升，SLM 技术得以迅速发展，2015 年 SLM 更名为激光粉末床熔融。

（一）激光粉末床熔融技术

1. 技术原理

激光粉末床熔融（LPBF）增材制造技术系统的基本组成与工作原理如图 1–6 所示。整个系统由激光器、光路系统（聚焦镜、振镜）、送铺粉系统（储粉缸、铺粉辊）、工作缸、预热系统（加热灯、加热罩）和计算机控制系统组成。

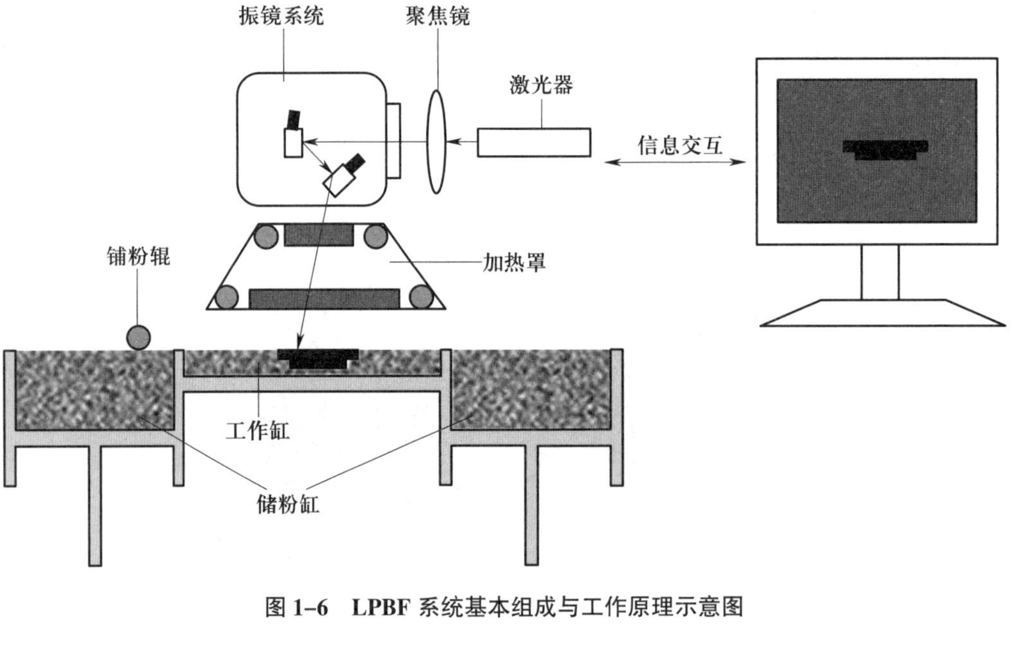

图 1–6　LPBF 系统基本组成与工作原理示意图

成形过程中，激光束每完成一层切片的扫描，工作缸相对于激光束焦平面（成形平面）相应地下降一个切片层厚的高度，而与铺粉辊同侧的储粉缸会对应上升一定高度，该高度与切片层厚存在一定比例关系，逐层熔融、凝固，逐渐构建出三维物体。完成整个零件的成形后，物体冷却以固化，并等待成形平台上升，以方便取出成形好的制件。

2. 发展现状与趋势

目前针对 LPBF 工艺的研究主要集中在粉末设计与制备、成形工艺调控与优化、成形装备设计与制造等方面，而装备是激光粉末床熔融技术其他研究的基础与载体。专用装备通常由激光器、粉末铺放装置、计算机辅助系统、惰性气体保护系统等组成，可使用的激光器类型包括 CO_2 激光器、Nd：YAG 激光器及光纤激光器等。作为热源，激光对金属增材制造成形过程，如粉体激光吸收率、粉末材料的熔化凝固机制等，具有重要影响。在 20 世纪早期，受激光器限制，常采用低熔点材料与高熔点金属材料混合，成形过程中低熔点材料熔化作为“粘结剂”的方式实现成形件的烧结，这一过程即选区激光烧结技术的基本过程。随着激光技术的迅速发展，特别是激光功率的提高及激光光斑尺寸的减小，选区激光烧结技术进一步发展为基于“金属粉末完全熔化”机制的技术。受光学元器件及成形腔体尺寸限制，装备仍存在成形尺寸偏小、成形效率偏低、难以满足航空航天等领域大尺寸构件的成形等问题。随着近年来控制技术的进一步发展，多光束激光粉末床熔融技术应运而生，通过增加激光器的数量与分区打印的精准控制，大幅提高了成形效率，满足了高精度、大尺寸构件的增材制造需求。

（二）电子束粉末床熔融技术

1. 技术原理

电子束粉末床熔融（PBF-EB）技术是指利用高能电子束熔化粉末床上的金属粉末颗粒，从而逐层融合材料完成零件实体成形的增材制造技术。国际标准化组织和美国材料与试验协会的标准文件将金属电子束粉末床熔融增材制造归类为粉末床熔融增材制造技术之一，与金属激光粉末床熔融（LPBF-M）增材制造和树脂激光粉末床熔融（LPBF-F）增材制造并列。在发展初期，该技术也曾被称为电子束选区熔化（EBSM 或 EBM）。

电子束粉末床熔融设备一般由电子枪系统、真空系统、供粉和铺粉系统构成，设备的基本组成及工作原理如图 1-7 所示。

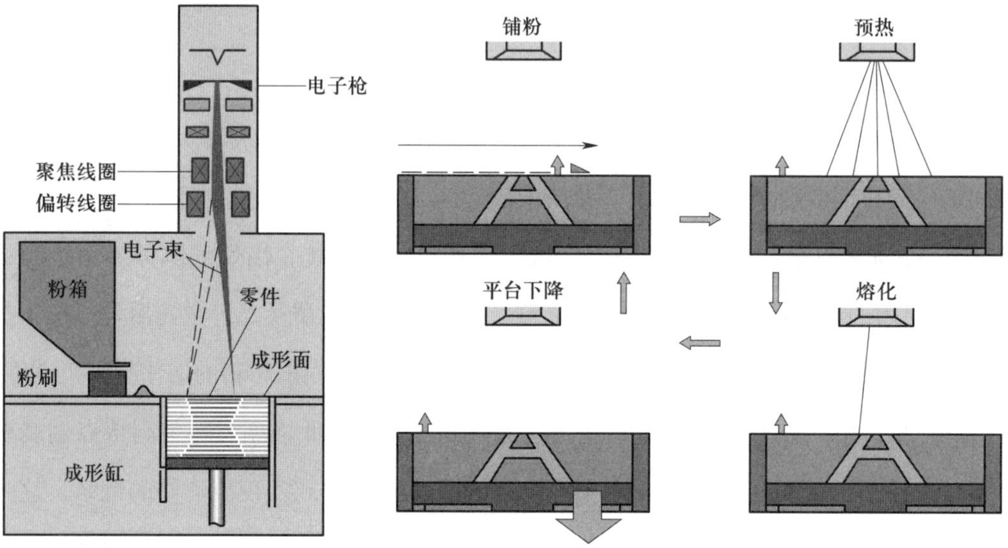

a)　　　　b)

图 1-7　电子束粉末床熔融设备组成及工作原理示意图

a）电子束粉末床熔融设备示意图　b）电子束粉末床熔融工艺步骤

电子束粉末床熔融成形技术是利用高能电子束作为能量源在高真空环境下通过逐层熔化金属粉末的方式制造实体部件的增材制造技术。其原理是电子束按照规划路径快速扫描熔化成形平台上预先铺置的金属粉末，完成一层扫描熔化－凝固后，工作台下降一定高度，重新铺置一层粉末，电子束按照路径再次扫描熔化－凝固，如此反复进行，层层堆积，完成从二维到三维的金属零件制造。

2. 发展现状与趋势

电子束粉末床熔融技术的思路最早于 2001 年由瑞典 Arcam 公司与查尔姆斯理工大学合作提出并申请了相关专利，该专利描述了一种通过用电子束逐层熔化导电粉末构建三维实体的技术方案。Arcam 公司于 2002 年发布了世界上首台商业化电子束粉末床熔融设备 EBM S12。伴随着商业化设备的推出，该技术引起了全球多家研究单位的重视，开展了一系列实验和应用研究，推动了该技术的发展。

我国于 2004 年对电子束粉末床熔融增材制造装备与技术开展了自主研发，很快就产生了中国第一个电子束选区熔化技术的专利。在国家自然科学基金的支持下，研究人员对粉末铺送粉系统、电子束扫描控制等开展深入探索，开发了一系列试验系统，使我国电子束粉末床熔融金属制造技术得到了快速发展。

2015 年，我国研究团队着手电子束粉末床熔融装备的产业化，针对科学研究领域的需求，采用模块化设计，支持多材料快速替换和工艺参数自由修改，非常适合实验室、研究所进行新材料的研发及电子束粉末床熔融工艺的开发。2018 年，采用单晶电子枪阴极，改善了电子束的质量和稳定性，实现了更高的制造精度和效率，适合于植入体常用钛合金、Co–Cr 合金、钽合金的打印。随后，研究人员瞄准航空航天领域开发了电子束粉末床熔融装备，构建了 350 mm × 350 mm 成形平台，能够完成更大零件的直接成形。

电子束粉末床熔融技术还在发展中，尽管多型商业化装备已经问世，但装备工作的稳定性和成形零部件的质量仍然有待提高，目前的技术也存在许多不足，如自动化程度不高，操作复杂；打印过程智能化程度低，不能有效应对打印过程中出现的质量问题；对于大尺寸零件的打印支持不够；成形件尺寸精度需要进一步提高等。自动化、智能化、大型化、精细化将是电子束粉末床熔融增材制造装备的未来发展方向。

学术界和工业界的研究人员正在从装备的软硬件开发、工艺过程的机制研究、应用端工艺设计与优化等不同角度推动电子束粉末床熔融技术的不断更新发展。

四、定向能量沉积

定向能量沉积技术可分为同步送粉定向能量沉积和同步送丝定向能量沉积。DED 技术通常使用激光束、电子束或电弧等定向的能量源将材料熔化，通过在成形平台上逐层熔化并沉积材料来构建三维物体。

（一）同步送粉定向能量沉积

1. 激光同步送粉定向能量沉积

（1）技术原理。激光同步送粉定向能量沉积技术通过使用激光束来将材料熔化，并通过喷嘴或导引头将材料输送到熔化的区域，从而成形构件，其工艺原理如图 1–8 所示。

激光同步送粉定向能量沉积设备一般由激光器、CNC 工作台、同轴送粉喷嘴、高精度可调送粉器及其他辅助装置等部分组成。

激光同步送粉定向能量沉积技术是一种兼顾精确成形和高性能成形需求的一体化制造技术，可以实现性能与锻件相当的复杂构件高效率制造，成形尺寸基本不受限制（取决于设备运动幅面）。该技术所具有的同步材料送进特征，还可以实现同一构件上多材料的任意复合和梯度结构制造，方便进行新型合金设计，可用于损伤构件的高性能修复；也可同传统的加工技术，如锻造、铸造、机械加工或电化学加工等减材或等材加工技术结合，充分发挥各种增材与等材及减材加工技术的优势，形成金属结构件的整体高性能、高效率、低成本成形和修复新技术。

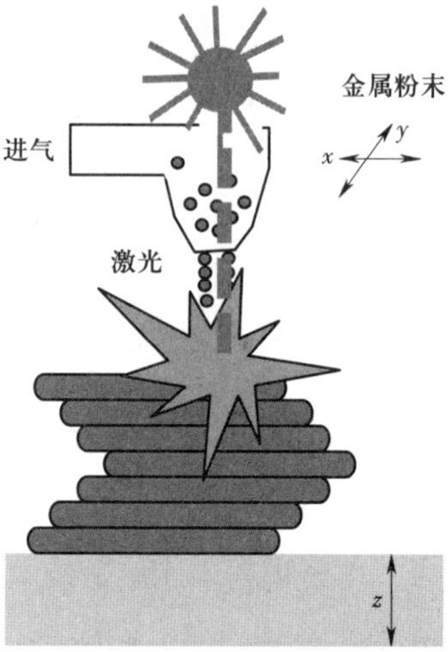

图 1–8　激光同步送粉定向能量沉积工艺原理

（2）发展现状与趋势。20 世纪 90 年代，激光同步送粉定向能量沉积技术在全世界多个研究机构相对独立地发展起来，并被赋予了不同的名称，各个机构为其赋予的名称虽然不同，但基本的技术原理却是完全相同的，即基于同步送粉（送丝）激光熔覆的增材成形。

激光同步送粉定向能量沉积技术的发展史可追溯到 20 世纪 70 年代末期关于激光熔覆技术的研究。1979 年，美国联合技术公司针对高温合金涡轮盘的制造难题，发展了同步送粉激光熔覆方法，制造了径向对称的镍基高温合金零件，并取得了相关专利。不过受限于当时的计算机技术水平，只能制造一些板型件或回转件。尽管如此，其初步的研究结果已经显示出该技术的光明前景。直到 2000 年，美国波音公司首先宣布采用该技术制造的三个合金零件在飞机上获得应用，才在全球掀起了金属零件的直接增材制造的第一次热潮。

目前，美国、欧盟和德国等皆把航空航天作为增材制造技术的首要应用领域，均有支持金属高性能激光增材制造的专项研发计划。美国波音公司自 2000 年开始将激光定向能量沉积大型钛合金零件应用于战斗机，并于 2015 年申请了飞机零件增材制造体系的美国专利。我国在激光同步送粉定向能量沉积技术的研究方面与欧美发达国家同步，西北工业大学已建立了包括材料、工艺、装备和应用技术在内的完整的激光增材制造技术体系，北京航空航天大学突破钛合金等高性能难加工金属大型整体主承力结构件成形工艺、装备及应用关键技术，并在多个型号飞机中获得应用。

目前大型构件激光同步送粉定向能量沉积成形过程中应力和变形控制仍主要依靠

经验；构件增材制造的可预测性和可重复性差。增材制造微观组织和综合力学性能的主动调控、制造过程应力–变形的协调控制、专用合金的发展等已成为目前世界范围内激光同步送粉定向能量沉积成形技术的必然发展趋势。

2. 激光内送粉定向能量沉积

（1）技术原理。为了促使激光增材制造更优质、精密、高效、节材、环保，研究人员提出了“光束中空，粉管居中，光内送粉”的思路与实施方案：利用光束易转换特征，采用圆锥–圆环双反射镜技术，将入射的实心圆形激光束直射到喷头内的圆锥形分光扩束镜上，经反射至环形聚焦镜后形成中空环形激光束，使投射到焦平面上的聚焦激光束内部形成一个锥形中空的无光区，单根送粉喷嘴即可布置在此无光区中并与聚集激光束同轴，粉末通过送粉喷嘴垂直送入焦平面上的聚焦光斑中，实现光内垂直正向送粉。

光内送粉具有以下优势：

①光粉耦合效果好。粉末由单粉管喷出后受自身惯性力、载气压力、重力的作用方向一致，运动轨迹为直线状，粉束中心线与光轴始终重合，因此实现了真正意义上的“光粉同轴”，光粉耦合效果好。

②粉末发散小，粉末利用率高。单粉束垂直下落至焦平面的光斑中，准确且发散角小。由于单粉束易控制，可形成较小的粉斑直径，使粉末全部进入熔池，因此粉末利用率高。

（2）发展现状与趋势。与“光外送粉”激光增材制造技术相比，“光内送粉”激光增材制造技术具有激光能量分布可调、光粉耦合精度高、材料利用率高、增材过程稳定性好等优势，因此备受关注。目前，国内外研究机构主要围绕光内送粉环形激光头光路传输及结构设计、内送粉环形光斑能量分布对光料耦合精度的影响、内送粉成形工艺优化等方面展开研究。

虽然光内送粉喷嘴结构在光粉耦合精度、材料利用率、沉积效率及成形精度等方面有一定优势，但是光内送粉增材制造技术发展尚未完全成熟，还存在诸多不足之处，在未来发展中，仍然需要从优化喷头光路传输与结构以及开发内送粉空间连续变姿态增材制造技术等方面开展深入研究。

（二）同步送丝定向能量沉积

1. 技术原理

同步送丝定向能量沉积增材制造是一个“热源逐点扫描—熔池逐线搭接—逐层堆积”的循环往复过程，如图 1–9 所示。

同步送丝定向能量沉积单一熔池内部的非平衡传热、传质导致成分和温度场的非均匀梯度分布，最终造成组织性能的梯度分布。微观熔池温度场梯度分布影响着成形件宏观温度场的梯度分布，大型构件中热量的传导与耗散行为更为复杂，不同区域的组织类型、晶粒尺寸、成分偏析呈现较大的差异性。为获得整体和局部组织性能梯度分布均匀的大尺寸熔丝增材制造金属构件，必须深入认识并掌握以下关键技术：金属熔丝增材制造在线监控技术，金属熔丝增材制造微观组织与性能调控技术，大尺寸金属构件熔丝增材制造应力变形预测及控制技术。

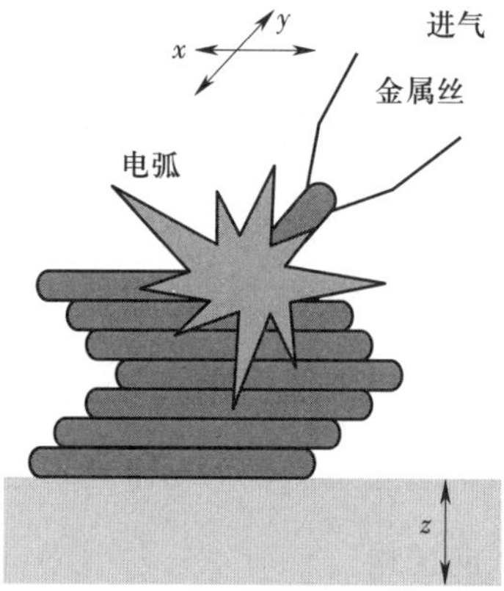

图 1–9　同步送丝定向能量沉积工艺原理

2. 发展现状与趋势

电弧熔丝增材制造是同步送丝定向能量沉积增材制造的重要工艺之一。该技术采用电弧作为热源，通过不断熔化填充丝材，并根据目标构件的数字模型沿成形轨迹逐层堆积出金属零件。其具有成形尺寸大、设备成本低、材料利用率高和沉积效率高等优点，是一种可实现高性能金属零件经济快速成形的方法，已成为在钛、铝、镍基合金、钢等工程材料方面具有广泛应用前景的制造工艺。与传统减材加工相比，电弧增材制造系统可根据构件尺寸将加工时间减少 40% ~ 60%，后处理时间减少 15% ~ 20%。

挪威 Norsk Titanium 公司采用快速等离子熔丝增材制造技术从 2017 年开始为波音 787 飞机批量生产钛合金零件，成为世界上第一家获得美国联邦航空管理局合格认证的增材制造钛合金零件原始设备制造商。波音 787 飞机也是世界上第一架使用经过认证的增材制造的钛合金零件飞行的商用飞机。2018 年 8 月，英国劳埃德船级社通过了电弧熔丝增材制造技术与设备的认证，并结合减材技术，成功应用于大型船用螺旋桨的制造。

我国电弧熔丝增材制造技术研究虽然起步较早，但是规模小，目前尚未大规模工业应用。随着近年来我国航空航天、国防、军事等领域的飞速发展，该技术得到了广泛的认可，各科研院所和大型企业开始投入大量的人力、财力进行相关技术、设备和材料的开发。我国近年来也采用该技术制造了大量测试验证件。2018 年 2 月，中广核核电运营有限公司利用电弧熔丝增材制造技术研发制造了核电站 SAP 制冷机热交换端盖备件，在大亚湾核电站压缩空气生产系统成功完成设备安装，并通过设备运行与鉴定，是电弧熔丝增材制造技术在核电领域的国内首例工程实践示范应用。2018 年 9 月，我国用快舟一号固体运载火箭将微厘空间一号试验卫星送入预定轨道，其搭载的核心部件之一——连接器壳体就由中国兵器工业集团材料院宁波分院采用电弧熔丝增材制造技术完成。

五、材料喷射

材料喷射也称为墨水喷射。该工艺使用喷头将液态材料或粉末材料喷射到成形平台上，逐层固化成形零件。喷头可以控制喷射的位置和数量，从而在成形过程中创建非常复杂的几何形状和细节。该工艺可以使用多种类型的材料，制造各种不同的零件和产品，甚至可以实现多材料器件的一体化成形。

材料喷射增材制造的优点包括：制造精度高，尺寸精度可以达到 ±1%；表面质量好，具有非常高的表面光洁度；细节清晰；可以使用多种材料等。目前最先进的材料喷射增材制造设备已经能够实现全彩打印、多材料同步打印。但该技术也存在一些缺点，例如制造速度较慢、成本较高等。随着技术的不断进步，材料喷射增材制造技术已经广泛应用于制造、医疗、航空航天等领域，成为现代制造业中重要的一环。

（一）技术原理

材料喷射增材制造所用的材料可以是液态或粉末状。材料喷射设备需要将材料加热或溶解成液态，以便从喷头中喷出，其工艺原理如图 1–10 所示。材料喷射设备使用喷头将材料按照设定的路径喷射到成形平台上。喷头可以精确控制喷射的位置和数量，甚至可以控制所喷射材料的颜色和强度，在成形过程中可以创建非常复杂的几何形状和结构细节。当喷射的材料接触到成形平台后，需要对材料进行辅助固化或烘干以使其形成固态结构，固化材料的方法因材料而异。

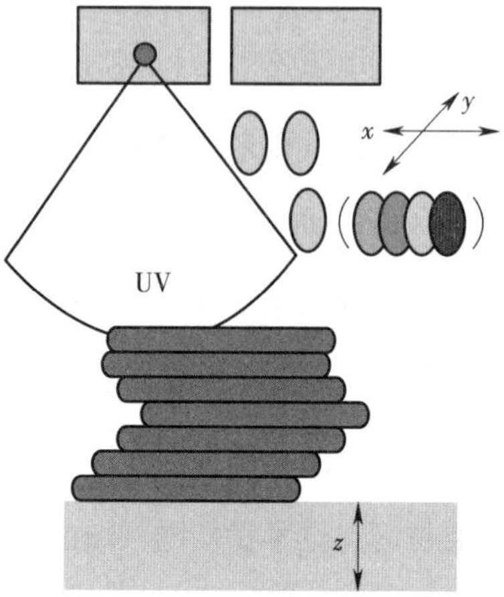

图 1–10　材料喷射工艺原理

每个喷头对应一种特定的材料或颜色，一旦液态材料被喷射到平台上，紫外线（UV）光迅速将其固化成实体，确保成形的物体保持其形状和稳定性。由于材料喷射技术具有较高的分辨率，因此该工艺非常适用于制造细节丰富的物体和表面。多材料喷射工艺可以制造具有不同颜色、硬度或功能性的多材料部件。此外，由于喷射的液态材料可以在喷射之后快速固化，因此成形件通常具有相对光滑的表面。相对于其他增材制造技术，材料喷射技术可以在相对较短的时间内成形出物体，这尤其适用于原型制造和小批量生产。材料喷射技术在多个领域有广泛的应用前景，如工业设计、原型制造、医疗、艺术品制作等。然而，由于该工艺设备成本较高，并且材料的选择相对有限，该技术不适用于一些特殊应用或大规模生产。随着技术的发展，材料喷射技术会进一步提高分辨率、材料种类和生产速度，进而在更多领域发挥作用。

（二）发展现状与趋势

材料喷射增材制造技术经历了多年的发展，如今已经成为现代制造业中重要的一环。首先，可以同时喷射打印的材料种类不断增加，涵盖了塑料、陶瓷、金属、生物材料等。其次，材料喷射技术的制造精度不断提高，可以制造出更为精细、准确的多材料零件和产品，甚至可以达到微米级别的精度。

传统的材料喷射增材制造的速度较慢，但是一些新型技术的出现，如快速固化光束、多喷头阵列技术等，使得材料喷射增材制造的速度得到了显著提升。所应用的领域也不再局限于小型零件和产品的制造，而是逐渐向大型化和自动化方向发展，可以制造更大尺寸的物体和复杂的结构。未来材料喷射增材制造将在多个方面取得突破和进展，为工业制造、医疗保健、科学研究等领域带来更多的应用和创新。

（1）材料多样化。随着新材料的不断开发，未来材料喷射增材制造将可以使用更多种类的材料，如柔性材料、高温材料、导电材料等，从而满足更多的应用需求。

（2）制造精度迈向微纳尺度。未来材料喷射增材制造将不断提高制造精度，实现更高精度和更细腻表面质量的制造。这将使得材料喷射增材制造可以应用于更广泛的领域，例如微电子器件、智能传感、医疗器械等。

（3）制造效率提升。随着多喷头技术、高速固化技术的发展，材料喷射增材制造将进一步提高制造效率，开发更高效的打印技术。

（4）规模化打印。未来材料喷射增材制造将逐步实现大规模化生产，可以批量生产高品质、高性能、多材料产品，例如，汽车、航空航天等领域的零部件制造，工业制品制造等。

（5）自适应制造。材料喷射增材制造将逐步实现自适应制造，可以实现更加智能化的制造过程和自适应性的制造流程。例如，通过机器学习和人工智能技术优化打印参数，提高生产效率和质量。

六、粘结剂喷射

（一）技术原理

粘结剂喷射增材制造技术采用阵列式喷墨打印喷头，根据三维 CAD 模型切片得到的二维图形在粉末床上选择性喷射粘结剂来固化粘结成形，多层累加制作完成初坯零件，其工艺原理如图 1–11 所示。其固化原理可以是纯物理上的粘结剂干燥后粘结，也可能是粘结剂体系的化学反应固化，多用于高性能材料零件的间接成形。粉末材料可以是金属、陶瓷、砂岩等。成形完成后，物体通常需要经过烧结等后处理步骤，以将粉末颗粒固化并获得所需的力学性能。由于粘结剂喷射技术可以同时处理整个截面，因此相对于其他

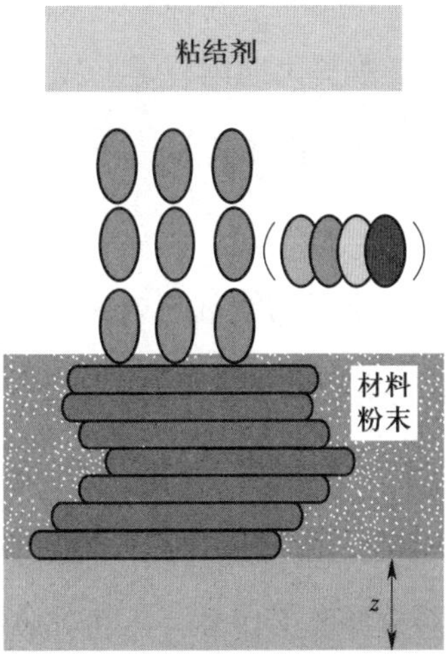

图 1–11　粘结剂喷射工艺原理

逐层技术，粘结剂喷射增材制造具有较快的成形速度，适用于制造较大的零件。相对于一些金属 3D 打印技术，粘结剂喷射增材制造通常成本较低，适用于制造大批量零件。

粘结剂喷射增材制造技术在航空航天、汽车、建筑和医疗领域等具有广泛的应用。然而，由于成形过程中使用了粘结剂，因此成形完成后的物体需要经过后处理来去除粘结剂并获得所需的强度和表面质量。随着技术的发展，粘结剂喷射技术可能会继续提高成形速度、材料种类和后处理效率。

从目前已有技术来看，粘结剂喷射增材制造主要具有以下优势：

（1）制造速度快。每一层的制造时间可以短至几秒，且成形缸中零件实体部分所占比例对制造速度没什么影响，适合于多个零件组合制造。

（2）成本低。由于没有昂贵的激光器和振镜扫描系统，机器设备相对便宜。另外，由于材料对粒径和形貌都没有非常特别严格的要求，粉末材料制备出粉率高，因此材料价格也相对较低。

（3）无支撑。未喷射粘结剂的粉末可以为零件提供支撑作用，无须额外添加支撑，减少材料浪费的同时简化了后处理。

（二）发展现状与趋势

粘结剂喷射技术是面向批量经济型零部件的打印应用市场而诞生的，基于其高速度、低成本、高精度、无须支撑的显著优势，获得了业界的高度关注。此外，传统国际企业，如美国通用公司（GE）、惠普公司（HP）正在抓紧布局该技术领域，最近又有多家巨头企业也在进入该领域。近期国内诸多研发团队也发布了该技术，开展了广泛的材料测试。

金属粘结剂喷射 3D 打印的复杂度决定了研制该技术需要长时间大量的实验。该技术刚出现的时候，人们普遍怀疑该技术是否可以成形高致密度、高性能金属零件，但随着近年来一些关键技术的突破，目前已经获得了行业的认可。为了匹配批量化生产级应用，各厂商除了把重点放在提高设备自动化水平、丰富材料种类以及保证产品一致性等工作外，还在各应用场景进行大量测试，以验证其能保证产品性能和精度的前提下，仍然能保证大批量产品制造的一致性。

七、薄材叠层

（一）技术原理

薄材叠层是一种通过逐层叠放薄片材料来成形三维物体的增材制造工艺。该工艺是将薄片材料（如纸张、金属箔等）一层层地黏合在一起，从而成形出所需的三维物体，其工艺原理如图 1–12 所示。

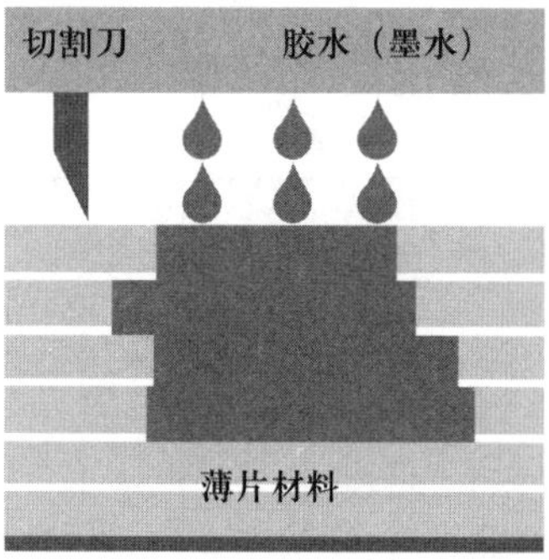

图 1–12　薄材叠层工艺原理

薄材叠层最早由美国于 1986 年提出，主要包括两种类型：层层黏合和剥离黏合。薄片材料被剪裁或加工成所需的形状，在每一层成形的开始，一层薄片被放置在成形平台上。然后，黏合剂被施敷到薄片的表面，将其与前一层黏合在一起。在每一层成形完成后，成形平台通常会下降，以便放置新的薄片和黏合剂。薄材叠层技术通常使用较为廉价的薄片材料，因此设备和材料成本相对较低，同时其成形过程不受成形区域尺寸的限制，可以制造较大尺寸的物体。相对于其他增材制造技术，薄材叠层技术还具有较快的成形速度。由于薄片材料通常较轻，因此通过薄材叠层技术制造的部件具有较小的质量。

（二）发展现状与趋势

薄材叠层制造成形方法和设备自问世以来，得到了迅速发展。

薄材叠层技术在原型制造、艺术品制作、建筑领域等有一些应用。然而，由于黏合层之间存在界面层，导致部件性能略有降低，以及较粗糙的表面质量，因此薄材叠层技术不适用于高精度、高性能和光滑表面的应用。薄材叠层技术仍需要继续改进，以满足更多领域的应用需求。

为了便于读者根据需求选择合适的增材制造工艺，表 1–1 列举了目前主要增材制造工艺所适用的材料、应用领域、工艺优势与缺点，以及制造分辨率范围，通过该表有助于相关从业人员准确选取合理的增材制造工艺。

表 1–1　主要增材制造工艺适用的材料、应用领域、工艺优缺点及制造分辨率范围

工艺名称	材料	应用领域	优点	缺点	制造分辨率 / μm
立体光固化	光固化树脂	快速原型、手板模型等快速制作	分辨率高，成形质量好	可使用材料有限，成形效率较低，成形尺寸受成形缸尺寸限制	10 ~ 30
材料挤出	高分子丝材、膏体类材料、连续纤维高分子丝材等	快速原型、陶泥零件以及连续纤维增材复合材料制造	成本低，成形效率高，操作简单	成形精度差，成形件力学性能不高，可打印材料种类较少	50 ~ 200
粉末床熔融	金属、陶瓷、聚合物粉末等	生物医学、电子、航空航天、轻量化结构、热交换器等领域	成形质量好，成形精度高	成形效率低，成本高	50
定向能量沉积	金属、陶瓷粉末及其丝材，以及金属、陶瓷混合材料等	航空航天、熔覆修复、生物医学以及功能梯度结构制备	成形效率高、成本低、成形件机械性能好、组织成分可控、适合于维修与再制造	成形精度低、表面质量差、需要密集的支撑结构、难以成形精细构件	150 ~ 250
材料喷射	液态或粉末状的金属与陶瓷材料	工业设计、原型制造、医疗、艺术品制作等领域	精度高、表面质量好，可实现多种材料成形	成本较高，材料的选择相对有限	5 ~ 20
粘结剂喷射	金属与陶瓷粉末、砂岩颗粒	航空航天、汽车、建筑和医疗领域	成形效率高、成本低、无须支撑	需要后处理、成形精度较低、表面质量较差	200 ~ 500
薄材叠层	高分子复合材料、陶瓷、纸张、金属箔材	原型制造、艺术品制作、建筑领域	成本低、可成形大尺寸构件、材料种类多	尺寸精度和表面质量较差、难以成形复杂构件	取决于箔材厚度

第四节　增材制造技术发展趋势

增材制造技术经过40多年的发展，在航空航天、汽车机车、新能源、新材料、生物医疗等战略性新兴产业领域已经展现出广大的应用前景。当前，全球范围内新一轮的科技革命和产业革命正在萌发，世界工业强国纷纷将增材制造技术作为未来产业发展重点进行布局，推动增材制造技术的应用。随着增材制造装备与工艺研究和产业化的不断深入，新的技术和行业需求也不断涌现。

在航空航天领域，随着节能降耗的需求日益强烈，传统的加工方法已经难以满足复杂、异形零部件的制造需求。美国通用公司的GE9X发动机目前已经使用了包括燃油喷油嘴、热交换器、低压涡轮叶片在内的多达304个3D打印的零部件。火箭上使用大量的3D打印零件，包括关键的氧化剂阀体，3D打印的阀体在高振动情况下成功实现了高压液态氧的控制运行。与传统铸造件相比，3D打印的阀体具有显著的强度、延展性和抗断裂性优势。并且与典型铸件周期以月来计算相比，3D打印的阀体在2天内就可以完成，大幅缩短了零件的制造周期。

在微电子/电子制造领域，传统的集成电路加工工艺随着分辨率的增加而日益复杂，需要的投资规模也越来越大。全球硅基微电子的制造能力日益垄断在少数几家大公司手中。印刷电子作为一种新兴电子增材制造技术，其原理是利用喷墨、气溶胶喷射、材料挤出等手段将导电或介电的半导体性质材料转移到基底上，从而制造出电子器件与电子系统。与传统的微电子制造方法相比，印刷电子在大面积、柔性化和低成本方面具有巨大的优势。

在交通运输领域，3D 打印从最初的快速原型制作发展为小批量、个性化零件的制造手段，并将逐渐发展为正向设计与功能集成的一体化设计的解决方案。2018 年，德国维捷公司及其合作伙伴将粘结剂喷射 3D 打印技术应用于发动机关键部件的铸造砂芯的大规模生产，其生产线有望成为世界上首个汽车关键零件生产领域的集成增材制造解决方案。宝马公司推出的 BMW S58 发动机为了满足轻量化及热管理性能的需求，其缸盖制作首次引入了 3D 打印技术，使其可以拥有比以往更极致的外形。对于超出传统金属铸造技术能力的几何形状和难以实现的最优冷却剂管布线方案，采用 3D 打印技术都可以顺利解决。S58 发动机气缸盖还避免了冗余结构造成的材料浪费，达到了更好的轻量化效果。

在生物医疗领域，增材制造技术在矫形器、假肢制造等方面表现出了传统工艺无可比拟的优势：定制化、一体化快速制造，同时可以实现功能的集成化和轻量化设计，提高产品的佩戴舒适度以及美观性。随着人们生活品质的日益提高和老龄化的日益严重，该技术在生物医疗领域的优势将更加明显。

第五节　增材制造新职业

增材制造是先进制造领域产业发展最快、研究最活跃、关注度最高的领域之一。增材制造通过能量与材料作用，由点 / 面至体进行离散 – 堆积，颠覆传统产品设计制造流程，被誉为决定未来经济的十二大颠覆技术之一。新一轮科技和产业革命正在创造历史性机遇，催生“互联网 +”、分享经济、3D 打印、智能制造等新理念、新业态，其中蕴含着巨大商机，正在创造巨大需求，用新技术改造传统产业的潜力也是巨大的。

世界主要发达国家均将增材制造与激光制造列入相应的国家发展计划，持续加大投入。美国 2012 年设立国家增材制造创新研究院，欧洲一些国家及日本等发达国家和地区相继将增材制造纳入未来制造技术的发展规划中。

2023 年，全球增材制造市场规模约 1 600 亿元，中国增材制造市场规模约 400 亿元，过去 5 年，全球增材制造产业年均增长速度超过 20%，预计到 2030 年全球增材制造产业规模大于 6 000 亿元。然而，当前增材制造产业仍面临严峻的人才短缺问题，同时人才培养体系不完善，多学科交叉、新技术涌现导致人才培养难，急需形成增材制造行业标准化的技能水平测试和能力证明体系。

我国增材制造产业处于国际并跑位置，有望成为先进制造领域国际竞争长板方向。增材制造人才的培养是关键。2022 年 6 月，人力资源社会保障部向社会公示“增材制造工程技术人员”等新职业，并纳入《中华人民共和国职业分类大典（2022 年版）》。2023 年 3 月，人力资源社会保障部办公厅、工业和信息化部办公厅颁布增材制造工程技术人员国家职业标准。

增材制造工程技术人员是为从事增材制造技术、装备、产品研发、设计并指导应用的工程技术人员。共设三个等级，分别是初级、中级和高级；分为两个职业方向：增材制造技术开发、增材制造技术应用。增材制造技术开发有三个职业功能：设计与制造装备、开发软件与控制系统、研发材料与工艺；增材制造技术应用有三个职业功能：设计产品与处理数据、应用工艺与生产运维、后处理与检验产品制造质量。增材制造工程技术人员的培养，将立足新发展阶段，贯彻新发展理念，遵循国家“十四五”规划提出的加强创新型、应用型、技能型人才培养，实施知识更新工程、技能提升行动，壮大高水平工程师和高技能人才队伍，支撑增材制造新兴产业创新升级，推动我国制造业高质量发展。

思考题

1. 增材制造技术的基本原理是什么？增材制造技术相比于传统制造技术具有哪些

优势？

2. 适用于金属材料的增材制造工艺有哪些？简述这些增材制造工艺的特点。

3. 适用于聚合物材料的增材制造工艺有哪些？简述这些增材制造工艺的特点。

4. 适用于陶瓷材料的增材制造工艺有哪些？简述这些增材制造工艺的特点。

第二章
增材制造产品设计与数据处理技术

增材制造技术充分释放了设计人员创新设计思维，可以最大化地实现结构的自由设计，打破了传统制造工艺对零件设计的限制，颠覆了传统的面向制造工艺的产品设计方法，提高了产品的设计自由度。但是，完全自由的结构是不存在的，增材制造的产品设计必须遵循一定的设计思路和方法。同时，设计的零件必须将其转换为增材制造专用的数据才能进行制造，这就对增材制造工程技术人员提出了新的要求。本章主要介绍增材制造的产品设计与数据处理过程，介绍了常用的三维 CAD 建模软件和三维模型转换为面片结构的知识，结合增材制造工艺特点重点讲解了增材制造工艺辅助结构设计、零件摆放方案确定、支撑结构设计、切片软件使用等方面的关键知识。读者通过学习可以全面熟悉和掌握增材制造产品设计与数据处理技术，为后续零件的增材制造加工奠定基础。

- **职业功能：** 产品设计与数据处理。
- **工作内容：** 根据客户需求优化产品三维几何模型；分析与设置产品工艺辅助结构。
- **专业能力要求：** 能根据客户需求，使用至少 1 种三维建模软件建立产品三维模型；能根据增材制造工艺设计产品工艺结构；

能根据设备加工能力与材料特性对产品模型进行尺寸缩放；能根据增材制造工艺特点与产品构型，制定产品成形摆放方案；能使用增材制造工艺辅助软件，设计添加辅助支撑结构。

- **相关知识要求：**增材制造产品数字化建模相关知识；增材制造工艺的技术特征相关知识，包括制造精度、性能等；增材制造后处理对尺寸的影响相关知识，包括加工、后处理余量等；辅助支撑处理软件操作流程相关知识；辅助支撑结构设计知识，包括支撑结构材料、类型、作用、工艺性以及应用范围等；切片软件操作与切片数据生成技术。

第一节　数字化模型设计

一、增材制造 CAD 建模基础

增材制造技术是由三维数字模型直接驱动的制造技术，其制造过程需要以三维数字模型为基础，通过软件分层离散和数控成形系统，将三维实体转变为若干个二维平面，运用粉末状金属、塑料、陶瓷、树脂等可黏合原材料，通过逐层打印的方式来构造物体。因此，三维 CAD 模型是增材制造技术的源头，三维 CAD 模型的设计柔性也决定了增材制造的生产柔性。

（一）增材制造 CAD 设计原则

传统设计的主要目标在于满足结构功能和可加工性，而增材制造技术可以大幅度降低对设计的制约，结构可以设计成满足性能要求的任何形式，这是传统的制造方法无法做到的。当前要想充分利用增材制造的优势，结构的设计过程就需要释放构型的自由度，充分展现构型所带来的收益。此前，已有不少学者针对增材制造利用优化设计方法提出了新颖的设计结构，极大地释放了设计自由度，其设计出的复杂构型不仅能通过增材制造加工，不增加制造成本，而且具有许多性能上的额外收益。

1. 自支撑结构设计

增材制造对于悬垂结构的打印需要添加辅助支撑结构，使得支撑结构的设计成为面向增材制造结构设计中的一个热点问题。不少学者从成形方向开展减少辅助支撑的研究，还有部分学者将支撑结构考虑到设计方法中开展减少辅助支撑的研究。比如采用拓扑优化中的变密度法，得出增材制造中悬垂结构的离散表达形式，通过光顺的方式将其连续化并推导了相应的灵敏度，随后通过“过滤”的形式达到了图 2–1a 中的自支撑拓扑优化；也可在其基础之上，对边界单元和底层单元的过滤进行相应的改进，扩展到三维模型优化，并更详细地讨论了悬垂角度调整的问题；同时也有借助连续化的阶跃函数对非自支撑区域进行惩罚，通过巧妙地构造出复合函数的形式，得到了“惩罚”式自支撑拓扑优化的数学模型，但在其结果中存在图 2–1b 的中间密度材料支撑实体材料的现象。

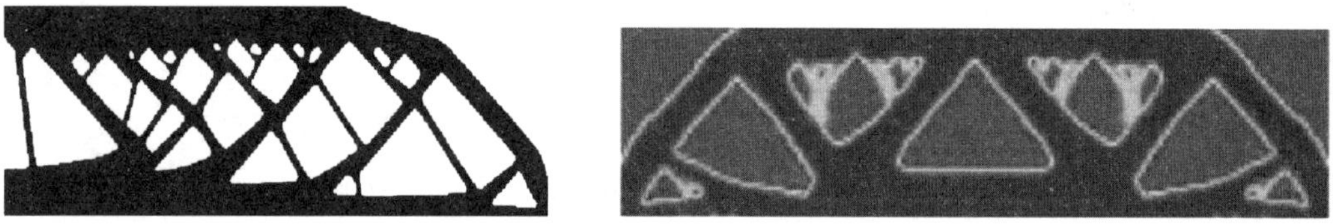

a）　　　　b）

图 2–1　自支撑拓扑优化

a）“过滤”式自支撑拓扑优化　b）“惩罚”式自支撑拓扑优化

2. 整体化设计

增材制造的高自由度使得结构的设计模式更加丰富，不少学者探索并尝试了面向增材制造的新设计模式（DFMA），其中给予设计研究者较为普遍的启示是将以往复杂的组件结构进行整合以实现一体式的整体化设计。整体化设计通过合并零件设计出零件数量更少且满足使用要求的整体式构型，可以减少连接关系，节约装配时间，显著减少新系统的生产时间，提高人员响应速度，是提高制造效率和降低成本的有效方法。连接数量的减少还可以避免一些辅助工装、定位支架等工艺装备的生产，进一步降低零部件的制造成本、提高生产效率。诸多可降低成本的优势推动了基于增材制造的整体化设计模式的发展，如今已有一些面向增材制造技术的整体化设计的成功案例。例如，通用汽车公司利用增材制造技术将传统座椅支架重新设计成了图 2–2 所示的整体化支架，将原本包含各种连接件的 8 个组件的座椅支架整合为一个组件，使其生产时间从动辄需要数周乃至数月，缩减到仅需一天就可以完成定制环节，还能节省大量能源成本及工具成本。

图 2-2　整体化支架设计

3. 轻量化结构设计填充

通过不同的轻质多孔结构对具有不同使用目标的厚重实体结构进行填充，不仅是一种非常高效的结构轻量化设计方法，还是进一步提升结构缓冲、散热等特殊性能的有效手段。目前的轻质多孔结构主要有点阵、蜂窝等。图 2-3 所示的航空支架就是某团队利用多孔结构填充设计出的轻量化支架结构。

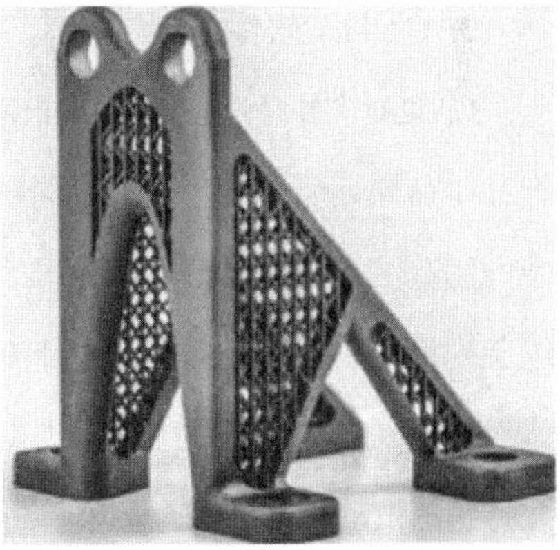

图 2-3　利用多孔结构填充的航空支架

（二）常用的三维建模 CAD 软件

三维建模是一种用于创建 3D 虚拟场景和对象的技术，通过使用专业的建模软件，设计师可以将想象中的物体或场景转换为逼真的 3D 模型。在三维建模过程中，首先需要选用一个合适的三维建模 CAD 软件来进行三维模型的设计与构建。本小节将介绍几种常见的三维建模 CAD 软件，以供参考使用。

1. UG 软件

UG 软件是 Siemens PLM Software 公司出品的一个产品工程解决方案，它为用户的产品设计及加工过程提供了数字化造型和验证手段。它针对用户的虚拟产品设计和工艺设计的需求，以及各种工业化需求，提供了经过实践验证的解决方案。

UG 软件是一个交互式 CAD/CAM（计算机辅助设计与计算机辅助制造）软件，它功能强大，可以轻松实现各种复杂实体及造型的建构。它在诞生之初主要基于工作站，但随着计算机硬件的发展和个人用户的迅速增长，在计算机上的应用也得到了迅猛的增长，目前已经成为模具行业三维设计的一个主流应用。

2. SolidWorks 软件

SolidWorks 软件是达索系统旗下的 SolidWorks 子公司研发的机械设计软件产品。

SolidWorks 软件具有组件繁多、易学易用和技术创新三大特点，这使其成为领先的、主流的三维 CAD 解决方案。SolidWorks 能够提供不同的设计方案、减少设计过程中的错误以及提高产品质量。SolidWorks 不仅功能强大，而且对每个工程师和设计者来说，其操作简单方便、易学易用。

3. CATIA 软件

CATIA 软件是法国 Dassault System 公司旗下的 CAD/CAE/CAM① 一体化软件。作为产品生命周期管理（PLM）协同解决方案的一个重要组成部分，CATIA 可以通过建模帮助制造厂商设计他们未来的产品，并支持从项目前阶段、具体的设计、分析、模拟、组装到维护在内的全部工业设计流程。CATIA 最开始使用在幻影 2000 和阵风战斗机的研发上。在波音飞机的项目中，CATIA 参与了除发动机以外的全部零件的设计研发，并将包括发动机在内的全部零件进行了装配。

模块化的 CATIA 软件可提供产品的风格和外形设计、机械设计、数字样机管理、机械加工、分析和模拟等功能。同时，CATIA 软件拥有其他三维软件难以比拟的强大曲面造型能力。因此，CATIA 软件在汽车、航空航天、船舶制造、厂房设计（主要是钢构厂房）、建筑、电力与电子、消费品和通用机械制造等领域的 3D 设计和建模中得到了广泛的应用与普遍认可。

4. 其他三维建模软件

目前市面上的三维建模 CAD 软件种类繁多，除了上述介绍的三种最为常用的三维建模软件外，还有许多三维建模软件也可以用于增材制造产品的设计与建模，例如 AutoCAD、Rhino、3ds Max、中望 CAD 等，这些软件具有各自的特点和优点，都是非常优秀的三维建模软件。设计者可以根据建模的具体需求和特点，选用合适的三维建模软件。

① CAD/CAE/CAM：计算机辅助设计（CAD）/ 计算机辅助工程（CAE）/ 计算机辅助制造（CAM）。

二、常用三维软件的增材制造格式转换

（一）增材制造数据格式

1987 年，美国 3D Systems 公司推出第一台商业增材制造装备，而 STL 文件是该公司为增材制造技术开发的一种文件格式，用于充当 CAD 模型文件与增材制造技术之间的数据交换格式。由于 STL 文件格式结构简单，数据容易读取、显示方便，可以十分简单地表示一个表面形状复杂的三维模型，且通用性好，因而成为增材制造行业的标准，被国内外的大部分制造企业所采用。

随着增材制造技术的发展，STL 数据已经无法满足某些技术工艺的实现，如多材质多色彩产品的打印。2011 年，美国材料与试验协会提出了一种多材料增材制造文件格式 AMF。AMF 克服了 STL 的精度不高、数据冗余大、工艺信息缺失、文件体积庞大、读取缓慢等缺点，还引入了曲面三角形、颜色贴图、异质材料、功能梯度材料等高级概念。

STL 数据格式因为使用最早，目前已成为增材制造行业主要使用的数据格式。本节也主要介绍常用软件的 STL 格式转换。图 2-4 对比了 CAD 软件设计的三维模型和增材制造使用的 STL 格式文件以及 AMF 格式文件的显示效果。CAD 软件设计的球体是以中心坐标和半径 r 的信息通过软件以及显卡渲染出三维的视觉效果，其实模型表面没有几何信息，本质上 CAD 软件设计属于虚拟建模过程。STL 数据则是将虚拟模型数据进行“实体化”的转换，STL 模型的表面是通过连续链接在一起的三角形近似地

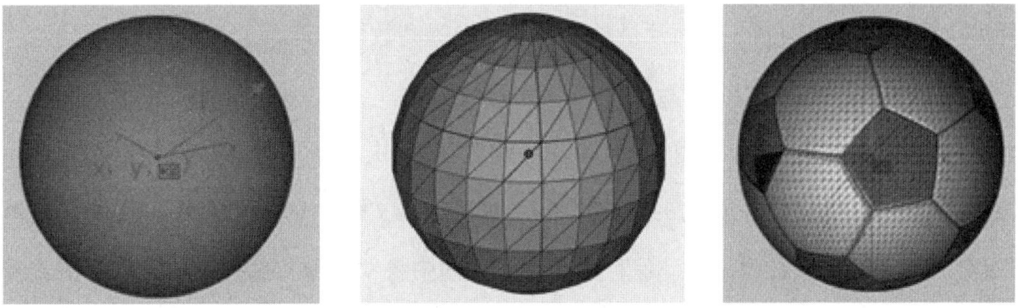

CAD软件渲染　　STL格式　　AMF格式

图 2-4　不同文件的显示效果

描述模型的几何形状，模型表面包含了大量的具有空间坐标的三角面片，而AMF格式的数据在STL数据的基础上增加了模型材质和纹理信息等。

（二）常用软件STL格式转换

利用CAD软件设计好零件模型后，将其输出为STL格式，即对模型进行面型化处理。以下是一些常用三维软件的STL文件输出方法。

1. UG NX12输出STL文件

使用UG创建零件或打开已创建好的文件，单击“文件”菜单栏，选择“导出”选项下的“STL”命令项，将选定的实体或装配体导出为STL文件。在弹出的“STL导出”对话框中参照图2–5所示，修改弦公差和角度公差数值，数值越小生成的三角面片越小，模型的精度越高，当然数据量也会越大。结构简单以及体积较小的模型建议这两个参数分别设置为最小的0.01和10，模型较复杂或者体积较大时，建议这两个参数不要设置过小，避免整体数据量太大导致后期数据处理过程中影响软件处理效率。

弦公差和角度公差修改后，使用鼠标左键选择需要转换的模型，修改STL文件要导出的文件路径，并为要导出的部件命名，单击“确定”或者“应用”按钮，STL文件转换即可完成。

转换STL文件首先需要注意就是模型精度问题，大多数CAD设计软件都会有精度的控制参数，UG NX12称其为“弦公差”和“角度公差”。弦公差是指弦与真实曲面的最小距离，角度公差是指相邻弦之间的最大距离。有些软件里这两个参数也称为“弦高”和“角度控制”等。图2–6是一个STL精度控制参数的示意图。有些CAD软件里可能还会增加控制三角面片最长边的尺寸来提高数据精度。

2. Pro/Engineer输出STL文件

Pro/Engineer是一款常用的CAD设计软件，该软件于2010年正式更名为Creo Parametric。使用该软件创建零件或打开已创建好的文件，单击“文件”菜单，选择“保存副本”选项，在弹出的“保存副本”对话框中将“类型”选择栏中的默认格式改成STL格式，也可自定义文件名，如图2–7所示，并勾选右下角的“自定义导出”复选框，通过左侧按钮选择好输出路径后单击“确定”按钮。

图 2–5　“STL 导出”对话框

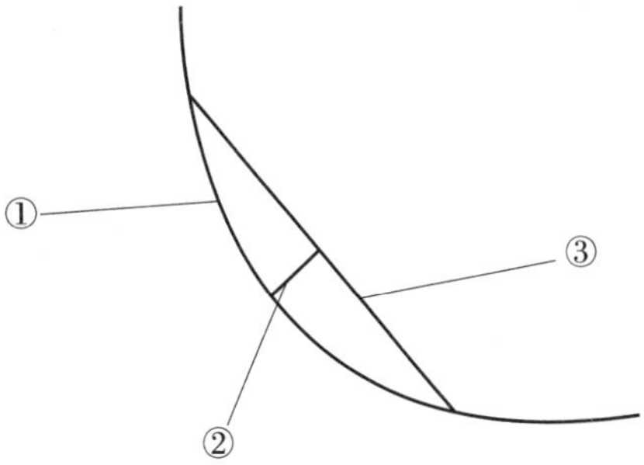

图 2–6　STL 精度控制参数示意图

①—零件曲面　②—弦高　③—三角面片

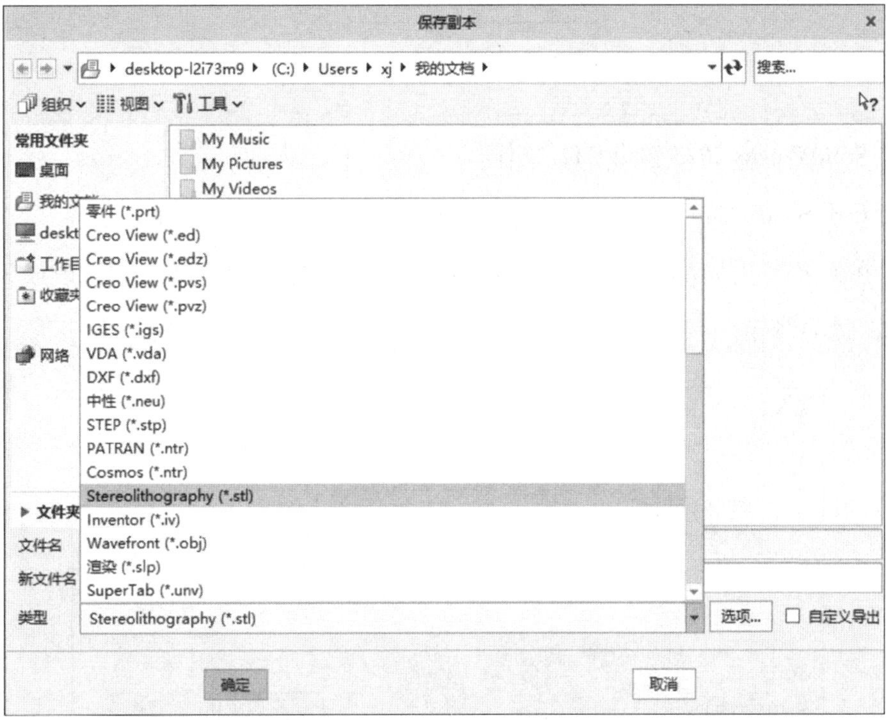

图 2–7　“保存副本”对话框

单击“确定”按钮后，软件会弹出“导出 STL”对话框，如图 2-8 所示，修改偏差控制里的“弦高”和“角度控制”的数值，值越小 STL 数据的精度越高，修改好参数之后单击“确定”按钮。

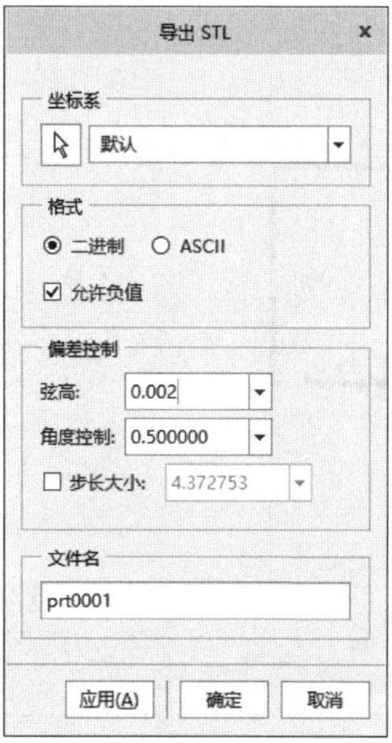

图 2-8　导出 STL 精度调整

3. SolidWorks 2023 输出 STL 文件

打开用 SolidWorks 创建的零件或装配文件，单击“文件”菜单，选择“另存为”选项，在弹出的“另存为”对话框中将“保存类型”选择栏中的默认格式改成 STL 格式，如图 2-9 所示。

图 2-9　“另存为”对话框

选择好输出路径后，单击“选项”按钮，在接下来出现的“系统选项”对话框中可以调整公差等参数以改变模型分辨率，可输出为“二进制”或者“ASCII”格式（一般选择 ASCII，这样得到的 STL 文件占用磁盘空间比较小），然后单击“确定”按钮即可在指定的路径下生成该文件的 STL 文档，如图 2–10 所示。

图 2–10　“系统选项”对话框

4. CAXA 3D 输出 STL 文件

使用 CAXA 3D 创建零件或打开已创建好的文件，单击“菜单”工具栏，选择“文件”中的“输出”选项，在子菜单中选择“输出零件”命令，如图 2–11 所示。在弹出的“输出文件”对话框中选择文件保存路径，并将保存类型修改为 STL 格式，单击“保存”按钮，软件会弹出“STL 输出设置”对话框，将“输出精度”修改为“精细的”或者选择“定制”选项，如图 2–12 所示，通过修改“角度公差”和“误差”也可改变 STL 数据的精度。

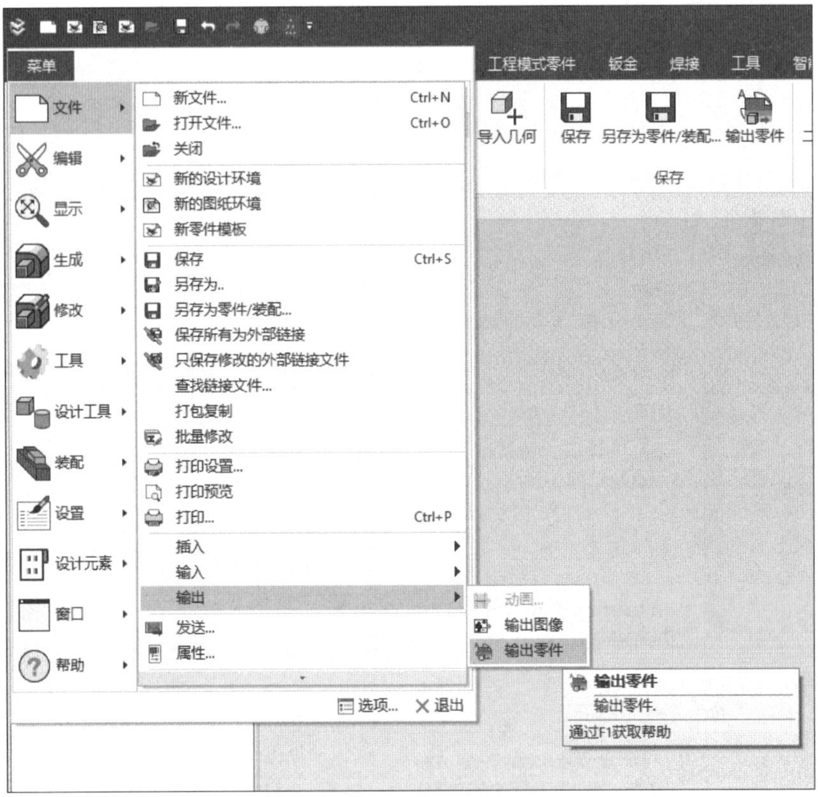

图 2–11　输出命令选择

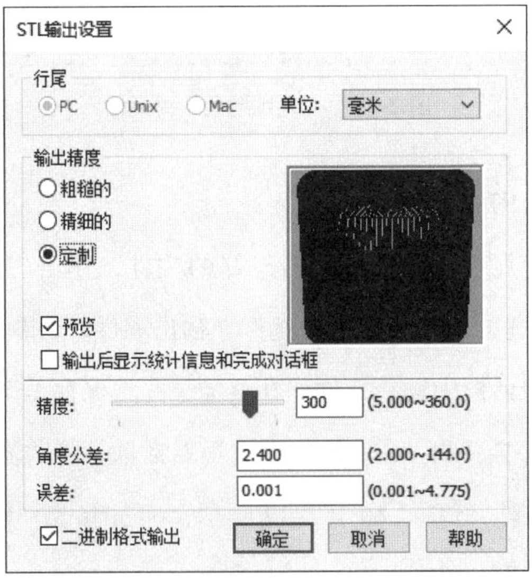

图 2–12　“STL 输出设置”对话框

5. 中望 3D 输出 STL 文件

使用中望 3D 创建零件或打开已创建好的文件，单击“文件”菜单栏，选择“输出”命令，如图 2–13 所示。在弹出的对话框中，选择文件保存路径以及修改文件名并修改文件类型为 STL 格式，单击“输出”按钮后会弹出“STL 文件生成”对话框，如图 2–14 所示，一般选择默认公差，当需要更高的精度时，适当减小弦高值即可。

6. CATIA V5 输出 STL 文件

使用 CATIA 创建零件或打开已创建好的文件，单击“文件”菜单栏，选择“另存为”选项，在弹出的“另存为”对话框中，将文件“保存类型”一栏改成“stl”格式，然后选择要导出的路径，单击“保存”按钮即可将该文件转换成 STL 文档，如图 2–15 所示。

7. Rhino 7 输出 STL 文件

使用 Rhino 7 创建零件或打开已创建好的文件，在“文件”菜单栏中单击“另存为”命令，软件弹出“储存”对话框，如图 2–16 所示。选择文件保存的路径以及修改文件名，将文件保存类型修改为 STL 格式，单击“保存”按钮，软件会弹出“STL 网格导出选项”对话框，如图 2–17 所示，修改公差参数，数值越小精度越高，但需根据模型具体情况设定。

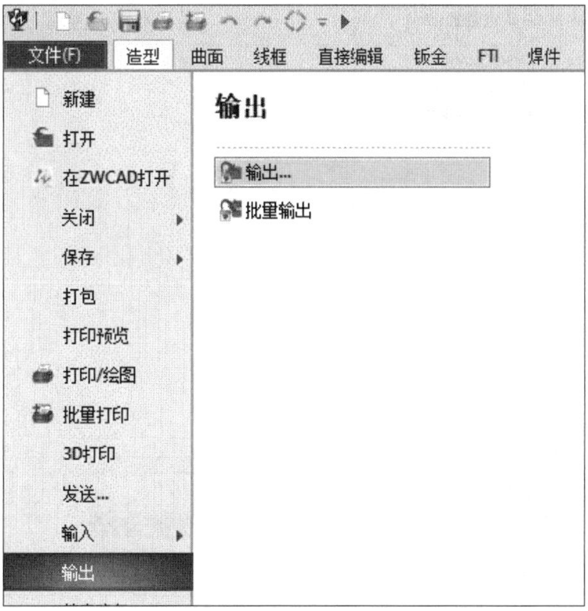

图 2–13　“输出”命令选择

图 2–14 “STL 文件生成”对话框

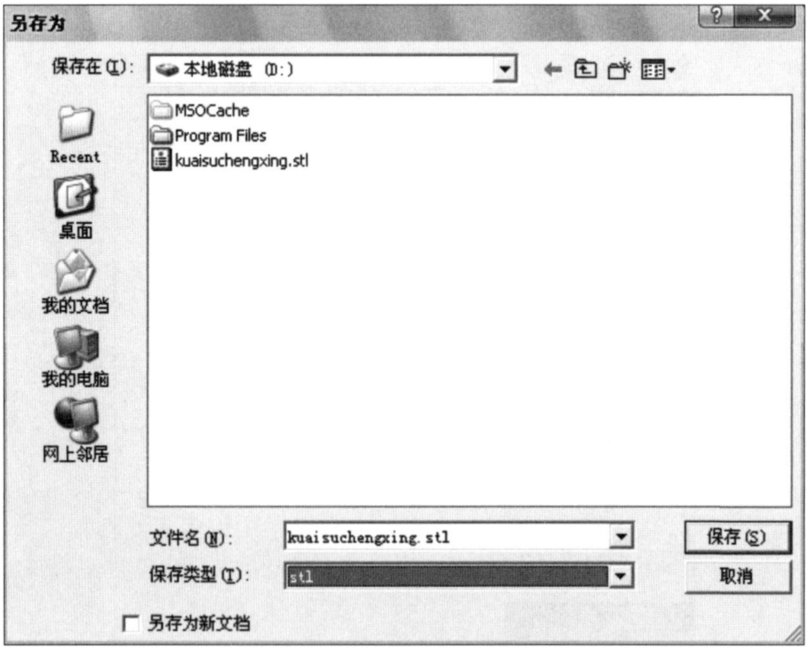

图 2–15 “另存为”对话框

图 2–16　“储存”对话框

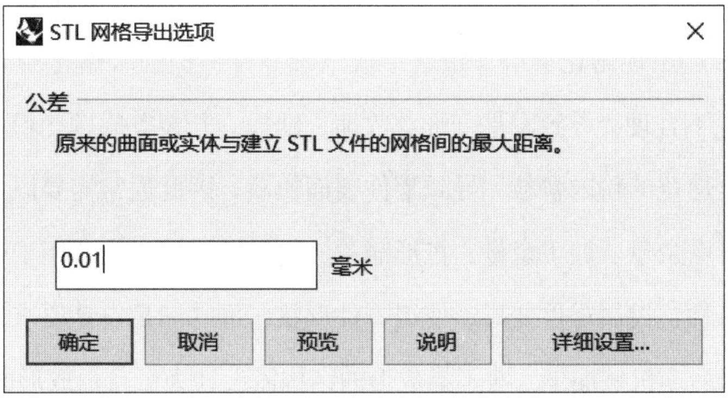

图 2–17　“STL 网格导出选项”对话框

需要注意的是，不论使用哪种建模软件，尽量采用实体建模的方式进行设计，曲面建模时也一定要对曲面进行缝合，这样可以避免模型转换 STL 格式时出现错误。

第二节　增材制造工艺结构设计

一、增材制造工艺结构

增材制造零件的结构合理性和工艺适应性会直接影响成形过程的制造难度，甚至关系到成形能否成功。因此，在进行增材制造之前，必须根据现有增材制造装备和工艺的特点，增加一些工艺结构，以提升零件的成形工艺性，避免成形失败。本节以激光粉末床熔融工艺为例，介绍增材制造工艺结构的设计。需要说明的是，增材制造零件的结构特征与材料、工艺以及设备有关，因此本书的工艺结构仅供参考。

在激光粉末床熔融成形工艺过程中，粉末均匀铺在粉床上，激光选择性将一定厚度的粉末熔化，逐层地熔化堆叠，最终形成三维零件。但粉末熔化凝固过程会存在较大内应力，工艺不合理会导致零件变形、收缩、缺损、开裂等问题。粉末熔化时，熔池边缘存在未完全熔化的粉末颗粒，导致零件表面粗糙。因此通常需要添加的工艺结构包括工艺圆角、打磨余量、加工余量、控形筋条、斜面结构等，主要用于确保零件具有增材制造工艺可行性，控制零件变形，使得零件形状、尺寸满足设计要求，且有足够的后处理余量，便于后期机械加工，对不易成形的结构需设计为可自由成形的斜面结构。

二、增材制造工艺结构设计原则

增材制造选用什么工艺结构，相应的工艺结构参数如何设置，其影响因素主要有原材料、成形参数、零件摆放方向等。

不同粉末原材料对增材制造光源能量的吸收不同，成形后的零件表面、内部冶金质量、外形尺寸等均有不同的特点。不同的成形参数，粉末熔化情况、内应力状态也不同。层厚越厚，需要的能量越多，需要的能量密度越大。

（一）突变截面、连接基板根部加圆角

突变截面属于应力集中的位置，圆角越小，应力集中越明显，随着圆角的增大，此处开裂风险大大降低。如图 2–18 所示，圆筒成形件直接与基板相连时，实体与基板连接的圆周需添加圆角，以调节零件成形起始部位的应力分布，减小应力集中风险，避免后续成形应力累积导致开裂的风险。

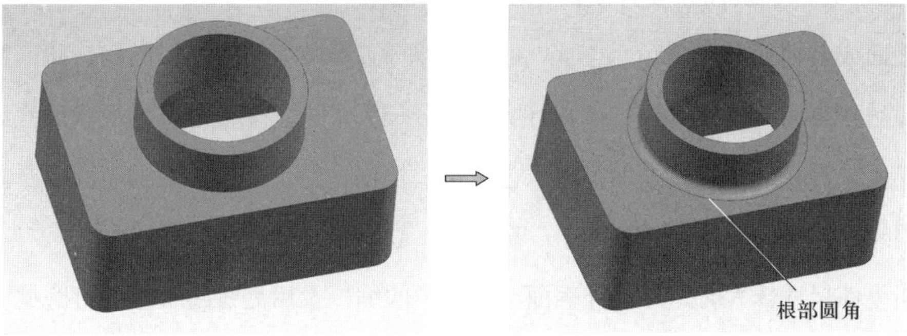

图 2–18　平面与圆柱面突变截面

（二）轴对称零件、小孔与流道结构的缩放

金属增材制造过程是熔化与凝固过程，较大的内应力导致成形零件有体积收缩的趋势，复杂件的不同结构之间互为约束，对控制应力变形有一定的作用。对于规则的零件，如轴对称零件，因内应力导致收缩的趋势趋同，收缩方向会向零件的几何中心位置收缩，微观的应力收缩累加导致宏观的收缩变形，因此需提前给出收缩余量，一般为零件尺寸的 0.15% ~ 0.5%。

增材制造的应力变化会导致小孔、流道的收缩，同时激光扫描小孔、流道的边缘时，熔池边缘存在未完全熔化粉末颗粒。从宏观看，孔和流道内表面粗糙度较大，相应直径或内径尺寸通常比理论尺寸偏小。应通过工艺迭代，找到合适的孔壁或内径缩放量。如图 2–19 所示，叶片气膜孔尺寸为 ϕ0.6 mm，成形完后孔径小于 ϕ0.6 mm，成形前需要对孔径进行调整，一般孔径扩大 0.1 ~ 0.35 mm。

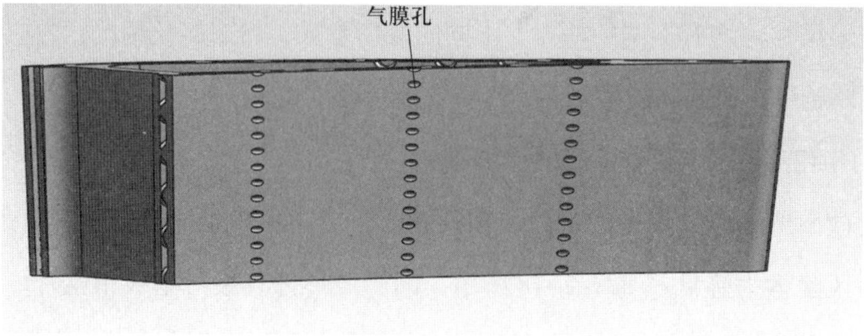

图 2-19　叶片气膜孔结构

（三）零件下表面以及外表面增加打磨余量

平面或者曲面的倾斜角小于 45°时，成形时需要添加辅助支撑结构，此区域在去除支撑后，表面会残留部分支撑，打磨抛光量较大，为了保证零件的形状尺寸以及表面粗糙度，需在支撑区域添加打磨工艺余量。根据材料及工艺参数的不同以及倾斜角度的差异，打磨余量有一定差异，一般为 0.1 ~ 0.2 mm。

当零件尺寸较大时，零件外表面会因应力收缩以及后处理过程中的打磨抛光导致零件外形尺寸偏小。通过添加打磨余量，补偿缺损量，确保成形后零件尺寸与理论尺寸保持一致，一般打磨余量的添加值为 0.05 ~ 0.2 mm。如图 2-20 所示，当倾斜角度小于 45°时，下表面粗糙现象比较严重，且出现型面缺损的问题，此时打磨余量增加值应增加至 0.1 ~ 0.2 mm。

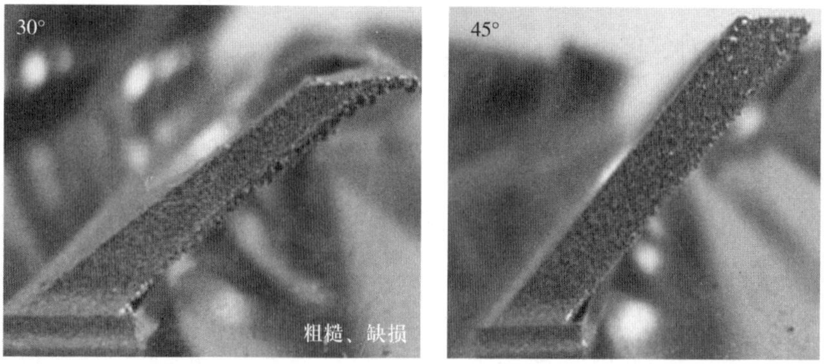

图 2-20　不同角度倾斜面的表面粗糙与缺损状况

（四）薄壁结构增加随形筋板控形

薄壁结构因长宽尺寸与厚度尺寸的比值较大，成形时内应力分布不均，会导致整体结构发生应力变形。宏观表现为局部凹凸或者局部错层，甚至出现开裂问题。根据薄壁结构的尺寸大小，适当添加一些加强筋或者筋板结构，可以起到防变形的作用，如图 2–21 所示。优先采用交叉筋板结构；若型面为空间异形结构，则采用随形筋板结构。

（五）水平大圆孔、悬臂横梁结构设计斜面结构

平面或者曲面的倾斜角小于 45° 时，成形时需要添加支撑结构。对于轴线处于水平方向的大圆孔，当圆柱面成形到倾斜角小于 45° 的部分时，若不添加支撑，则无法继续成形或者成形后的圆孔顶面粗糙甚至缺损。对于需要后续继续机械加工的圆孔，可以设计为水滴形，此时圆孔可以不添加支撑，可自由成形。斜面部分在后续的机械加工工序去除。当圆孔直径较小时，成形内应力较小，圆孔可以直接成形，不需要进行结构设计修改。临界圆孔尺寸一般为 $\phi 8$ mm，大于此临界尺寸的孔需要添加支撑或者需要修改孔形结构（可以改为水滴形）才能良好成形。如图 2–22 所示，虚线为理论孔形，为保证圆孔可以自由成形，将孔的上半部分设计为两侧斜面结构，斜面倾斜角度不小于 45°。

图 2–21　随形筋板结构

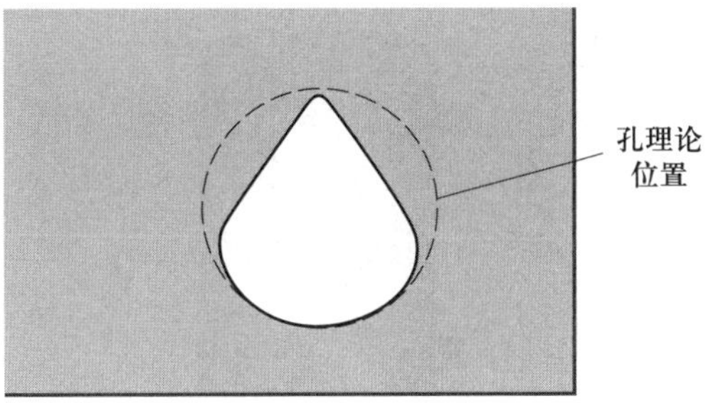

图 2–22　水滴形孔

三、增材制造工艺结构设计案例

如图 2–23 所示，根据零件结构特点，区域 A 标记的面需要进行机械加工，因

此添加余量为 1 mm；其他非加工部位可以适当添加 0.15 mm 的打磨余量；零件成形时，按照图 2-24、图 2-25 所示，法兰直接放置在基板上，法兰与基板连接处设计圆角。

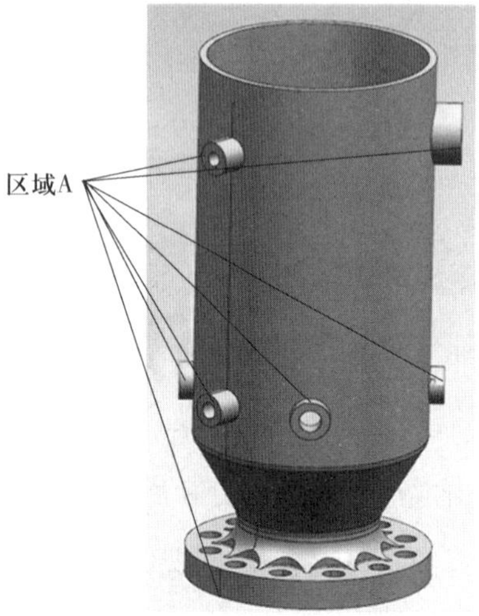

图 2-23　壳体成品模型

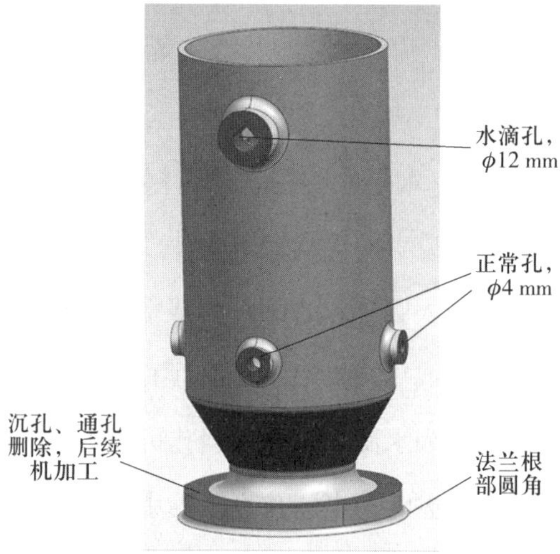

图 2-24　壳体工艺模型

如图 2-25 和图 2-26 所示，圆柱面上的小圆柱轴线呈水平方面，与成形方向平行，顶端的圆孔孔径较大，设计为水滴孔结构。如图 2-26 所示，水滴孔处设计水滴形的斜面结构，孔径缩小 2 mm，给后续加工留有余量。

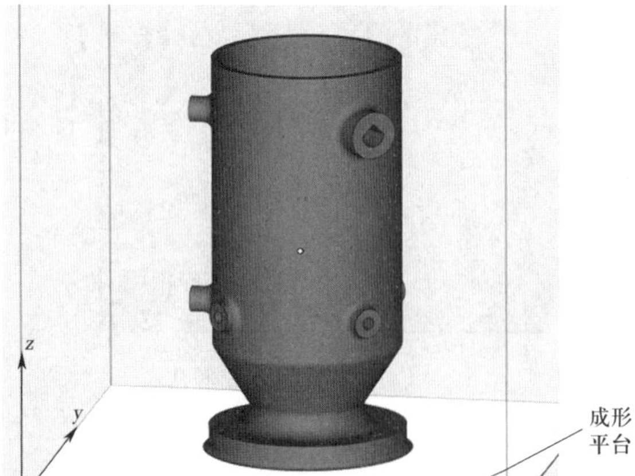

图 2-25　零件摆放方式

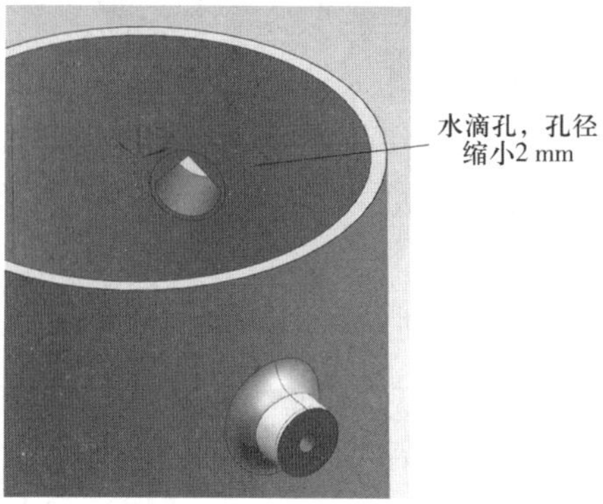

图 2-26　小圆柱部分模型

如图 2–27 所示，小圆柱的端面，加工余量 1 mm。小圆柱圆周与竖直圆柱面连接根部设计圆角转接，降低打印时的应力开裂风险。

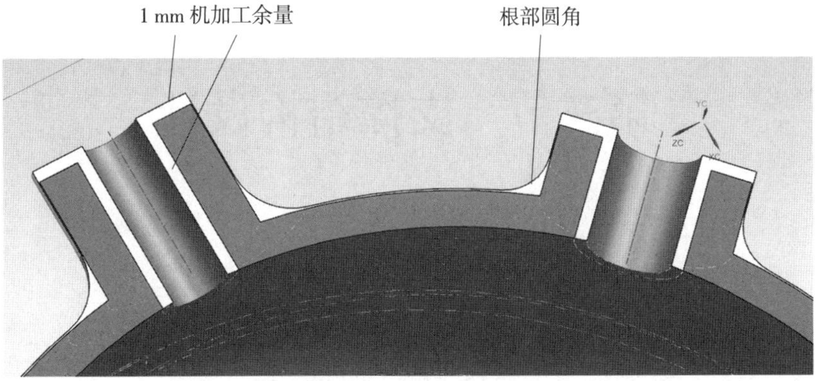

图 2–27　小圆柱区域工艺结构

如图 2–28 所示，法兰上安装孔位置，将通孔删除，沉孔部分填实，后续通过机械加工完成结构特征；为保证法兰圆周尺寸，圆周添加 0.1 ~ 0.3 mm 打磨余量。

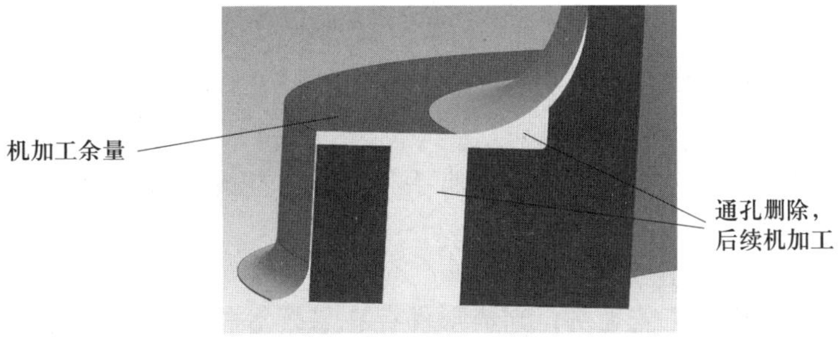

图 2–28　法兰部位工艺结构

第三节　支撑结构设计

支撑结构是增材制造成形过程中至关重要的一部分，它起到防止零件变形和塌陷等作用。学习认识和设计支撑结构是增材制造工程师必须掌握的技能。在本节中，将简单介绍几种不同3D打印工艺中的支撑结构，以激光粉末床熔融工艺为主，详细探讨支撑设计中常用软件及其操作流程、支撑的设计以及具体的设计案例等内容。

一、增材制造支撑结构

在增材制造技术中，支撑结构就像脚手架一样，在成形过程中使用，成形件制作完成后将其移除。

以激光粉末床熔融工艺为例，当成形件存在悬臂等相对复杂的结构时，若不借助支撑直接成形，零件可能会产生变形，甚至发生坍塌、翘曲。而适当添加支撑结构则可以对零件本体起到“托”或“拽”的作用，大幅提升成形的成功率。

不过并不是所有的悬垂结构都需要添加支撑，理论上当悬垂结构与水平面的夹角较大时，该悬垂结构可无须支撑直接成形。这是因为当悬垂结构与水平面夹角较大时，相邻层间的水平偏移很小，每一层都可以为下一层提供支撑。但是当悬垂结构与水平面的夹角较小时，在制造过程中金属粉末不足以充分支撑下方的悬垂部分产生的重力以及残余应力的累积时，构件会在成形过程中发生变形、卷曲、坍塌等现象。这个悬垂结构与水平面的夹角称为悬垂角度，增材制造成形构件悬垂角度的下极限称为临界悬垂角度。临界悬垂角度取决于设备性能、层厚、金属粉末特性以及激光工艺参数等。

此外，金属增材制造一般都会涉及高温，这时的支撑也可以起到传导热量的作用，从而进一步防止在制造过程中因高温而产生残余应力，避免变形、翘曲和开裂等缺陷的形成。

几乎所有增材制造工艺都需要在不同程度上添加支撑结构，以下将简单介绍几种主流增材制造工艺的支撑结构。

（一）不同增材制造工艺的支撑结构

1. 粉末床熔融

对于粉末床熔融技术，支撑可以添加在成形件底部和基板之间的区域，如图 2–29 所示，这有助于将热量从成形件传导至外部，从而最大限度地减少成形件本体因热应力而产生的开裂、翘曲、下垂、分层、收缩等情况。

图 2–29　具有支撑结构的 LPBF 部件

2. 定向能量沉积

使用 DED 工艺进行制造时，成形件中小于临界悬垂角度的悬垂结构需要通过添加支撑结构以确保成形件的稳定，同时也能保证复杂特征的可成形性以及整体的散热。

3. 立体光固化成形

立体光固化成形需要通过使用支撑结构将成形件牢固地连接到成形平台上，并防止成形件本体发生翘曲变形。同时，成形件中的小于临界悬垂角度的悬垂结构也需要添加支撑结构，以确保零件成形的工艺性，如图 2–30 所示。

图 2–30　具有支撑结构的立体光固化成形件

立体光固化成形中使用的支撑非常薄，且与实体零件之间的结合力不强。这意味着它们能够很容易使用钳子、镊子等简单工具进行去除。但是，由于去除支撑后，零件支撑面上会留下部分支撑，若成形件有表面光洁度要求时，还需要对零件进行简单的打磨。

4. 材料挤出成形

材料挤出成形工艺中，通常也需要对小于临界悬垂角度的悬垂结构添加支撑，以确保顺利成形。材料挤出成形工艺中的支撑与成形件的结合强度处于金属增材制造与立体光固化增材制造之间，它也可以使用简单工具进行去除，如图 2–31 所示。

（二）支撑结构的添加原则

虽然增材制造成形过程中支撑结构至关重要，但支撑并不是添加得越多越好，过多的支撑会增加成形件的打印时间并增加材料的消耗，还会增加后处理的工作量。具体来说，应考虑以下原则。

1. 材料成本

支撑在成形过程中需要消耗材料，且已经成形后的支撑不可重复使用，因此需要考虑支撑对材料成本的消耗。

a)　　b)

图 2-31　材料挤出成形支撑去除前后对比

a）带支撑的成形件　b）去除支撑后的成形件

2. 时间成本

增材制造中的辅助支撑在设计、成形到后处理等过程中，会耗费大量的时间，因此需要考虑支撑结构对时间成本的影响。

3. 后处理成本

零件在增材制造成形完成后，支撑结构需要钳工或者采用线切割、机械加工等方式进行去除，会增加大量的后处理工作。

4. 损坏风险

去支撑过程中的不当操作，可能会导致成形件表面出现缺陷，影响其尺寸精度和外观。此外，当支撑放置不正确时，可能会造成成形件的永久损伤。例如支撑添加在精细特征上，在去支撑过程中该特征可能会与支撑结构一起折断，导致成形件的制造失败。

二、增材制造支撑结构常用设计软件

常用的增材制造支撑结构设计软件主要有 Voxeldance Additive、Cura、Magics、3D Xpert 等。本节主要以通用的 Magics 软件为例，对增材制造中支撑处理软件的操作流程进行介绍。该软件具有非常强大的模型修复、位置摆放、添加支撑和切片输出等功能，并且能够修复优化 3D 模型，分析零件，直接在 STL 模型上作相关的结构变更、设计特征、生成报告等。

使用 Magics 软件对零件添加支撑的基本流程如图 2–32 所示。

图 2–32　Magics 软件支撑添加流程

第一步，打开软件，将需要添加支撑的零件导入 Magics，并从“从设计者视图创建新平台”中选择本次零件使用的增材制造装备型号，如图 2–33 所示。

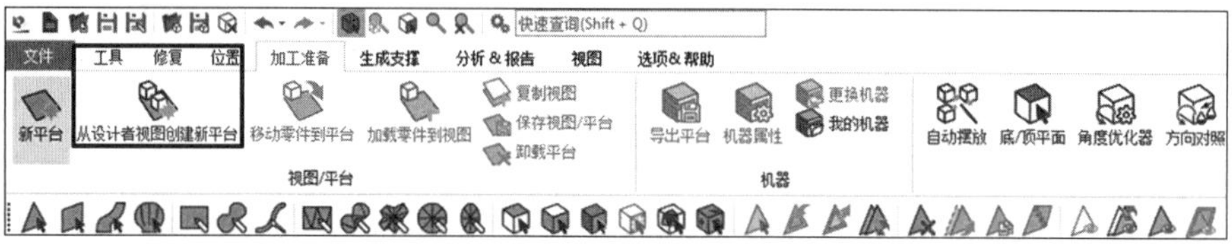

图 2–33　选择装备型号

在弹出的“新机器”对话框中选择“无机器”，如图 2–34 所示。

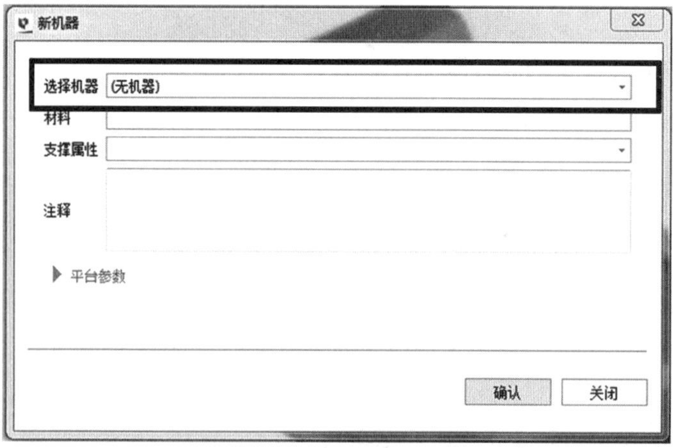

图 2–34　Magics 软件操作界面

第二步，选择合适的角度，使用“底 / 顶平面”将零件进行标记并落底，如图 2–35 所示。

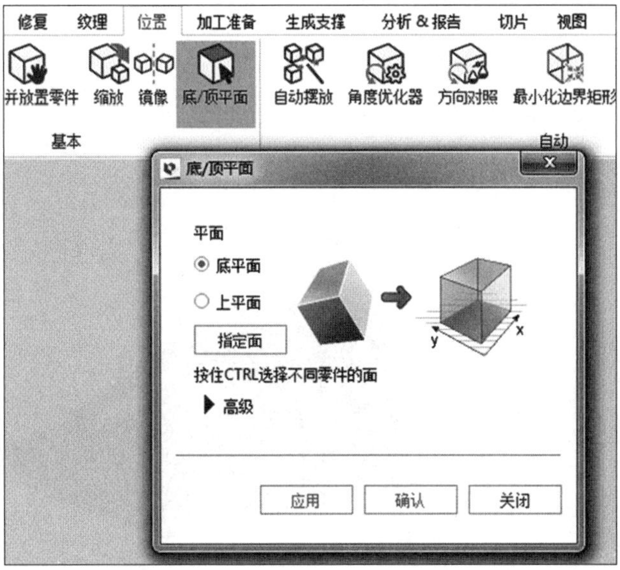

图 2–35　Magics 软件底面对齐

第三步，对落底后的零件使用“平移”“旋转”功能将其摆放至合适的位置，如图 2–36 所示。此时注意，零件与平台的夹角、零件摆放在平台后与 *X*/*Y* 轴的夹角等因素都会影响支撑的生成，建议无特殊情况，先将零件摆放到合理位置后再生成支撑。摆放时，零件的长边尽量与刮刀成一定角度。

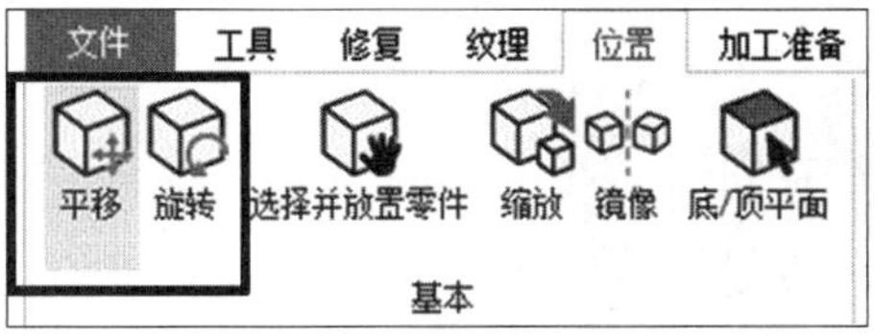

图 2–36　零件摆放操作

第四步，当零件摆放到位后，单击“生成支撑”按钮，软件会自动生成支撑，如图 2–37 所示。

第五步，通过“转到面”命令选择对应的支撑，并进行基本参数、支撑角度等参数的修改，如图 2–38、图 2–39 所示。

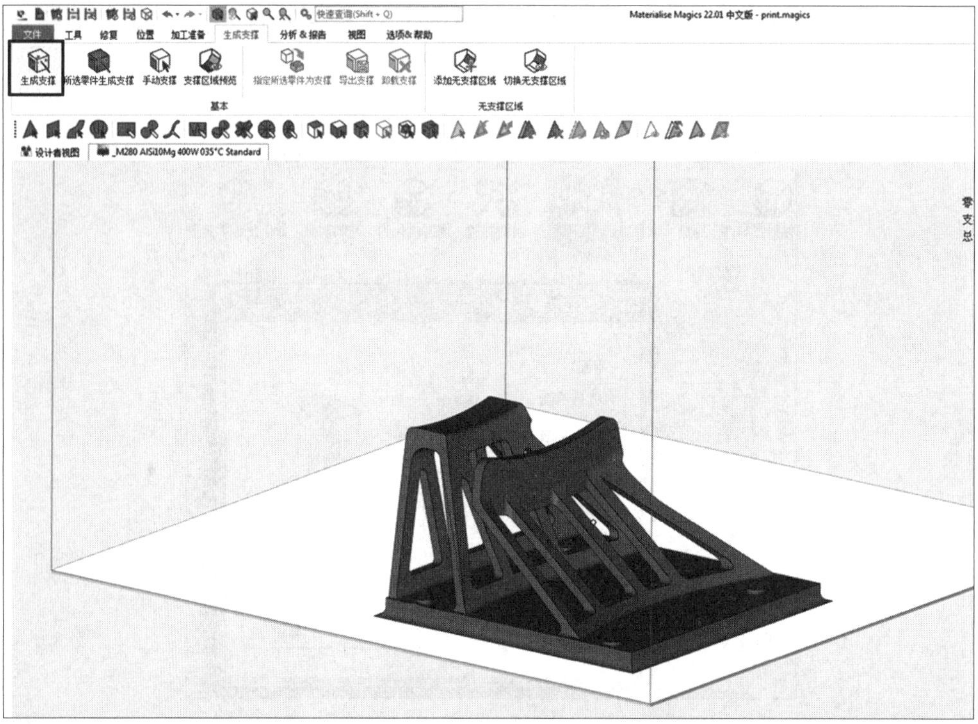

图 2–37　生成支撑

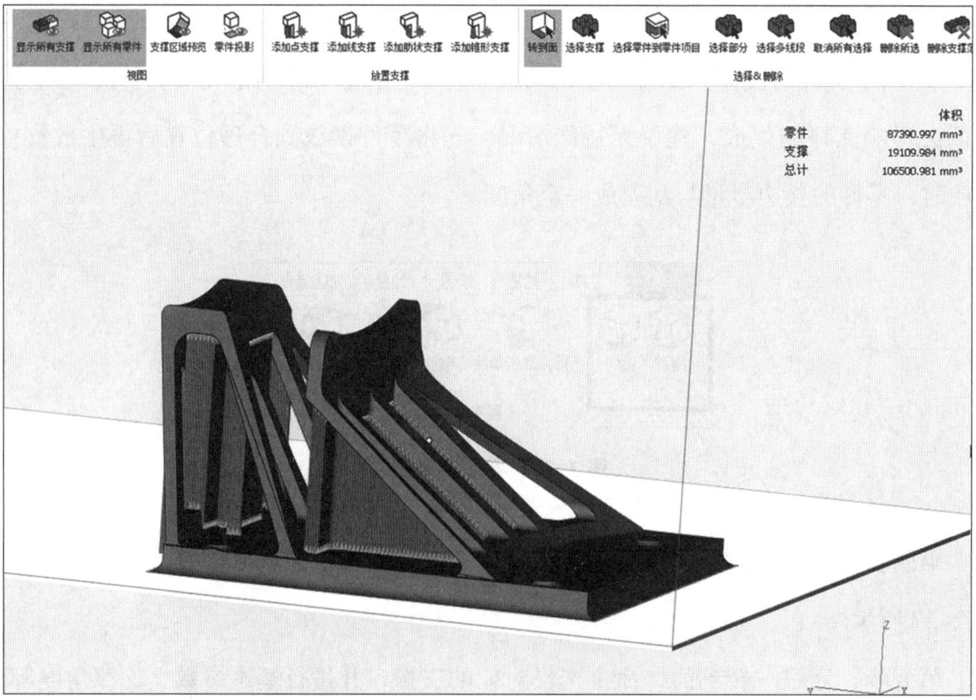

图 2–38　选择支撑

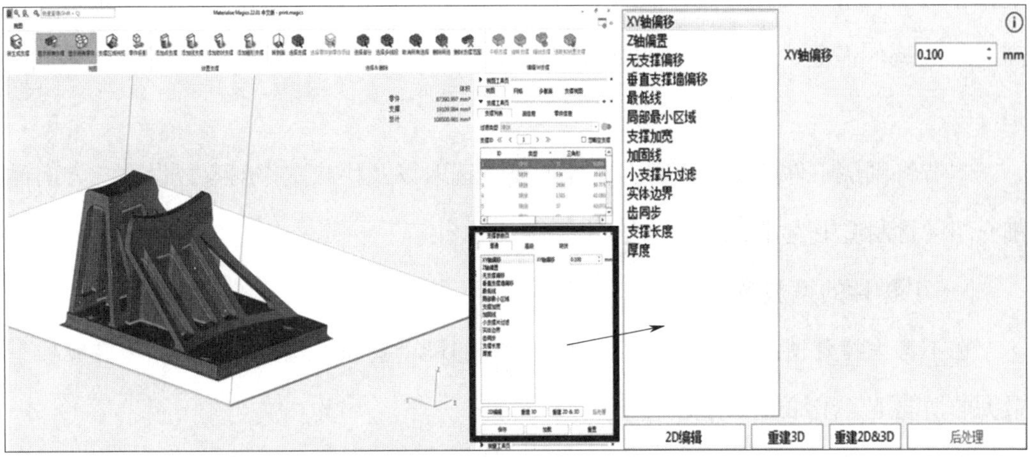

图 2–39　支撑参数设置

以上就是使用 Magics 软件添加支撑的简单流程，具体的工艺参数设置相关知识会在下面介绍。

三、增材制造支撑结构设计方法

增材制造中的支撑并不是越多越好，而是在保证零件能够正常成形的情况下尽量减少支撑的数量，从而达到节省时间、降低成本等目的。那么，怎样能够减少支撑的数量呢？以下提供几种思路。

（1）正确使用圆角和倒角。圆角与倒角的添加可以将零件与水平面夹角小于 45°的角转换为 45°或更大的角。一般情况下，圆角与倒角无须后续去除，并且可以添加到零件的内部及外部。

（2）调整零件的摆放方式。调整零件的摆放方式是减少支撑数量的最佳也是最有效的方法。不同的摆放方式会对零件的成形时间、原材料的消耗以及其表面粗糙度产生较大影响。

（3）优化支撑结构。当无法避免支撑时，应通过优化支撑参数、工艺参数等方法，以达到尽可能减少材料消耗的目的。此外，还可以采用点阵结构支撑、树状支撑等形式，减少支撑体积，节约材料。

（4）拆分零件。对于非常复杂或者较大模型，拆分零件成形，后期再进行装配，也是一种解决方法。这不仅可以减少支撑的数量，还可以在节省材料的同时提高成形效率。但是，连接部位的结合强度是否满足零件使用要求，需要进行严格评估。

本节将围绕零件的摆放方向、支撑的类型选取以及块状支撑的参数设置三方面详细介绍增材制造中支撑的设计方法。

（一）零件的摆放方向

在不考虑特殊情况时，确定零件摆放方式的最重要原则就是要在保证零件成功率最大的情况下，添加最少的支撑。

以 T 形制件的成形为例，如图 2-40a 所示。当以正方向摆放时，“T”形制件的两侧需要添加大量支撑，如图 2-40b 所示；但如果倒置“T”的方向，即以“⊥”形方向放置，则完全不需要支撑，如图 2-40c 所示。

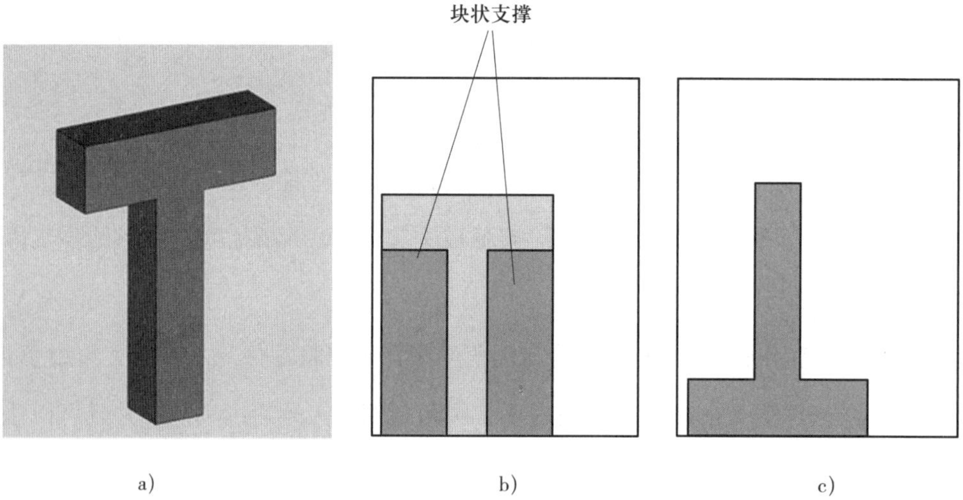

图 2-40　零件摆放方向与支撑的关系

a）T 形制件　b）正放　c）倒放

这个例子表明，零件摆放方向的不同会对支撑的添加量产生影响。

这样的事例在实际生产过程中也很常见。以图 2-41 所示的框架的增材制造为例，当以大平面落底时（见图 2-41b），上法兰为悬垂面，需要添加大量支撑；但当以其中某两条桁架对称落底时（见图 2-41c），会发现需要添加的支撑量明显减少，大量节省了成形时间及材料损耗。

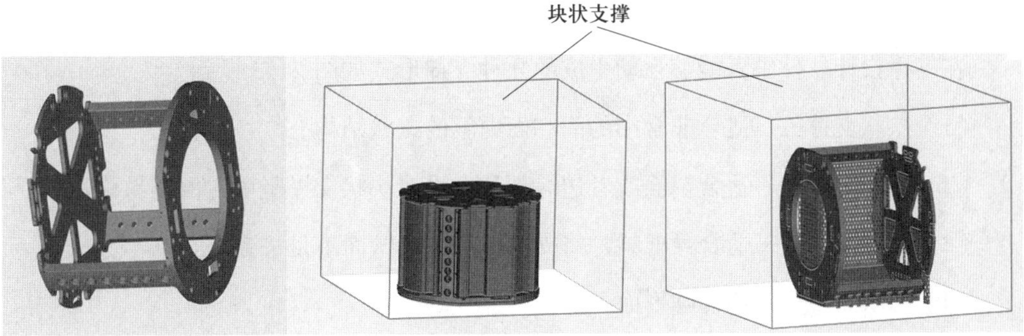

a)　　b)　　c)

图 2–41　零件摆放方向与支撑的关系示例

a）框架　b）以大平面落底　c）以两条桁架对称落底

以上案例都是比较简单的以大面落底或者以某个平行 / 垂直于水平面的方向摆放的情况。然而，实际生产中，很多时候零件无法做到横平竖直地摆放。

以图 2–42 所示的弯管为例。当用弯管的某一截面进行落底（见图 2–42b）时，外部会生成大量的支撑，且管体内部会生成使用常规方法难以去除的支撑。而当利用 45°原则，将管体旋转 45°后（见图 2–42c），会发现软件默认不需要生成任何支撑，此时，为了保持零件的稳定性以及加强其对抗刮刀的能力，可以手动在其根部添加部分支撑。

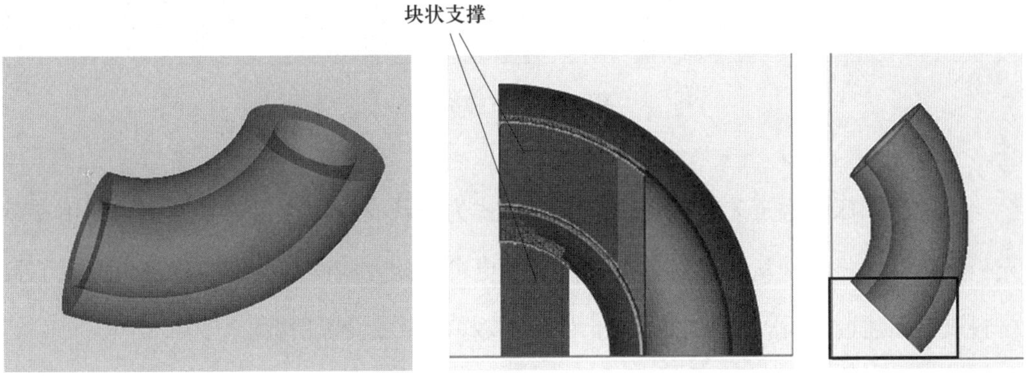

a)　　b)　　c)

图 2–42　弯管零件支撑添加的摆放方向

a）弯管　b）某一截面为底　c）管体旋转 45°摆放

此外，当遇到零件某表面对粗糙度要求高，且该表面不能加工，或某表面有精密结构不能添加支撑等特殊制造情况时，支撑的设计应另加考虑。

（二）支撑的类型选取

在支撑设计软件中，能够自动生成的几种支撑形式如图 2–43 所示。

（1）点状支撑——适合非常小的面和面向下的点状结构。

（2）线状支撑——适合窄面或者边缘部分，没有块状支撑坚固，但容易移除。

（3）肋状支撑——适合悬臂梁，将支撑添加在侧壁而不是平台。

（4）网状支撑——适合圆形面。

（5）轮廓支撑——适合移除方便的部位。

（6）块状支撑——适合绝大多数面状结构。

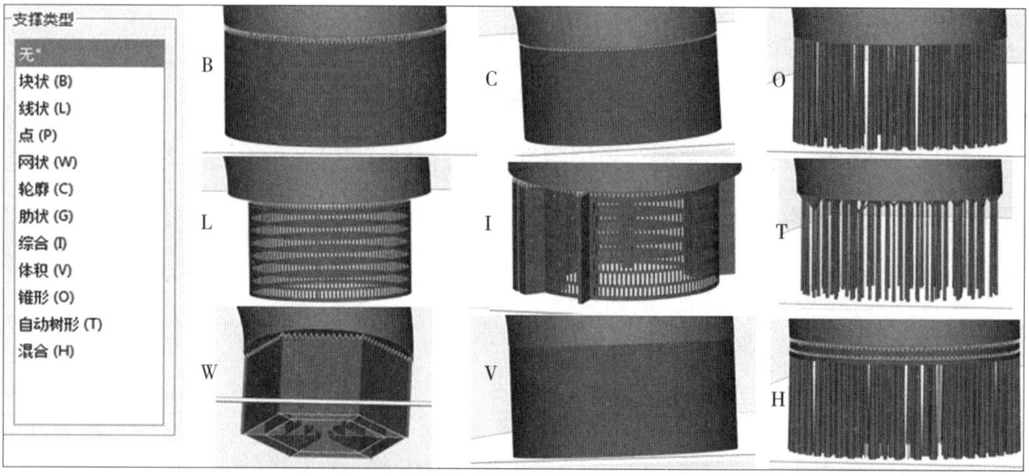

图 2–43　支撑类型

激光粉末床熔融工艺通常使用的支撑形式为块状支撑。通过这种方式，利用支撑充当散热器，将热量从零件转移走，使其以更可控的方式冷却并避免变形，同时节省材料成本和建造时间。接下来具体介绍块状支撑的参数设置情况。

（三）块状支撑的参数设置

在支撑设计阶段，块状支撑有如下参数经常需要在 Magics 软件中进行调整，如表 2–1 所示。

表 2-1　　块状支撑参数

偏移类型	图示	参数调整	应用
XY 轴偏移	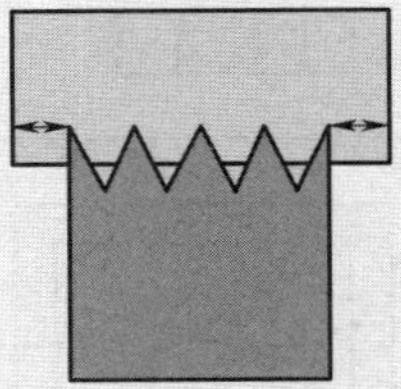	确定零件边缘和支撑边界的距离	本参数在几乎所有零件中都需要进行调整。通过调整 *XY* 轴偏移，控制支撑边界与零件边界的距离。一般无特殊情况，该值可设置为 0 mm
Z 轴偏移	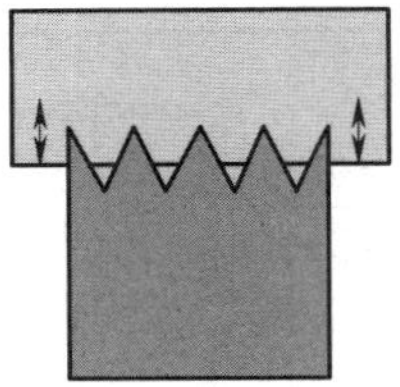	确定支撑顶部和 / 或底部到各自面的距离 正值保证支撑穿透零件，建议支撑与零件合理连接	本参数在几乎所有零件中都需要进行调整。通过调整 *Z* 轴偏移，控制支撑与零件的连接深度。一般无特殊情况，该值可设置为 1~2 倍层厚
无支撑偏移	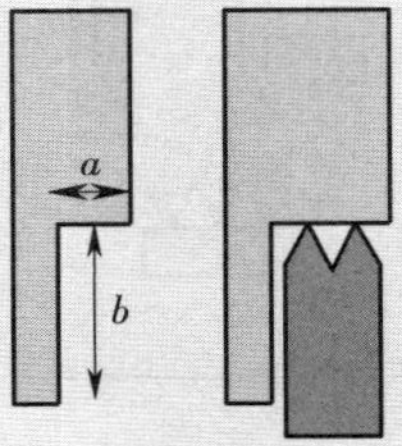	一个垂直支撑墙会支撑到另一个面；这种情况下，没有必要在很小的悬臂处添加支撑。 定义可以自支撑的悬臂距离和支撑墙的最小高度	本参数在存在支撑墙的情况下需要进行调整。通过调整无支撑偏移，控制支撑的添加与悬臂尺寸的相互关系。一般无特殊情况，该值需要保证调整后支撑与悬臂下的“墙”存在一定距离，即支撑与实体有一定距离，以便进行区分和去除

续表

偏移类型	图示	参数调整	应用
角度支撑	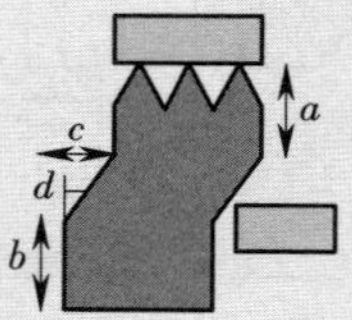	垂直角度支撑 使零件和零件支撑有夹角，保证支撑不会落在向上的面。支撑会在表面最低点开始有角度，或者从表面开始已定义的距离	本参数在高度较大的零件上应用较多。当支撑直接落底时，支撑高度过高，强度会明显减弱，且增加成形时长和材料的消耗。此时，可以利用角度支撑，将支撑的另一端落在实体上，在保证零件可以正常成形的基础上，减少材料的损耗和强度的削弱
	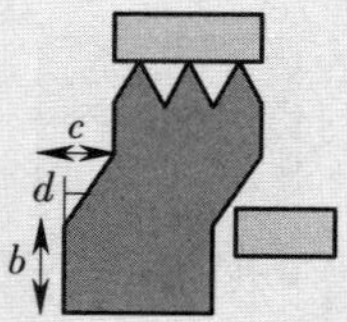	内联角度支撑 使零件和零件支撑有夹角，保证支撑不会落在向上的面。支撑会从零件的连接点开始有角度	
填充线	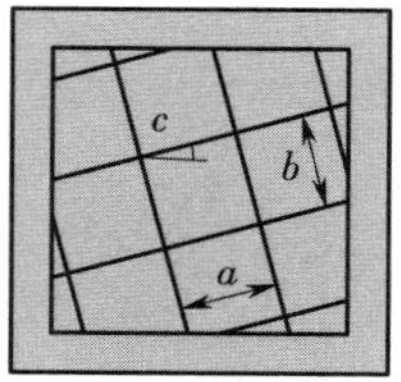	块支撑由 X 方向和 Y 方向的线组成的网格构成，称为填充。定义这些线之间的距离和绕 Z 轴的旋转角度	本参数使用较少，主要在零件具有过大 / 过小表面时，通过调整填充线的距离，保持支撑的网格数量和完整性
	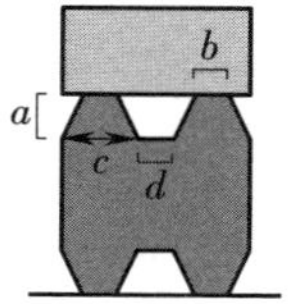	为方便支撑移除，支撑的顶面和 / 或底面可以用齿型	

续表

偏移类型	图示	参数调整	应用
填充齿	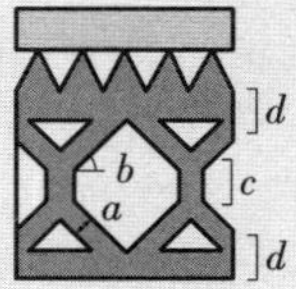	菱形 用自支撑菱形镂空支撑，方便非加工材料的移除和节省原材料	本参数主要用于更改支撑与实体间的连接强度
	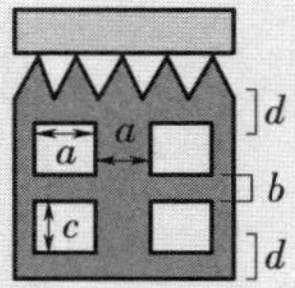	矩形 用自支撑矩形镂空支撑，方便非加工材料的移除和节省原材料	
支撑角度	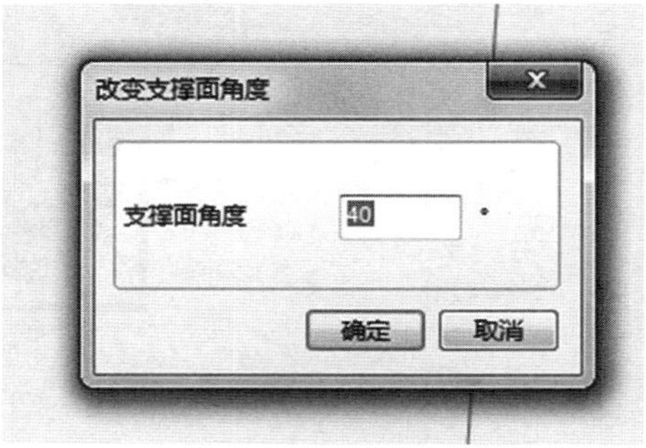	根据45°原则，支撑面角度可改为45°，即45°以下的面会自动生成支撑	本参数主要用于更改系统生成支撑的临界角度

四、增材制造支撑结构设计案例

以下案例对激光粉末床熔融工艺中的支撑结构设计及其优化工作进行详细介绍。

以某产品中的钛合金基座作为案例，对其自动生成支撑，如图 2–44 所示。可以发现，在实体之外，零件产生了大量的支撑。

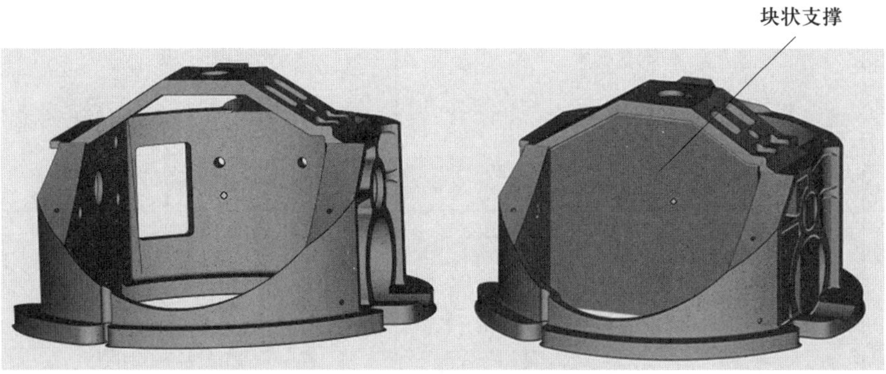

图 2–44　钛合金基座支撑自动添加

接下来根据前面介绍的减少支撑量的方法进行支撑的调整。

（一）添加倒角

观察基座本体，如图 2–45 所示斜角部分角度过低，约为 30°左右，正常情况下需要添加支撑以保证零件能够正常成形。但因零件存在一定高度，该斜角部分若生成支撑，支撑量会很大。在该部位添加倒角后，便能满足成形要求，也减少了支撑量。

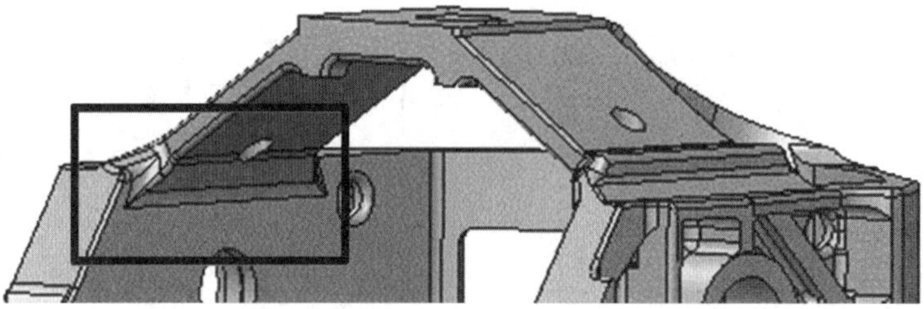

图 2–45　钛合金基座支撑添加倒角

（二）添加加强筋结构

在设计阶段对斜面设计出自支撑筋板结构，即在斜面下添加与基板平面夹角为45°的加强筋，可以减少大量的支撑，如图 2–46 所示。

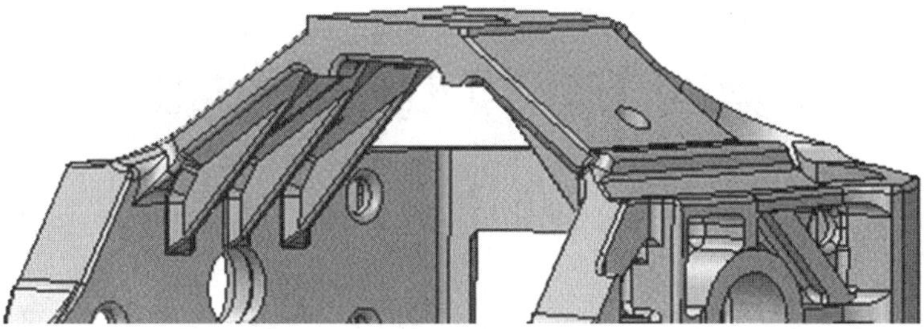

图 2–46　钛合金基座支撑添加加强筋

（三）优化支撑结构

其他封顶部分结构也会产生大量支撑结构。为减少这部分的支撑数量及体积，可在原本支撑的位置设计出实体结构。该实体结构可采用轻量化中空结构设计，在减少材料损耗的同时，缩短成形的时间；与块状支撑成形完成后就报废不同，实体支撑部分可以作为随炉试件。优化后模型及支撑添加情况如图 2–47 所示。

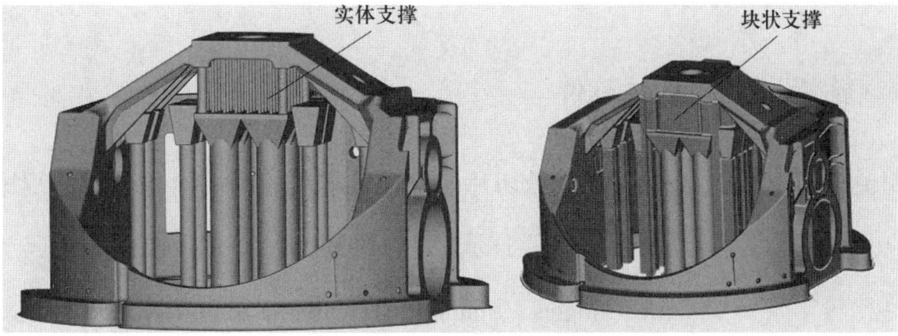

图 2–47　钛合金基座优化支撑结构

经过上述的支撑设计优化后，支撑体积（材料损耗）明显减小，成形时间明显缩短，具体情况见表 2–2。

表 2–2　支撑结构优化前后对比

状态	支撑体积 /mm^3	成形时间 /h
优化前	675 188	43
优化后	343 065	10

第四节　模型切片技术

模型切片是将三维模型以及工艺支撑沿 Z 轴方向按照一定的高度截取横截面的操作，也称为模型的离散化处理。本节主要介绍常用的增材制造切片软件以及如何使用软件对模型进行切片处理。

目前，大多数企业针对自己的增材制造装备都会有自主开发的切片数据格式，它们的数据基础大多是相同的，只是在基本数据的基础上进行了企业的加密处理。最基本的切片数据格式主要有 SLC、Gcode、CLI 等格式。

一、增材制造模型切片软件

增材制造模型切片软件的核心是切片引擎，其实质为面向对象的算法程序，它能够根据 3D 模型的结构组成和用户设置的不同参数进行计算并生成制造代码。目前的切片软件比较丰富，如 Cura、Magics、Simplify3D、Slic3r、MakerWare 等，重复介绍以下软件。

（一）Cura 软件

Cura 是 Ultimaker 公司开发设计的增材制造软件，以高度整合性以及容易使用为设计目标，其操作界面如图 2-48 所示。Cura 支持 STL、3MF 和 OBJ 文件格式，并会在需要时修复它们。它还将显示刀具路径、成形时间和材料使用估计。它的切片速度很快，成形效果也极佳，适合于初学者使用。

图 2-48　Cura 软件操作界面

（二）Simplify3D 软件

Simplify3D 是全球领先的商业增材制造软件，也是一款非常通用的切片软件，其操作界面如图 2-49 所示。该软件在制作复杂模型时具有很高的灵活性和优异的性能。

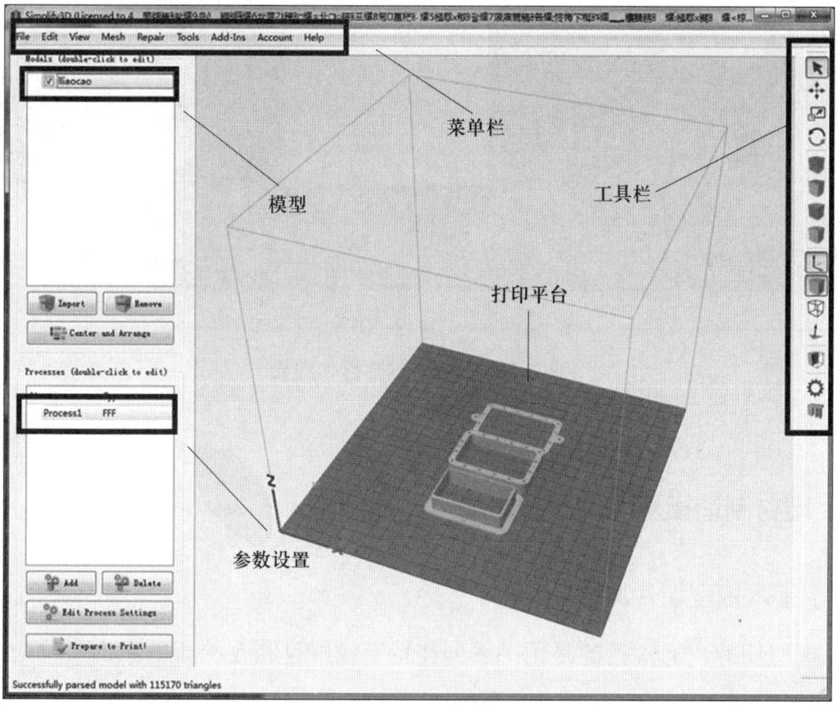

图 2-49　Simplify3D 软件操作界面

（三）Slic3r 软件

Slic3r 是一款开源增材制造切片软件，其操作界面如图 2–50 所示。该软件包括多个视图，用户可以更好地预览模型如何打印。例如，3D 蜂窝状填充物的设计，可以采用 Slic3r 软件在整个成形件内部以 3D 形式创建结构上有用的形状。Slic3r 支持一种新的蜂窝填充设计，可在三个维度上创建，填充图案可以跨层而不是重复相同的图案，可以大大增加内部填充和最终成形件的强度。Slic3r 积累了多年的增材制造参数，能够很好地解决材料和增材制造装备匹配度的问题，许多切片软件的新功能都来源于 Slic3r 等。

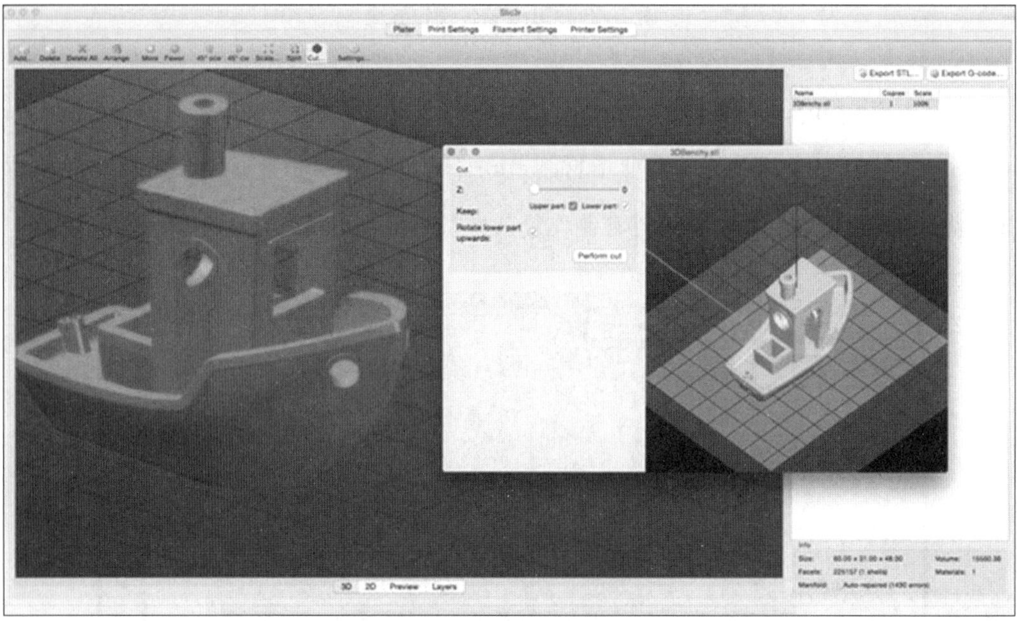

图 2–50　Slic3r 软件操作界面

二、增材制造模型切片数据生成

（一）基本模型切片原理

STL 模型切片，通常指的是用一系列在特定位置且相互平行的平面（称为分层面）与模型相交，从而得到模型在这些高度上的截面轮廓，如图 2–51 所示。一般采用平

行于 XOY 平面的分层面，称 Z 轴正方向为切层方向。通过切片处理，比较复杂的三维模型被转换成相对简单的二维轮廓数据，使得三维模型可以通过这些不同高度的二维轮廓来近似表示，而增材制造的基本原理就是通过材料的逐层累加获得实体零件。因此，对 STL 模型切片是增材制造整个过程中非常重要的步骤，其会对零件的实际成形效率和成形质量产生重要影响。

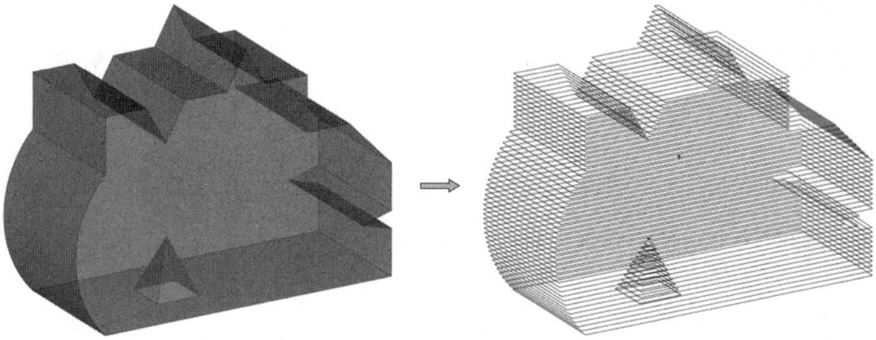

图 2–51　模型分层示意图

（二）STL 文件切片处理方法

1. 等层厚切片

等层厚切片是用相同的层厚来对 STL 模型进行切片。用模型的总高度 H 除以总层数 k，则得到切片厚度 h。两个相邻切片间的距离是恒定的，所有切片层厚保持不变。具体的步骤如下。

（1）根据增材制造装备的制造精度确定最大切片厚度和最小切片厚度。

（2）令切片厚度为 $h=H/k$。

（3）任意调用一个三角面片，获取三角面片的边和顶点信息。

（4）根据建立的元素拓扑关系，查找毗邻的三角面片的边，得到闭环轮廓曲线，确定当前切片高度。

（5）切片面增高一个层厚 h。

（6）判断切片面和模型最大高度位置关系，若切片面高度小于模型最大高度，转至步骤（3），否则转到步骤（7）。

（7）切片结束。

采用等层厚切片算法的优点是算法简单。若层厚选取较大，可以用较小总层数完成打印，速度快，此时制件精度就会降低，特别是在成形件表面曲率变化明显时，阶梯效应的问题就更为凸显。为改善成形件的表面质量，需要采用统一的小层厚切片，这时增加切片总层数会降低增材制造的整体效率，所以等层厚切片对大多数 STL 模型都不能够完全适用。

2. 自适应切片

STL 模型上的三角面片的倾角并不是一成不变的，当出现如图 2–52 所示的情况时，*AB* 段的三角面的倾角大于 *BC* 段且接近垂直，所以 *AB* 段的阶梯效应小于 *BC* 段。如果使 *AB* 段的阶梯效应不超过 *BC* 段，那么就可以增大 *AB* 段的层高以减少层数，从而在保证阶梯效应小于某一阈值的前提下提高打印效率，因此产生了自适应切片算法。

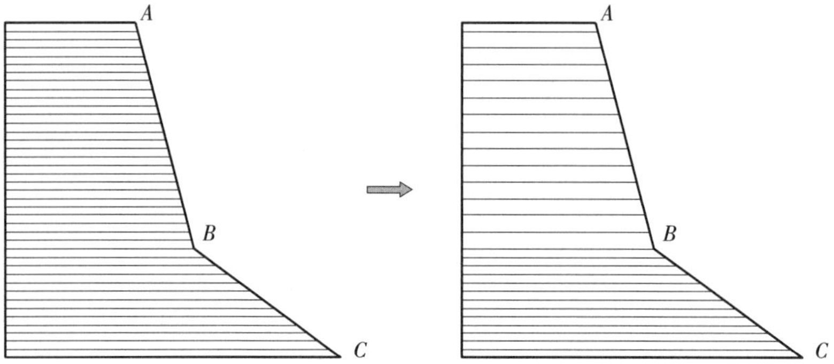

图 2–52　自适应分层

自适应切片算法的分层厚度是动态变化的，层厚会根据模型自生的几何形貌和 3D 打印机的成形精度决定，因此，可以在确保模型表面质量的同时提高成形效率。

（三）STL 文件切片方向选取方法

切片方向也是影响分层误差的一个重要因素。对同一模型，按照不同的方向进行打印，会得到完全不同的打印效果，选择合理的切片方向对模型的成形效果和打印精度至关重要。切片方向直接影响着阶梯误差，虽然不可避免，但可以在合理方向选取下，使其适当减小。阶梯效应是影响体积偏差的直接原因，体积偏差越小说明成形件越接近设计的模型，精度越高。

切片方向的选取一般遵循以下几个原则：

（1）模型中产生阶梯效应表面的面积同总模型表面积的比例应为最小，成形件和设计模型之间的误差为最小。

（2）模型的总切片数目要尽可能少。

（3）整个成形过程中结构稳定支撑数少。

（4）成形件的强度和刚度要好。

由图 2–53 可以看到，按照图 2–53a 所示的切片方向，成形件与设计模型产生较大的阶梯效应，体积误差明显增高。在图 2–53b 中，由于切片方向和设计模型外表面垂直或者平行，沿该方向上阶梯效应低，几乎不产生体积误差。由此可知，当模型三角形面片和当前切片方向上的分截面垂直或者平行时，成形件的表面就不会产生阶梯效应，体积偏差也就相应减小。成形质量与成形效率是相互制约的，对于切片方向，主要依据外部模型的表面精度、支撑结构剥取难易程度、耗材、时间等方面进行选择优化。

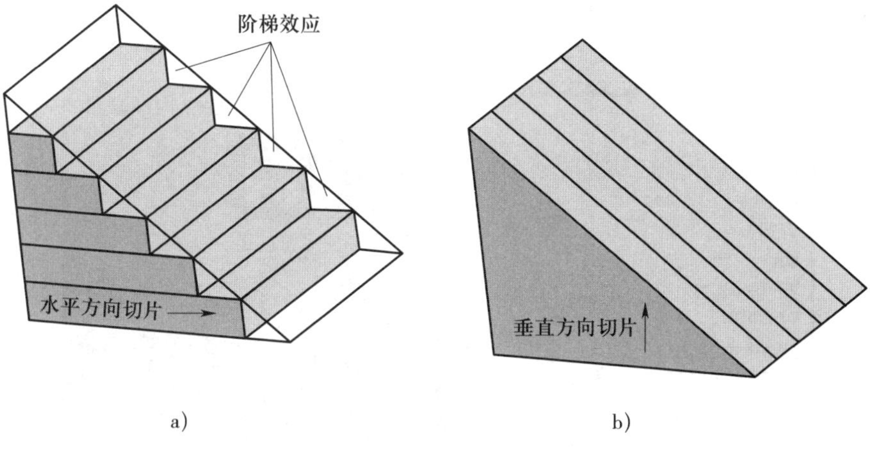

图 2–53 体积误差示意图

a）水平方向切片 b）垂直方向切片

三、增材制造模型切片案例

下面以 Cura 软件为例进行切片案例的介绍，其步骤主要有以下三步。

（1）打开 Cura 软件，单击“文件”，在下拉菜单中点击“打开文件”，读取要导入的模型文件，如图 2–54 所示。

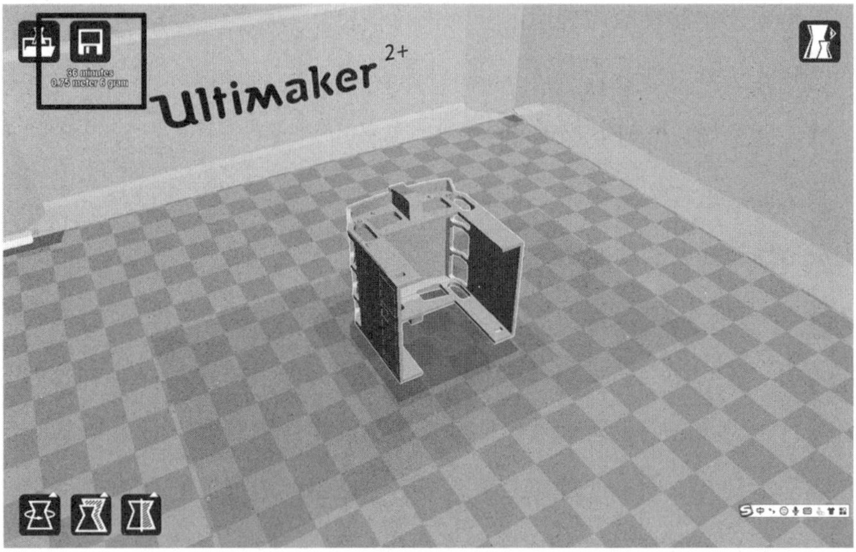

图 2–54　将模型导入 Cura 软件

（2）设置切片参数。图 2–55 所示为基本切片参数，针对同一种模型，参数调整不同，打印的时间、耗料、外形（包含支撑）均会有变化。

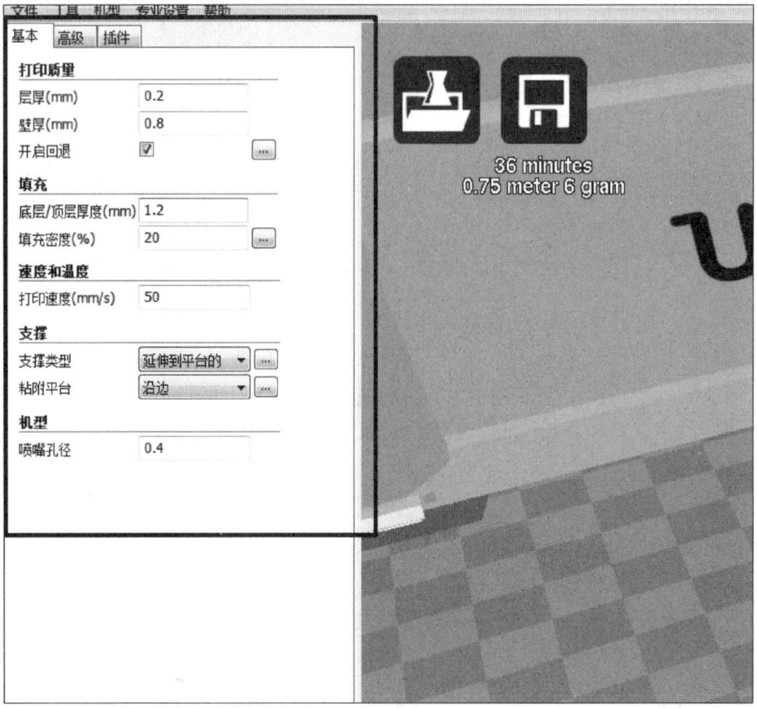

图 2–55　设置切片参数

（3）完成切片参数设置后点击“Save Gcode”按钮，将数据导出至数据卡，进一步导入增材制造装备进行打印，如图 2-56 所示。

图 2-56　保存切片数据

思考题

1. 增材制造常用的数据格式有哪些？简述每种数据格式的特点。

2. STL 格式中的“弦公差”和“角度公差”是指什么？它们会对模型数据以及增材制造过程产生什么影响？

3. 什么是增材制造的工艺结构？增材制造工艺结构添加的一般性原则有哪些？

4. 为什么增材制造需要添加支撑结构？支撑结构对增材制造过程有什么影响？增材制造支撑结构的设计原则是什么？

5. 增材制造切片处理方法有哪些？切片方向选取的一般性原则是什么？

第三章
增材制造生产与运维

与传统制造技术相比，增材制造将 3D 制造转变为简单的自下而上的 2D 层沉积，从而大大降低了设计和制造的复杂性。可以快速生产出几乎任何形状的零件，这是增材制造的核心优势。零件制作成本是设计师最关心的问题，即使是制造过程中的微小变化也可能对时间和成本造成巨大影响。在生产昂贵的零部件之前，通过增材制造制作的原型验证设计，可以消除原型制作过程中的重大风险。如果需要数以千计的形状较为简单的重复零件，那么设计模具可能是最经济的方式。但是，如果只需要少数相同的零件、备件，或实现一些传统制造方法难以制造的复杂零件的规模化生产，增材制造可能是最经济、最快速的生产方法。增材制造不需要模具，使其成为小批量、变量批量生产的最合适选择。增材制造不仅适用于需要一次性生产的定制零件，也适用于按需制造零件。它允许企业根据需要生产备件，从而减少对仓库空间和大批备件的需求。

- **职业功能：**应用工艺与生产运维。
- **工作内容：**依据工艺规范完成工艺设置和执行；增材制造装备安全运维。
- **专业能力要求：**能进行增材制造材料前期处理与准备工作；能识读工艺文档与数字模型，根据工艺规范要求进行基础工艺参数设置和导入装备；能根据增材制造工艺和成形装备支持格式，设置和调整工艺参数，完整执行工艺与成形件制造；能根据产品的成形工艺，应用增材制造装备安全生产并保障装备稳定运行；能根据装备使用频率及环境，合理安排装备维护保养频次，制订维护保养计划；能进行材料和装备异常原因分析、易损组件检测与更换。

- **相关知识要求：**增材制造原理相关知识；增材制造的工艺分类与关键工艺参数相关知识；增材制造前处理工艺相关知识；增材制造装备的操作规范、安装与调试维护知识；增材制造原材料物理化学活性、储藏及使用规范相关知识；增材制造实验室生产安全规范相关知识；增材制造装备常见故障及处理方法相关知识。

第一节 增材制造前处理技术

一、增材制造数字模型检验

（一）数字模型文件常见缺陷

增材制造数字模型常用STL格式文件，由于CAD软件和STL格式文件本身存在的转码问题，以及转换过程中造成的错误，因此所生成的STL格式文件可能会存在少量的缺陷，甚至会影响后续的成形。通常STL格式的数字模型文件在以下方面容易出现问题。

1. 壁厚

增材制造靠层层叠加来制作成形件，一般会对模型的壁厚有要求。壁厚如果太薄，如图3-1左侧模型前部特征的顶部厚度，会导致无法成形。通常壁厚的要求可能会比成形的工艺极限稍微保守一点，以保证成形件能顺利成形，降低成形件在后处理过程中损坏的概率。

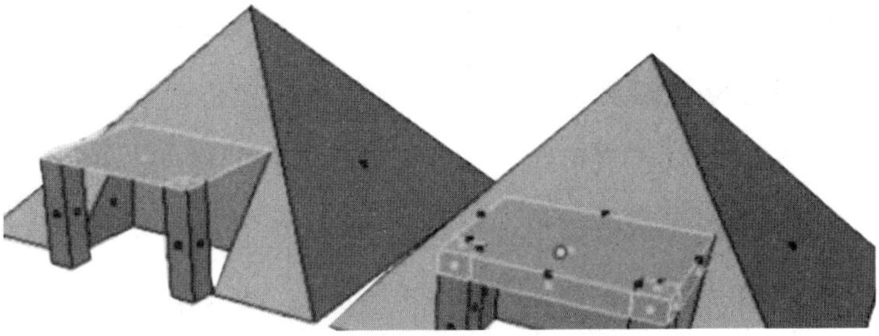

图3-1 壁厚太薄的成形体

2. 法线

法线用来区分模型的内外表面，如图 3–2 所示模型各表面的法线指向。法线不能反转，否则增材制造装备无法识别模型的边界。

3. 最小间隙

最小间隙是指模型两个要素之间的最小距离，如图 3–3 所示。如果最小间隙小于增材制造装备的成形极限，两个要素会合成一个要素，这会导致部分支撑或者残留物无法取出。

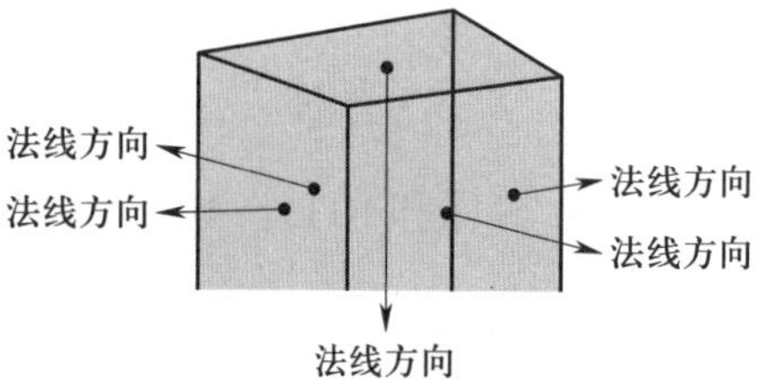

图 3–2　法线

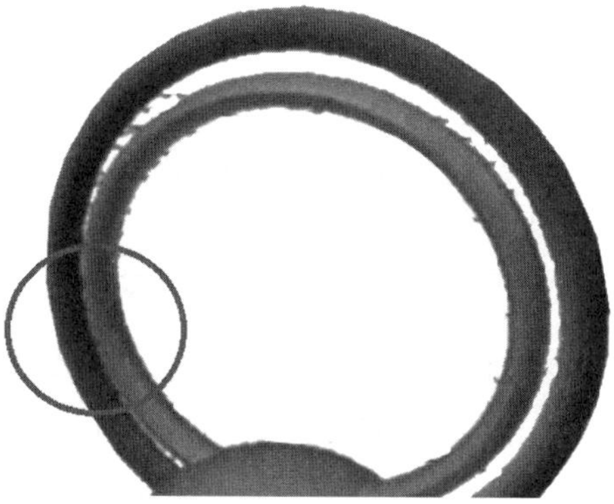

图 3–3　最小间隙

4. 交叉重合面

交叉重合面会造成重合的体积，如图 3–4 所示。出现这种情况首先会造成模型体积计算得不准确，其次会使定位面的朝向出现问题，因此模型的交叉重合面必须进行合并。

5. 非流型

建模过程中的错误以及一些“捷径”或“窍门”可能会造成非流型的出现。非流型是指模型的一条边与一个或者多个面相交，如图 3–5 所示，而不是一个体与体的相交，这会让增材制造装备认为该模型存在孔洞，或者至少是面有问题，不能成形。

（二）模型文件检验及修复

目前有一系列专用软件工具可用于快速检验模型 STL 文件，并提供自动修复和手动修复功能。自动修复向导可以满足大多数模型的修复需要，可快速修复模型文件中存在的小错误。对于模型文件中的严重错误，需要通过手动修复或手自结合修复来解决。

图 3-4 交叉重合面

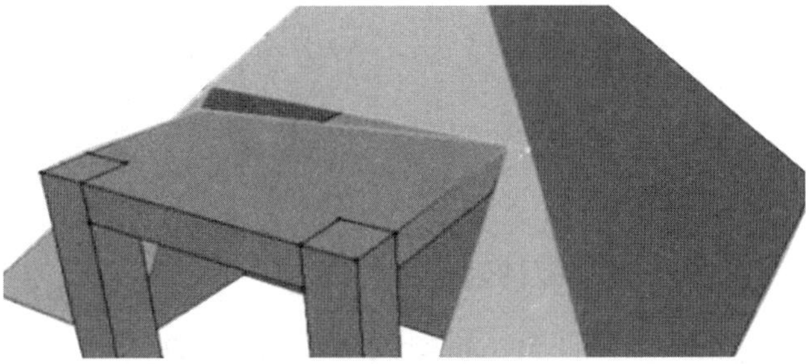

图 3-5 非流型

使用相关模型前处理软件对转换后的 STL 模型文件进行缺陷检查，对模型文件中存在的缺陷问题进行修复，其工作流程主要包含以下步骤。

（1）自动修复。STL 修复软件的向导将尝试修复所有主要错误，包括孔、分离壳和交叉点。

（2）分离壳。网格由连接的三角形的集合组成。它可以包含多个连续的表面，理想情况下这些表面是连接在一起的，孤立的表面则需要移除。

（3）堵住漏洞，弥合差距。一些全面的 STL 文件修复程序允许不同的孔填充方式，例如平面、切线、直纹或自由形状。

（4）解决重叠和交叉问题。这通常需要对网格整体进行重新计算。

（5）过滤掉双面、双顶点、反转法线和尖锐、狭窄的三角形。

（6）缝合开放边缘和剩余孔。

（7）通过删除和创建三角形进行手动修复。

（8）重新划分网格以优化三角形计数。

（9）导出为选定的网格格式。

二、增材制造工艺文档生成

增材制造工艺文档生成是模型数据成形前重要的数据处理过程，关系到成形的质量、效率及成品率等，具体流程如图 3-6 所示。

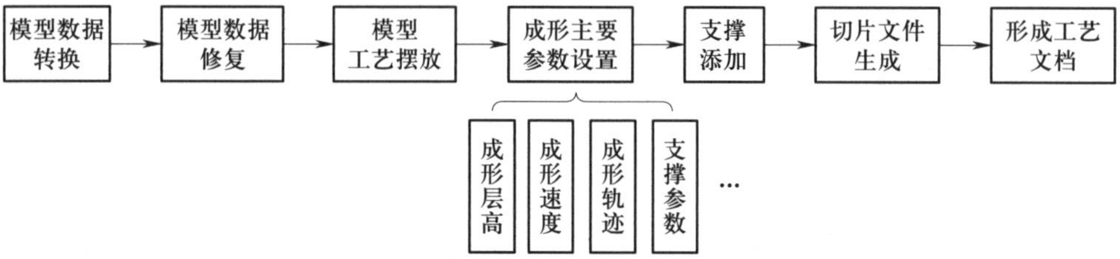

图 3–6　工艺文档生成流程

（一）模型数据转换

在三维软件里，模型数据转换为 STL 文件一般有两种形式。第一种为软件默认参数形式，主要是用于外观、结构要求不高的模型；第二种为转换高精度 STL 文件形式，主要是用于外观、结构细微要求特殊的模型。

（二）模型数据修复

使用 Magics 软件检查修正 STL 数据。一般在修复软件里采用“修复向导”功能检测零件缺陷，如图 3–7 所示。可多次使用 Magics 软件的“建议”功能对零件进行修复，至系统不再报错为止。

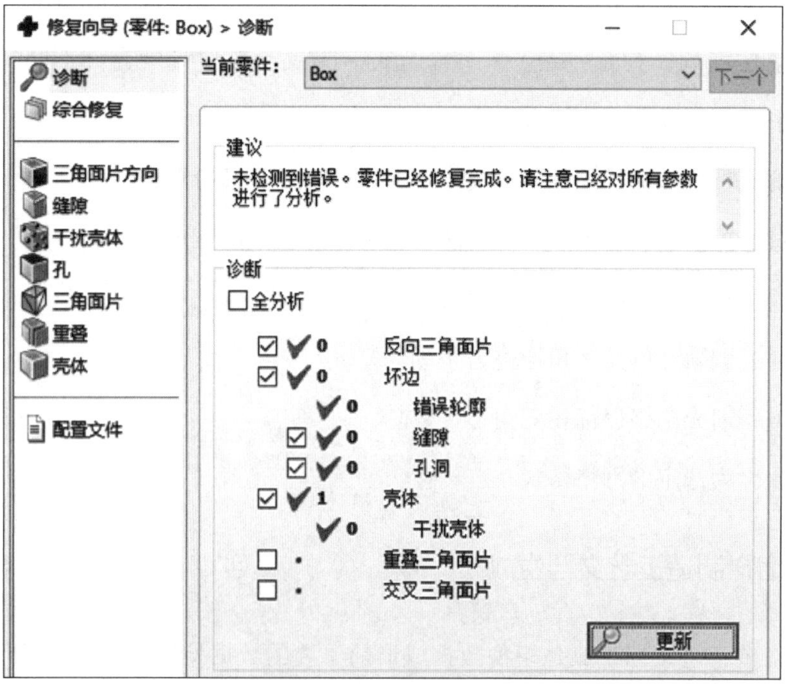

图 3–7　模型数据修复

（三）模型工艺摆放

1. 模型工艺摆放优化原因

增材制造设备是根据模型的形状逐层堆积成形的，在切片前的位置形状决定了成形结果。因此，在成形过程需考虑成形时间和模型高度，模型越高成形时间越长。另外，模型形状是逐层堆积成形的，成形时不可避免地会出现阶梯效应，如图 3–8 所示，会影响到后期处理。如果模型摆放时角度不合理，阶梯痕就会很明显，增加后处理工作量。同时，合理的摆放位置还能减少支撑，进一步缩短处理需要的时间。增材制造设备成形件在成形过程具有固有的各向异性，这意味着成形件在 *X*、*Y* 方向比在 *Z* 方向强度高。对于功能部件来说，考虑应用场景和负载方向很重要。例如，当 *Z* 方向受到外力时，成形件更容易分层和断裂，所以根据要求合理摆放可以提高成形件强度。

2. 模型摆放原则

模型首先要摆放在平台中间，可以提高成形件的尺寸精度。其次考虑如何摆放可以缩短成形时间和减少处理时间。一般来说，如果模型是规则体，没有太多复杂的特征，可以直接竖着摆放。如果模型有圆的特征，为了保证圆度，应尽量让圆面平行工作平台。模型的面越平，阶梯效应越不明显。模型过高需要倾斜时，倾斜角应在 15° 到 50° （45° 原则）。对于悬空或跨桥结构应尽量考虑支撑较少的摆放方式，如图 3–9 所示，为减少施加支撑的数量，Y 形零件和 T 形零件应旋转 180° 后摆放。同时要根据客户要求决定是保证精度还是保证形状，从而确定摆放方式。细节特征多的模型，还要考虑添加支撑问题，倾斜一定的角度可以有效减少支撑量。

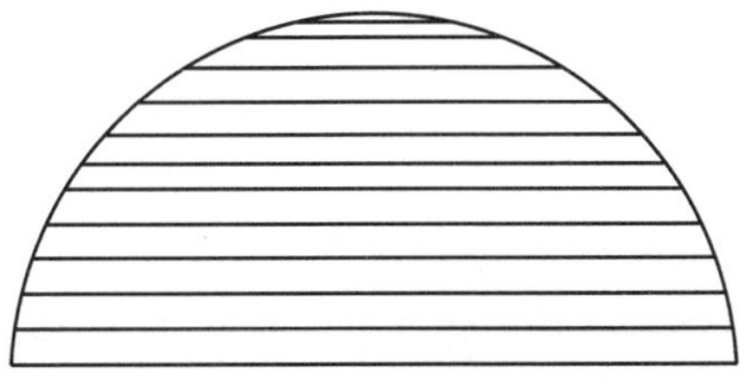

图 3–8　阶梯效应示意图

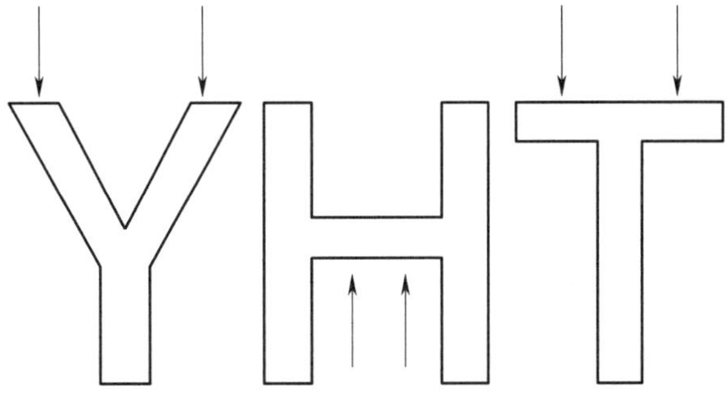

图 3–9　不同特征零件的摆放方位确定

（四）成形主要参数设置

增材制造中有很多相关的工艺参数设置，在成形处理软件中的参数设置非常重要，设置合理的增材制造工艺参数才能获得良好的成形质量。

1. 成形层高

层高是指模型成形每一层的高度，层高越小，成形所需的层数就越多，精度会相对提高，但成形时间会增加。反之，层高越大，成形所需层数就越少，模型表面会比较粗糙，但成形时间会缩短，图 3–10 展示了同一零件设置不同打印层高的成形效果。不同成形工艺根据成形要求可设置不同的层高。在考虑设置层高时，细节和零件强度之间需有合适的平衡点，以获得良好的成形质量与合适的成形时间。

图 3–10　成形层高

2. 成形速度

成形速度主要是指成形头或激光运动的速度。通常保留特定的速度设置，只调整默认速度。在大多数数据处理软件中，将根据考虑的成形层高、材料、壁厚等因素而选择特定的成形速度，但如果成形设备能够满足更快的成形速度，那么可以尝试提高成形速度，从而减少成形时间。另外，当遇到成形质量问题时，成形速度也是影响成形质量的因素之一。

3. 成形轨迹

成形轨迹规划是指根据 3D 模型的几何形状选择最适合模型的成形运动轨迹路径，实现所需的成形效果。在选择成形轨迹时，通常要同时考虑到成形层高、速度等因素。

4. 支撑参数

在三维模型上添加支撑，这是一个极其重要的步骤，因为它为模型提供了稳定性，尤其是当存在悬空和跨桥结构时，需添加支撑结构，以提高打印成功率。不同增材制造工艺的切片软件的支撑参数的设置一般含支撑形状、角度、嵌入量等。如立体光固化工艺支撑类型有点支撑、线支撑、块支撑等，如图 3–11 所示。角度是指支撑顶部和垂直方向的夹角。当支撑顶部和模型接触面成 90° 时（法向量），对表面的拉力方向是比较垂直的，同时支撑和模型表面的接触也是最小的，拆除会比较容易。嵌入量是指支撑与实体的接触量，以保证适当的附着力。

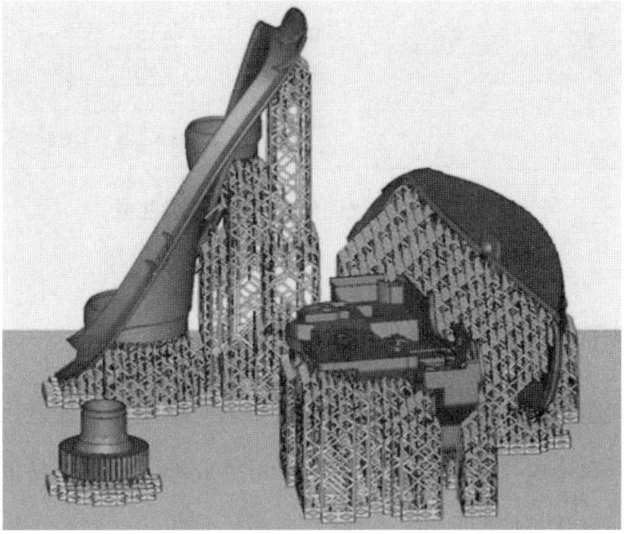

图 3–11 立体光固化工艺支撑类型

（五）支撑添加

对模型添加支撑，根据导入的机器库文件可自动生成支撑或手动添加支撑。在成形过程中，对于模型的一些特殊特征，无法生成支撑或支撑不合理情况下，需要手动添加，尽力确保支撑结构稳定、易于拆卸、不浪费大量材料且不损坏模型表面。

（六）切片文件生成及形成工艺文档

将生成的支撑及切片数据按照增材制造设备识别的格式进行输出，如立体光固化工艺切片文件生成，如图 3–12 所示。

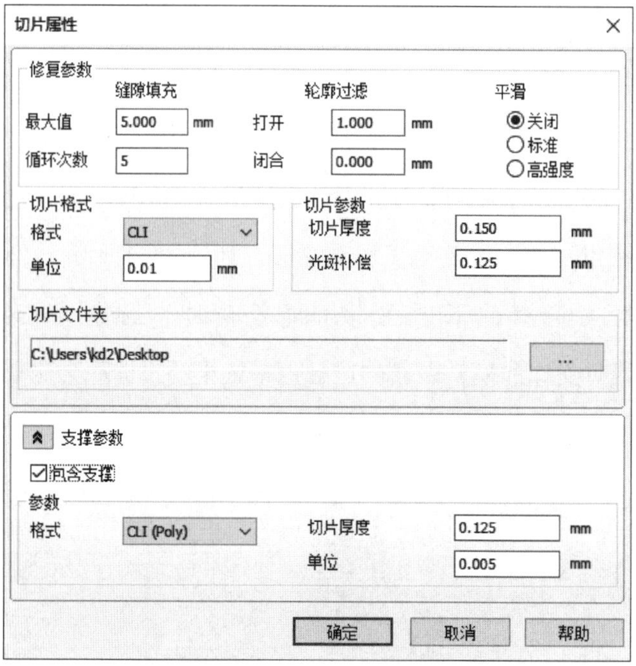

图 3–12　立体光固化工艺切片文件生成

三、增材制造材料前处理工艺

材料是增材制造技术的基础，也是决定该技术应用范围的关键因素。目前，适用于增材制造的材料有金属材料和非金属材料。每种成形工艺的耗材都会因工作或存储环境会出现受潮、氧化等情况，进行增材制造前，在建立良好的工作环境，做好个人防护、消防应急等工作的前提下，需要对材料进行预处理。预处理的目的是提高材料的成形性能和成形质量。增材制造材料前处理工艺主要针对新购材料和使用后剩余材料进行介绍。

（一）新购材料

（1）在使用新购材料前，需注意成形装备与工作环境是否满足条件，可安装温湿度仪监测材料的使用环境，如图 3–13a 所示。

（2）新购材料在拆封前，应先查看包装铭牌参数，确保密封性良好，核实是否满足成形要求，如图 3–13b 所示。常用的液态光敏树脂新购材料需要左右轻轻晃动或者搅拌；新购粉末材料需要考虑防氧化、环境安全等因素后再使用。

参数	数值
线径	1.75mm
密度	1.24g/cm³
伸长率	4%
吸水性	0.50%
拉力	8~13kgf
热变形温度	55 ℃

a）　　　　　　　　b）

图 3–13　新购材料的前处理

a）材料使用环境监测　b）包装铭牌信息

（二）剩余材料

1. 线材

线材有金属、非金属两种类型。材料必须干燥处理，除去其中的水分和杂质，避免在成形过程中产生气泡和瑕疵，以提高其黏附性和表面光滑度，从而改善成形效果及成品质量。常用 FDM 成形材料前处理工艺：干燥线材后，在使用过程中要将其放在带有干燥剂的密封盒中，防止其再次受潮，如图 3–14 所示。期间，可用湿度计监控湿度值。

2. 液态光敏树脂

使用液态光敏树脂应确保环境干燥、避光、密闭，湿度一般在指定范围，检查是否有杂质附着在机器上面。使用过滤器来净化树脂，如图 3–15a 所示；根据材料厂商提供的使用说明，使材料保持在适宜温度范围。

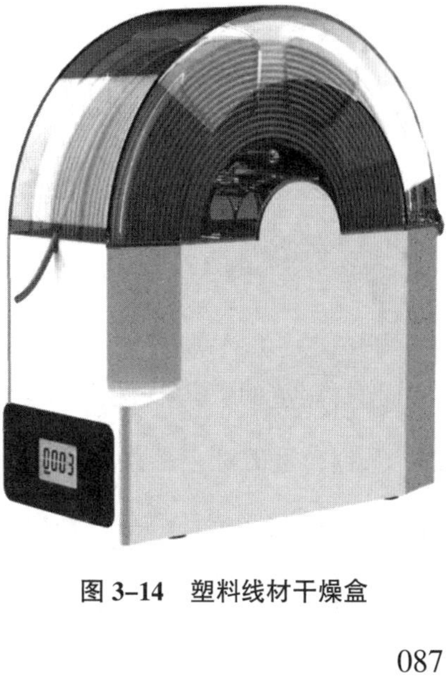

图 3–14　塑料线材干燥盒

3. 粉末材料

粉末材料通常有金属、非金属两种类型。如图 3–15b 所示，检查是否有杂质附着在机器表面，使用过滤器来净化粉末，并用专门仪器进行粉末流动性检测，判断材料是否有颗粒吸附、团聚等现象；根据材料厂商的说明，使材料保持在适宜环境中。一般避免粉末与氧气接触发生氧化反应，建议将其存储或使用在惰性气体环境，以减少氧化；另外，一些金属粉末具有高度可燃性，应将其与可燃物、易燃物和热源分开，以防止火灾和爆炸风险。

a）

b）

图 3–15　不同形态的增材制造用材料

a）液态光敏树脂材料　b）粉末材料

第二节　增材制造工艺参数设置与执行

增材制造的工艺参数对成形件的精度和强度有重要的影响。为了得到理想的成形件，选择合适的工艺参数十分重要。不同的增材制造工艺对应着不同的增材制造装备，所有的增材制造装备都有一些必要的加工参数需要设置。有些增材制造装备会针对一些材料进行专门的工艺设计，但需要设置的参数非常少，使用过程中仅需要改变几个成形参数，如加热温度、分层厚度等。有些增材制造装备需要设置的参数比较多，用户可以通过操作软件实现材料的选择、成形速度的设定以及低污染成形模式等参数的设定。这些装备一般有一些默认参数或者之前加工后保存下来的参数，有时尽管参数选择不会影响加工的进行，但在一定程度上会影响成形件的质量。本节将针对几种成形工艺的参数设置与执行进行介绍。

一、立体光固化工艺参数设置与执行

立体光固化工艺是一种通过光敏树脂的固化来逐层制造三维物体的技术。在这种工艺中，光源（如激光或投影仪）对光敏树脂进行固化，从而创建出所需的三维形状。在立体光固化工艺中，有以下几个关键的工艺参数需要考虑。

（1）曝光时间。曝光时间是光源照射在光敏树脂上的时间，它决定了光敏树脂固化的程度。曝光时间过长可能导致过度固化和收缩，时间过短则可能导致树脂固化不充分。

（2）层厚。层厚是每层光敏树脂的厚度，它决定了成形件的精度和成形速度。较薄的层厚可以提高成形精度，但会降低成形速度；较厚的层厚可以提高成形速度，但可能降低成形精度。

（3）光强度。光强度是光源的光照强度，它影响着光敏树脂的固化速率。较高的光强度可以加快固化速度，但可能导致过度固化；较低的光强度可能导致固化不充分。

（4）支撑结构。支撑结构是用于支撑成形件的辅助结构，它可以确保成形件在成形过程中保持稳定。支撑结构的设计需要考虑物体的形状、质量分布和成形方向。

（5）扫描速度。对于立体光固化工艺，扫描速度是激光束在光敏树脂表面移动的速度，它也影响着成形速度和精度。较快的扫描速度可以提高成形速度，但可能降低成形精度；较慢的扫描速度可以提高精度，但会降低成形速度。

（6）光源类型。立体光固化工艺可以使用不同类型的光源，如激光、数字光处理投影仪或液晶显示器（liquid crystal display，LCD）光源。不同光源类型在光强度、分辨率和成本等方面有所差异，需要根据实际应用进行选择。

综上所述，立体光固化工艺的关键参数包括曝光时间、层厚、光强度、支撑结构、扫描速度和光源类型。为了获得最佳的成形效果，需要根据实际需求和应用场景对这些参数进行优化。层厚和支撑结构通过前处理软件在切片时进行设置，光源类型取决于装备硬件，曝光时间、光强度和扫描速度可以通过装备控制软件进行设置和调整。下面以采用激光作为光源的立体光固化技术为例介绍其工艺参数的设置与执行。

立体光固化工艺参数设置与执行是通过安装在光固化成形装备上的装备控制软件进行的，不同厂家的光固化装备控制软件不同，但功能相近。下面以立体光固化成形装备控制软件 RSCON 为例进行描述。

RSCON 软件的功能包括：根据分层数据文件和支撑数据按一定的制作工艺生成扫描路径，控制振镜扫描工作，并在软件界面显示扫描轨迹；控制各个机构协调动作；对装备状态进行监视；设定工艺参数等。

RSCON 软件为全屏运行程序，程序打开后不推荐关闭，除非出现异常情况。软件主界面包括：文件操作区、图形数据显示区、制作信息显示区、制作操控区、硬件控制区、工艺参数设置区和装备初始化窗口区等几部分。

图形数据显示区。程序界面中央区域可以显示分层文件的截面轮廓信息，图形区中成形件的位置均与其在成形平台上的位置一致。支撑部分与实体填充部分一般用不同颜色来表示。在模拟或成形过程中，图形数据显示区能动态显示每一层的截面信息。

制作信息显示区。制作信息显示区在程序的右边栏中，其包含了液位检测图、功率检测图、成形速度、制作状态栏等信息。液位检测图实时显示最近 15 次液位值波动状况；功率检测图实时显示了最近 15 次激光功率值的波动情况；成形速度显示了当前成形件高度、成形件总高度、支撑、轮廓、填充的扫描速度和扫描间距这些参数；制作状态栏显示了当前装备处于何种工作状态，当用户执行了液位调整、Z 轴升降等相关操作时，均会在此区域显示执行的工作命令状态。

（一）文件加载、制作过程模拟与制作

1. 文件加载

单击文件操作区的“导入文件”图标，导入模型文件。在文件选择窗口中，程序会自动检测出文件路径所包含的 CLI 或者 USP 格式文件，同时会自动匹配本体分层文件和支撑分层文件。根据检测结果，CLI 文件将会以绿、红、黄 3 种颜色显示；而 USP 文件则以蓝色显示。若 CLI 文件为绿色，表明其为正确的分层文件，即文件路径同时包含了本体 *.cli 和支撑分层文件 *_s.cli，其 * 部分名字保持一致；若为红色，表明该文件仅为本体 CLI 文件，缺少与之对应的支撑文件或支撑文件名与本体文件名不一致；若为黄色，表明该文件仅为支撑 CLI 文件，缺少与之对应的本体文件或其与本体文件名不一致。导入完成后，在程序界面左边的文件控制及显示区会自动添加相应的文件信息。用户可以同时导入多个 CLI 文件。

2. 制作过程模拟

导入 CLI 或者 USP 分层文件后，可通过文件控制及显示区中文件列表下的图标进行模拟操作。文件列表中显示了导入的文件名、分层厚度和成形件总高度信息。在模拟制作过程中可双击文件名左边方框以选中文件，被选中的文件背景将会变暗。若取消了该文件的制作，再次双击即可恢复制作。

3. 成形件制作

界面底部为制作操控区，用户可以在此区域进行装备初始化、开始制作、暂停制作、停止制作、刮刀清理、功率检测、刮平测试、液位调整、平台升降、添加树脂等成形所需的相关操作。

具体执行过程如下。

（1）打开RSCON 程序，完成装备初始化。

（2）在文件操作区导入需要制作的 CLI 或者 USP 格式分层文件。

（3）可单击“自动模拟”按钮查看成形件的截面信息和预计的制作时间。

（4）单击“制作准备”按钮，准备就绪后按钮将变成绿色。

（5）单击“开始制作”按钮，开始成形。

（6）制作完成后，成形平台（托板）会上升到一定高度以方便用户取件，之后进

入后处理阶段，按后处理工艺流程进行处理。

（二）高级控制及工艺参数设置

高级控制页面中的参数主要包括对刮刀、Z 轴、平衡块（用来调整液位实现液位控制）等硬件的直接控制和工艺参数设置，通常只在装备调试时修改，正常成形过程中无需进行高级控制参数的修改与设置。

1. 硬件控制

在硬件控制窗口，可直接控制刮刀、Z 轴、平衡块的移动和设置激光器、真空泵的开关状态。

硬件控制窗口各功能说明如表 3–1 所示。

表 3–1　硬件控制窗口各功能说明

功能	说明
刮刀控制	输入刮刀的移动距离，值为绝对坐标，不能设置为负值；刮刀回零
Z 轴控制	输入 Z 轴的移动距离，正值下降，负值上升；Z 轴回零
液位控制	输入液位的移动距离，值为绝对坐标，不能设置为负值；液位回零
激光通断	激光通断开关
真空泵通断	真空泵开关
加热通断	加热开关
激光器电源	激光器电源开关
振镜通断	振镜的电源开关
照明通断	成形室照明灯开关
故障清除	若驱动器出现故障，即发现电动机不动，可先选中此项，再单击“清除”按钮，故障将会解除

2. 参数设置

参数设置包括制作参数、硬件参数、扫描参数、液位参数、系统参数等的设置，可单击页面下端的图标进行切换。新出厂装备中的各参数一般已由装备厂商设置到最佳状态，各部分参数设置说明如下。

（1）制作参数设置说明如表 3–2 所示。

表 3-2　　制作参数设置说明

功能	选项	说明
刮刀	起刮高度	设置刮刀开始工作的成形件高度
	刮平次数	设置刮刀的每层刮平次数
Z 轴	加工高度	设置开始成形时成形平台的高度
	上升高度	设置成形结束成形平台上升的高度
延时	*Z* 沉降结束	设置成形平台升降后的流平时间
	刮平结束	设置刮刀刮平后的层间等待时间
	扫描结束	设置每层扫描结束后的等待时间
	制作结束	设置成形结束后浸没在树脂槽中的停留时间
功率检测	检测模式	
	正常	根据设置的检测频率来检测功率
	检测一次	只在制作前检测一次功率
	实时功率	不检测，以设置的固定功率制作
	检测频率	设置每制作多少层检测一次激光功率
	固定功率	设置在固定功率模式下的功率值

（2）硬件参数设置说明如表 3-3 所示。

表 3-3　　硬件参数设置说明

功能	选项	说明
刮刀	速度	设置刮刀的移动速度
	刮平距离	设置刮刀刮平时移动的最大距离
	到成形平台距离	设置刮刀刮平朝零位运动时越过成形件的距离
	到成形件距离	设置刮刀刮平远离零位运动时越过成形件的距离
Z 轴	上升速度	设置成形平台上升速度
	下降速度	设置成形平台下降速度
	最大上升高度	设置 *Z* 轴所允许上升的最大高度
	最大下沉高度	设置成形件的 *Z* 轴最大高度，若 *Z* 轴最大值大于所设值，将会在操作状态区中给出警告信息

续表

功能	选项	说明
Z 轴	清理高度	设置刮刀清理时的成形平台位置
	搅拌高度 _1	设置树脂搅拌时成形平台运动的起始位置
	搅拌高度 _2	设置树脂搅拌时成形平台运动的结束位置
	搅拌速度	设置搅拌时的成形平台运动速度
液位	速度	设置液位沉降速度
	检测频率	设置液位检测的频率（多少层检测一次）
功率检测	X/Y 坐标	设置检测激光功率时的光斑位置

（3）扫描参数设置说明如表 3-4 所示。

表 3-4　　扫描参数设置说明

功能	选项	说明	
填充模式	模式	*X–Y*	*X* 方向填充和 *Y* 方向填充在层之间交替
		XY	*X* 方向填充和 *Y* 方向填充在同一层填充
		X	每一层均为 *X* 方向填充
		Y	每一层均为 *Y* 方向填充
	扫描线间距	填充线间距（mm）	
树脂	DP（固化深度）	树脂参数（mm）	
	EC（临界曝光量）	树脂参数（J/cm^2）	
尺寸比例	*X* 方向	*X* 方向扫描比例系数	
	Y 方向	*Y* 方向扫描比例系数	
速度	支撑、轮廓、填充		
	过固化	过固化深度（mm）	
	速度比例	扫描速度系数	

（4）液位参数设置说明如表 3–5 所示。

表 3–5　液位参数设置说明

功能	说明	
液位高度	设置液位调整时的参考高度，若启动液位调整，液位将调整到设定值	
警告	下限位	液位调整或检测时平衡块位置低于此值将会警告，提示树脂不足，需添加树脂
	上限位	液位调整或检测时平衡块位置高于此值将会警告，提示树脂添加过量，需适当减少树脂
液位调整	液位调整的参数，程序根据这些参数将液位调整到固定高度，该参数均已设置好，不要擅自修改	
真空控制	目标值	设定的真空泵目标值
	极限值	设定的真空泵极限值
	比例	比例系数

（5）系统参数设置说明如表 3–6 所示。

表 3–6　系统参数设置说明

参数 / 图标	说明
语言	用户可在此处选择程序所用的语言
参数操作	当前程序参数保存成文件，方便再次使用
文件保存	输入保存的文件名
参数文件调用	从参数文件列表中读取选中的参数文件
参数文件删除	从参数列表中删除选中的参数文件
锁屏等待时间	自动锁屏等待时间

（三）光斑模式切换及参数设置

1. 变光斑模式切换及参数设置

（1）打开 RSCON 软件，选择“硬件控制”界面，把激光切换到“专家”模式。

（2）单击“扩束”功能栏的空白处，进入大小光斑位置编辑页面。单击“初始化”，再单击“1×”即光斑处于“小光斑”位置。

2. 非变光斑模式切换及参数设置

（1）关闭光斑编辑页面，再一次进入“装备初始化”界面，选择“0”模式即非变光斑模式。

（2）重启 RSCON 软件，进行功率校正。

（3）编辑非变光斑模式下成形所需要的功率，在“Power”栏选择一个或多个，单击“call”来计算所对应的占空比，“Ratio”栏颜色变成绿色即为正常，红色则是异常，需要重新校正。

（4）选择“硬件控制”界面，在激光控制页面输入计算好的占空比数值并单击“Set”保存，然后可以通过功率检测进行验证。

（5）确定了功率，可以选择检测模式“固定或普通”，再根据树脂的类型设置成形参数。

（6）设置好参数，导入成形模型，计算成形时间，即可以看到真实的扫描速度。

（7）切换完成后，按照非变光斑模式正常流程制作成形件即可。

二、材料挤出工艺参数设置与执行

材料挤出工艺是将丝状的热熔性材料加热熔化，或者将配制好的膏料按照成形件每一层的预定轨迹，通过带有一个微细喷嘴的喷头挤出，沉积在成形平台上，快速冷却固化后形成工件截面轮廓和支撑结构。成形件的一层截面成形完成后，喷头上升一个分层厚度，再进行下一层截面的沉积，如此循环，最终形成实体零件。

（一）材料挤出工艺参数

影响材料挤出成形的主要工艺参数包括分层厚度、喷嘴直径、喷嘴温度、环境温度、挤出速度与进给速度、理想轮廓线的补偿量及延迟时间等。

1. 分层厚度

分层厚度是指将三维数据模型进行切片时层与层之间的高度。层厚的大小对成形件的表面质量和成形效率影响显著：当分层厚度大时，成形件表面会有明显的“台阶”，这会影响原型的表面质量和精度；当分层厚度较小时，成形件精度提高，但切片层数增多，加工时间较长。通常层厚为 0.1 ~ 0.25 mm。

2. 喷嘴直径

喷嘴直径影响喷丝的粗细。喷丝越细，成形件的精度越高，但每层的加工路径更密更长，成形时间也较长。常用喷嘴直径有 ϕ0.2 mm、ϕ0.4 mm、ϕ0.6 mm 等，一般分层厚度要小于喷嘴直径。

3. 喷嘴温度

喷嘴温度是指系统工作时喷嘴加热达到的温度。在选择喷嘴温度时应当注意喷嘴温度应该能使挤出的丝材呈现弹性流体状态。喷嘴温度最好是在丝材熔点之上（比熔点高 1 ℃左右）。

4. 环境温度

环境温度是指系统工作时成形件周围的温度。环境温度会影响成形件的热应力大小，影响成形件的表面质量。

5. 挤出速度与进给速度

挤出速度是指丝材在送丝机构的作用下从喷嘴中挤出的速度，进给速度是指喷嘴在运动机构的驱动下按轮廓路径和充填路径运动时的速度。成形装备工作时，进给速度越快，成形时间越短，效率越高。为了保证出丝的连续、平稳以及成形件的粘结强度，挤出速度与进给速度应该进行合理的匹配。

6. 理想轮廓线的补偿量

由于挤出丝具有一定的宽度，喷头在填充轮廓路径时实际轮廓线可能会超出理想轮廓线。因此，需要在生成路径时对理想轮廓线进行补偿。这个补偿值就是理想轮廓线的补偿量，一般取挤出丝宽度的 1/2。

7. 延迟时间

延迟时间包括出丝延迟时间和断丝延迟时间。当送丝机构开始送丝时，喷嘴不会立即出丝，而有一定的滞后，这段滞后时间即为出丝延迟时间。同样，断丝滞后的时间称为断丝延迟时间。延迟时间需要根据不同的工艺合理设置，时间设置不当可能会出现拉丝太细、粘结不牢甚至断丝、缺丝等现象，也可能会出现堆丝、积瘤等现象。

上述工艺参数选择合适与否，对最后的成形结果影响巨大。因此，在成形时，需要根据成形件特点选择恰当的工艺参数，才能保证高效率高质量地成形出满足使用要求的成形件。

（二）工艺参数设置与执行

下面以材料挤出成形装备成形 PLA 丝材为例，介绍其工艺参数的设置与执行过程。

（1）启动数据模型处理软件。

（2）加载成形件模型。选择一个三维模型文件，并将其载入数据模型处理软件。

（3）通过缩放、旋转、移动等命令，对载入的模型进行大小、形态和位置的调整，将模型摆放在成形平台中心位置且模型最低点与成形平台接触。

（4）编辑具体成形参数。调出成形工艺参数调整面板，进行层厚、路径模式等工艺参数设置。

（5）打开支撑编辑器，对所施加支撑的类型、角度、斜度、支撑柱大小等参数进行设置，软件根据模型结构自动创建工艺支撑，用户可根据需要启用或禁用特定的支撑结构。自动添加支撑后，用户可通过手动添加、删除单根支撑，对支撑结构进行调整、优化。

（6）设置好切片参数后，将三维模型进行切片处理，同时生成切片文件（.Gcode），并对切片文件进行逐层预览，在开始成形之前对切片路径进行检查。通过预览检查切片是否合理，若合理，保存该切片文件。

（7）启动成形装备，执行初始化操作，确保装备机械系统参数归零。

（8）进行装备的成形平台水平校准和喷嘴高度校准。

（9）装载丝材。

（10）待喷头温度达到设定温度后，将丝材轻轻插入喷头入口，直到电动机可以拉动丝材并带入喷头为止。模型丝材应能从喷嘴中挤出并形成干净的、顺直的细线。

（11）启动装备预热。

（12）使用装备管理器成形模型文件。启动装备管理面板，并选择需要连接的装备；需要成形的切片文件通过 U 盘、网络、USB 直连等方式，载入三维切片分层后的数据文件，开始成形，直至成形件制作完成。

三、粉末床熔融工艺参数设置与执行

粉末床熔融主要采用激光或电子束作为能量源，逐层扫描、熔化（烧结）金属（非金属）粉末材料，实现复杂结构成形件制造。下面以激光粉末床熔融（LPBF）为例介绍其工艺参数设置与执行。

（一）LPBF 工艺及重要参数说明

LPBF 选用激光作为能量源，按照三维 CAD 切片模型中规划好的路径在金属粉末床上进行逐层扫描，扫描过的金属粉末通过熔化、凝固达到冶金结合的效果，最终获得模型所设计的金属零件。该技术克服了传统技术制造难以成形复杂形状的金属零件的困扰。它能直接成形出近乎全致密且力学性能良好的金属零件。但是，该技术涉及的工艺参数众多，主要工艺参数有分层厚度、扫描间距、激光功率、扫描速度、扫描策略等。

1. 分层厚度

分层厚度是指三维数据模型在切片时定义的层与层之间的高度。层厚的大小主要影响成形件表面质量和成形效率；较小的层厚通常会使成形件的表面更光滑，不利之处在于层厚越小，所需成形的时间也越长。

2. 扫描间距

激光扫描时，是以行列的方式进行扫描，两行或者两列之间的距离称为扫描间距。扫描间距大可以显著提升成形速度，但熔池范围有限，如果间距过大，会使得熔覆宽度的搭接率太小，影响成形效果和成形件的力量性能。

3. 激光功率与扫描速度

激光功率和扫描速度是 LPBF 众多工艺参数里的核心参数，直接影响成形件的孔隙率、精度等。较高的能量密度使得粉末能更好地熔融，但也不是越高越好。例如，激光功率的升高和扫描速度的降低会使得成形件的孔隙率降低；但是，能量密度过高也会使得成形件内部气体不能完全排出而产生气孔，形成微观的冶金缺陷。因此应合理平衡激光功率与扫描速度，使得成形件达到最好的成形效果与最优的力学性能。

4. 扫描策略

扫描策略是指激光光束按照一定的规律和方向扫描到需要成形的熔融区域。应根据不同材料的特性合理地规划扫描路径，将扫描区域分成条带状、棋盘状等。合适的扫描策略可以有效释放零件内部应力。除此之外，规划每层扫描向量可以减少内部缺陷并得到致密度更高、力学性能更好的成形件。

5. 其他参数

其他参数包括保护气体、风场方向、风机功率等。LPBF 成形是在密闭成形室中进行的，整个成形过程需要利用惰性气体保护，防止熔池氧化；成形过程会产生飞溅与烟尘，落在熔池上会影响成形件质量，所以成形过程中需要通过风场气流带走飞溅与烟尘；同时需要合理调节风机功率大小。

（二）工艺参数设置与执行

粉末床熔融工艺参数设置与执行是通过安装在配套装备上的装备控制软件进行的，不同厂家的装备控制软件不同，但功能相似。下面以 RC300-N1 铺粉成形设备为例，介绍其工艺参数的设置与执行过程。

RC300-N1 是国内自主研发的 LPBF 装备，其配备控制软件 SLM-NIIAM-DC，参数设置软件为集成在 Magics 中的 Materialize LM Machine。

1. Build Processor 介绍

（1）创建一个 Build Processor 场景。在计算机任务栏中找到加工准备工具栏并单击“新平台”，出现“新机器”对话框，可以在其中选择一台 Build Processor 机器，例如 Materialize LM Machine，以加载相应的平台。

（2）配置机器。在 Materialize LM Machine 工具栏中，单击“配置机器”弹出一个窗口，通过该窗口可在参数编辑器中更改机器配置和机器配置文件。

配置机器窗口包含标签机器配置和参数编辑器。

（3）平台属性配置选项。单击“平台属性配置”按钮，出现“配置平台”窗口。

在“选择类别”部分，可以选择用于此加工文件的材料，例如不锈钢 316L、铝合金 AlSi10Mg、钛合金 TC4 等。根据此次选择，将会显示与所选材料相关的切片属性和加工策略属性。

（4）零件属性配置选项。“零件重叠设置”部分的表列出了此场景中当前存在的零件。该表中的每个条目在第一列中显示“零件名称”，在第二列中显示零件的“加工策略属性”，在最后一列中显示“自动支撑配置文件”。

“加工策略属性”列中的向下箭头和灰色字体文本指示各个零件还没有分配具体的加工策略，因此将继承零件默认设置。要为某个零件分配特定的加工策略，可以单击该零件的“加工策略”条目，然后会弹出一个下拉列表，提供可用的加工策略。

（5）提交工作（加工）选项。完成设置之后，可以单击“加工”按钮将加工文件提交给 Build Processor 进行处理。

2. 工艺参数编辑器使用

（1）选择一个配置文件进行编辑。要编辑配置文件，单击位于编辑器左侧列表中的对应条目，然后右侧的面板将显示所选参数类别起初收起的树形结构。通过单击段落名称左侧的小三角形，展开“切片属性”和“加工策略”类别之后，单击要编辑的配置文件名称。

（2）修改参数。选择参数编辑器右侧的一个参数类别，该类别的对应参数将会出现。可以在此处根据需要编辑参数。

（3）获取有关参数的信息。有些参数在其编辑组件旁边提供了“工具提示字段”，将鼠标指针移到这些元素上会触发工具提示的显示。

（4）定义材料。在参数编辑器左侧的材料下拉菜单中定义材料。

3. 参数编辑器

（1）机器设置。在机器设置中，可以配置导出选项和进行气流设置。

（2）零件摆放检查。零件摆放检查包括超限和碰撞检查两个部分。超限和碰撞检查都在加工文件预处理时进行。

超限检查允许验证平台上的零件和 / 或支撑是否超出加工相关参数极限。如果是这样，则预处理失败，并且不允许用户上传加工文件。超限检查始终处于激活状态，是预处理必须执行的操作，用户无法对其进行设置；而碰撞检查则可由用户根据需要选择是否激活。

①气流。如果启用了逆气流排序（“常规 \ 扫描顺序 \ 逆气流排序”），则气流方向将决定扫描路径（路径规划向量）的扫描顺序和方向。它还确定平台上零件、零件区域和支撑的扫描顺序，如表 3–7 所示，所示参数为默认值，需根据设备实际情况设置。

表 3–7　　气流设置

气流方向	
角度	0°
限制窗口	180°
跳转角度范围	
最大值	0°
最小值	0°

②铺粉机。铺粉机的运动定义，如表 3–8 所示。铺粉机的运动会影响排序行为。

表 3–8　　铺粉机

启动侧	X_{min}
循环	“之”字形

③加工相关参数。此部分描述了加工相关参数设定。如果加工处理器激活 Materialise Control Platform，则这些设置将自动从机器配置文件中检索，并且整个部分将以只读形式提供。

④扫描系统。为了扩大机器中加工区域的大小，可以彼此相邻排列多个扫描区域。在此部分定义不同的扫描区域及其属性，此部分参数为默认参数。

（3）加工策略。“加工策略”包含应该如何加工某个零件及其支撑的描述。这包括零件切片、扫描图案、填充区路径排序样式等，并提供了为每个向量块分配不同激光参数的可能性。加工策略可以针对每个零件进行分配，意味着可将其应用于一个零件或多个零件。

①切片。“零件切片层厚”定义每个切片层的高度，即两个相邻切片层之间的距离。与“切片属性”部分中在平台级别应用的“切片层厚”相比，此参数在零件级别应用，扫描支撑的总体扫描时间可以缩短。单个切片层的高度决定了切片分辨率，这对于具有复杂几何结构的零件非常重要。同时，它还会影响处理速度。支撑结构的分辨率可能有限。因此在某些情况下，使用比零件更大的切片层厚度来扫描支撑可能很有用。用户应该为支撑正确调整单独的激光扫描参数，以避免加工期间支撑失败。

②路径生成。执行切片操作之后，可以生成各种加工策略来使用扫描向量（路径规划）填充切片层。零件切片中的不同区域需要不同的扫描和路径规划策略。这是因为实体化的切片可以通过不同的方式与实体化的材料交互。这依赖于切片内部和之间的热应力、所需的材料属性，以及零件在平台上的方向。而且支撑及其朝向和连接到零件的方式也至关重要。基于上述原因，有时需要为零件的不同区域分配具体的加工策略和扫描参数。为了实现这一点，每个切片层被划分为“上表面”“内表面”“下表面”区域和“实体支撑”。

“内表面”定义为“上表面”和“下表面”之间的区域。在“下表面”与“内表面”之间定义一个重叠区域，用于确保“内表面”和“上表面”区域的牢固分层，有助于避免具有未处理材料的细微区域出现。

- 上表面。切片层中的区域，其上方不存在可曝光的区域，故称为“上表面”。

- 内表面。为了填充切片层的内部区域，将生成称为“路径规划”的平行扫描向量。

- 下表面。下表面是切片层中的区域，在其下方不存在曝光区域。这些区域是三维模型可见的朝下表面的一部分。可以针对这些区域使用不同的加工策略（尤其是能量输入）来确保更好的表面质量。

- 实体支撑。支撑需要单独的向量类型，以分配专门的加工策略。实体与非实体支撑存在差别。非实体支撑通常没有体积，仅包括线条。实体支撑具有体积，需要对切片进行路径规划。对于实体支撑，可以独立于零件轮廓单独开启和定义轮廓。

参数设置完成后，对 STL 模型按照一定的层厚进行切片处理，生成相关数据文件即零件打印程序，再利用 U 盘将切片文件上传至 RC300-N1 设备。

设备操作人员根据设备操作规程准备设备，当打印程序上传后，开始对零件进行打印。

四、定向能量沉积工艺参数设置与执行

（一）工艺参数

增材制造的定向能量沉积（DED）技术在金属增材制造领域占有重要地位。与所有增材制造技术一样，成形质量在很大程度上依赖于合理的工艺参数设置。以下对 DED 工艺参数进行具体介绍。

1. 能量源类型

激光是 DED 最常见的能量源。激光具有高的聚焦能力，能够提供细致、高精度的成形。激光的波长、类型都会影响成形的效果。与激光相比，电子束具有更深的材料穿透能力，因此它特别适用于成形大型零件，但它通常需要真空环境才能有效工作。等离子束是另一种能量源，常用于厚壁部件的制造，它的温度比激光和电子束高，但精度较低。

2. 输出功率

输出功率影响熔化材料的速度。过高的输出功率可能导致过度熔化和部件缺陷；而过低的输出功率可能导致不完全熔化和连接问题。能量束的移动速度与输出功率一起决定了材料的熔化特性，速度越快，每个区域受到的热量越少。焦距确定了激光束的大小和形状，从而影响到成形的精度和熔池的特性。

3. 送料速度

送料速度决定了金属粉末或线材投入成形区域的速度。这是一个关键参数，因为它需要与能量输入均衡，确保稳定的熔池形成，避免过度或不足的送料造成成形缺陷。

4. 扫描策略

扫描策略决定了激光或其他能量源在成形件上的移动路径。常见的策略有蛇形、

螺旋等，不同的策略适用于不同的成形件几何形状。搭接率确保成形的连续性和成形件的完整性，每个路径通常都会与相邻路径有所搭接。这个参数需要谨慎设置，以避免过度或不足的材料沉积。

5. 保护气体

在DED过程中，通常使用惰性或半惰性气体，如氩气或氮气，来保护熔池免受氧化和其他杂质的影响。气体的流速和纯度都是需要考虑的参数。

总的来说，DED工艺参数的选择和调整都是为了实现最佳的成形效果，确保成形件的质量和性能。这需要深入的实验和研究，即使微小的参数变化都可能对成形结果产生显著的影响。

（二）执行流程

1. 设计和建模

在开始任何增材制造项目之前，都需要一个详细的三维CAD模型。这个模型应该考虑到DED的特定要求和限制，例如支撑结构、过度悬挂或特定的材料约束。针对DED工艺的特性，可以进一步优化设计，例如减少材料使用、增加结构的轻量化或改善熔池的形貌。

2. 数据预处理

三维模型需要被切分成多个薄层，以便于逐层成形。每一层都会转化为特定的能量路径和送料策略。通过路径生成，确定激光或其他能量源的最佳移动路径，以确保材料均匀沉积，避免扭曲或裂纹。

3. 装备准备

选择适当的金属粉末或线材，并确保它们是干燥、无杂质的。加载到装备中，为成形做好准备。根据材料、设计和成形要求设置装备参数，包括能量输入、送料速度、保护气体流量等。成形前应确保所有装备都已经校准，特别是能量源的焦点和送料机械。

4. 成形过程

启动装备并监控初步的成形过程，确保熔池稳定，沉积过程没有明显的缺陷。可利用各种传感器和摄像机实时监控成形过程。这可以帮助检测并预防潜在的问题，例如过度熔化、缺陷形成或熔池不稳定。如果检测到问题，可以暂停成形并进行必要的调整，然后从中断点继续成形。

5. 后处理

完成成形后，成形件需要在受控的环境中逐渐冷却，以减少内部应力和扭曲。如果设计中包括了支撑结构，可以通过机械方法或电化学过程进行去除。为了改善材料的微观结构和机械性能，成形件可能需要热处理，例如退火或淬火。DED 成形的成形件表面可能比其他增材制造技术的更粗糙，为了达到所需的表面质量或精度，可能需要机械加工、抛光或电化学处理。最后，使用各种检测工具，如 X 射线或超声波，对完成的成形件进行质量检验，确保其没有内部缺陷，并符合设计规范。

总体来说，DED 的执行流程涉及多个阶段，每个阶段都有其独特的挑战和注意事项。为了获得优质的最终产品，需要仔细考虑和调整每一步细节，并确保整个过程得到适当的监控和调整。

（三）工艺参数设置与执行

下面以 DED 技术制造航空发动机的钛合金叶片部件为例，介绍其工艺参数的设置与执行过程。

1. 设置参数

（1）激光功率：1.5 kW。激光功率决定了熔化材料的速度，过高可能导致过度熔化，过低可能未能完全熔化。

（2）扫描速度：800 mm/s。扫描速度决定了成形速度，但与激光功率相对应，以确保正确的熔化深度。

（3）粉末输送速度：25 g/min。这决定了材料被送入成形区的速度。

（4）气体：惰性氩气。为了防止钛合金在高温下与氧反应而氧化。

2. 执行过程

（1）使用专业的 CAD 软件设计成形件的三维模型。

（2）将模型导入 DED 装备的控制软件中，该软件可以将模型分解为逐层的成形路径。

（3）在 DED 装备中加载钛合金粉末。

（4）在一个受控环境中，例如在一个密封并充满氩气的成形室内，开始成形过程。

（5）装备的激光头开始按照软件定义的路径移动，同时，粉末喷嘴按照设定的速率送出钛合金粉末。强大的激光束将粉末快速熔化，形成成形件的第一层。

（6）一层结束后，成形平台下降一个层厚的距离，然后开始成形下一层。此过程循环往复，直到成形件全部完成。

五、其他增材制造技术工艺参数设置与执行

（一）粘结剂喷射成形工艺参数设置与执行

粘结剂喷射成形是一种在粉末床上使用液态粘结剂进行成形的增材制造技术。在这种方法中，喷头按照预设的轮廓喷射粘结剂，将粉末固化成所需的形状。完成一层后，成形平台下降并再次铺上一层新的粉末，然后继续成形。待需件成形完成后，未粘结的粉末被移除，即可得到所需的零件素胚。以下是粘结剂喷射成形工艺参数设置与执行的具体介绍。

1. 粉末选择与准备

选择适当的粉末材料是关键，因为这会影响到成形件的机械和热性能。粉末的颗粒大小、形状和分布都会影响到粉末粘结效果和后续的处理。

2. 喷射头和粘结剂

喷射头的分辨率和速度是关键参数，因为它们决定了成形件的几何精度和生产速度。粘结剂的类型、浓度和喷射量也是关键参数，需要根据粉末的性质进行调整。

3. 成形参数

层厚会影响成形速度和成形件的表面粗糙度。较薄的层可以获得更好的表面精度，但成形时间会增加。粘结剂喷射速度太快可能导致粘结剂和粉末没有充分结合，太慢则可能导致成形件过于湿润，产生变形。喷射间距会影响成形件的密度和机械性能。大多数粘结剂喷射成形的成形件都需要后处理，例如烧结或渗透，以增强其机械性能

和耐用性。

4. 控制与监控

为了确保成形过程的稳定性和成形件的质量，通常需要实时监控成形过程，包括监控喷射头的状态、粘结剂的流量和成形平台的温度。

5. 成形平台下降

每完成一层的喷射后，成形平台需要下降一个层厚的距离，然后铺设新的粉末层以供下一层成形。

6. 环境控制

为了防止粉末受潮或受到其他环境因素的影响，通常需要在受控的环境中进行粘结剂喷射成形。这可能包括温度、湿度和气氛的控制。

7. 安全

成形过程使用粉末和液体粘结剂，安全是一个关键因素。需要确保操作员受到适当的培训，并使用适当的防护措施，例如呼吸器和防护眼镜。

粘结剂喷射成形是一个复杂的过程，需要精确控制多个参数以确保成形件的质量和性能。通过对这些参数的优化，可以制造出各种高质量的部件。

（二）薄材叠层成形工艺参数设置与执行

薄材叠层（SHL）成形工艺的核心思想是逐层堆叠和黏合薄片或片材，并使用激光或刀具对每层进行精确切割以形成所需的几何形状。以下是薄材叠层成形工艺参数设置与执行的具体介绍。

1. 材料选择

薄材叠层成形的材料通常为纸张、塑料或复合材料薄材。选择的材料必须容易切割并能与黏合剂良好结合。

2. 激光或刀具选择

激光参数包括激光功率、速度和焦点位置。这些参数会影响切割的深度、速度和质量。刀具类型与参数包括刀片类型、刀具材料、切割深度和速度。

3. 薄材供应与定位

装备需要能够自动提供薄材并准确定位，以确保各层的精确对齐。

4. 黏合过程

当新的薄材被放置在之前的层上时，通常会使用加热的压力辊或其他方法应用黏合剂进行不同层的黏合。

5. 切割参数

切割速度太快可能导致切割不精确，太慢则可能浪费时间并增加成本。切割深度必须确保完全切穿薄材，但又不会损坏下面的层。

6. 支撑结构

在成形复杂部件时，可能需要生成支撑结构来支持悬空部分。这些支撑在成形完成后需要去除。

7. 温度控制

由于使用加热的黏合工艺，装备内部的温度需要被控制，以确保良好的黏合和避免材料变形。

8. 后处理

完成的部件通常需要后处理，例如除去多余的材料、研磨表面或涂装以改善外观和性能。

9. 安全和环境因素

操作员需要遵循安全指南，特别是在处理激光和热压力辊时。此外，需要确保良好的通风，以排放任何可能产生的有害气体或颗粒。

10. 装备校准与维护

为了确保长时间的精确成形，装备需要定期校准。刀具和激光可能会随着时间和使用而磨损或偏离其最佳设置。

11. 软件和设计准备

为了正确地成形零件，设计师需要使用专门的软件工具来准备和优化设计，包括定义切割路径、支撑结构和其他必要的成形参数。

薄材叠层成形是一个多步骤、需要精确控制的过程。从正确选择材料和工具，到精确设置装备参数，每一步都对最终部件的质量和性能产生影响。通过对这些参数的认真考虑和优化，可以确保制造出高质量的部件，满足各种应用的需求。

第三节　增材制造装备安全运维

一、增材制造装备操作规范

不同类型的增材制造成形原理有所不同，因此这些装备的操作规范也不尽相同。本节将针对常见的增材制造工艺及其装备操作规范进行介绍。

（一）立体光固化增材制造装备操作规范

立体光固化增材制造装备是一种利用光敏树脂材料和光源进行快速成形的装备。为了保证生产安全和产品质量，操作人员应遵循以下操作规范：

（1）在开机前，应仔细阅读装备使用说明书，熟悉装备性能和操作方法。

（2）装载树脂前，要确保树脂槽和平台清洁无杂质，避免影响成形质量。

（3）选择合适的树脂材料，并按照使用说明书中的要求进行搅拌和预热。

（4）在操作过程中，应严格按照装备使用说明书的要求进行参数设置，避免使用不合适的参数导致装备损坏或成形失败。

（5）在装备运行过程中，不要随意触摸装备内部零部件，以免发生触电或机械伤害事故。

（6）装备在运行过程中，应避免暴露在强光或高温环境下，以免影响装备性能和成形质量。

（7）使用过程中，应随时关注装备运行状态和成形质量，并及时处理异常情况。

（8）装备使用完毕后，应及时清洁装备和工作环境，避免树脂材料残留导致装备损坏。

（9）定期对装备进行维护和检查，确保装备处于良好的工作状态。

（二）材料挤出成形增材制造装备操作规范

材料挤出成形装备的一般操作流程包括装载丝材、调整成形平台、导入模型数据、执行成形程序、取下成形件、去除支撑等，各环节具体操作规范要求如下。

1. 装载丝材

材料挤出成形装备所用耗材为丝材，以塑料丝最为常见。在每次成形前，均需确认耗材的种类、数量（长度或质量）、品质情况，如有需要则及时进行更换。这其中尤为容易被忽略的是对耗材品质情况的确认，因为当装备中的塑料丝长时间不使用并置于空气中时极易受潮或脆化，丝料受潮会导致喷头加温中产生气泡从而影响正常出料，而丝料脆化则会导致断料的情况大大增加。

一般而言，塑料丝耗材为卷盘状，有的还会在外面增加一个盒子。在更换耗材时，先控制装备喷头加温，送料机构倒转将原有丝材退出，接着将新材料端部斜剪 45° 头后导入送料机构，控制送料机构正转将塑料丝向前送，最后观察到喷头处有熔丝流出即说明更换完成。

2. 调整成形平台

成形平台的调整通常指的是“调平”和“调高”。

调平指的是将成形平台面调整至水平（装备水平摆放时），调高指的是调整喷头最低点的位置（与成形平台上表面的间距值）。在成形过程中，如果第一层材料能够很好地黏在成形平台上，那么后续成形也会非常顺利，而如果平台不平或是基准高度不准确，则很可能导致模型的第一层整体成形很松或是很紧，又或者是一侧松一侧紧，严重时甚至会撞坏喷头。

调高通常在调平之后进行，也就是喷头相对于成形平台在 Z 方向上高度基准位置的调整。以手动调整为例，采用的是类似于 CNC 机床对刀所用的“逼近法”。比如，首层成形的合理间隙值约为 0.1 mm，大约等于一张 A4 纸的厚度。调整成形平台时，先用高倍率移动调整喷头逐步逼近成形平台，在两者间放入一张 A4 纸并来回小幅抽动，当感受到 A4 纸抽动困难时说明间隙过小，退回一格，并降低速度倍率再次重复前一轮动作，直至A4纸在喷头与成形平台间能够正常抽动并略有阻尼感，则说明间隙恰当，将此高度设置为零位基准即可。

3. 导入模型数据

导入模型数据是装备工作前必须完成的动作。材料挤出装备需要根据程序代码控制喷头运动、调整温度、挤出丝料等动作，才能得到所需成形件。

可导入的数据分为STL格式的模型数据和Gcode格式的加工程序代码两种。对于目前大部分装备，可以直接将STL格式的模型数据导入装备本体或是本体所连接的计算机中，装备可以通过内置或配套的软件处理数据，将其转换为加工程序；而对于早期的一些桌面机或是某些3D打印爱好者DIY的拼装机型，这些装备通常不具备独立处理模型的能力，那么就需要提前通过CAM软件转化好数据，再将转化后的程序代码（通常为Gcode格式）导入装备中。

4. 执行成形程序

成形程序较为简单，通常只需要根据文件名选中需加工的成形件，然后根据提示执行操作即可。但有一点非常重要，即操作者一定要观察首层成形的质量，这是因为在成形中底层丝材与成形平台面的粘结是最容易出现问题的地方。当观察到第一层成形质量不佳时，应果断终止成形，调整装备后重新成形，否则极易在后续成形过程中发生底层翘边、成形件倾倒等问题。

5. 取下成形件

当成形完成后，即可将成形平台（托盘）取出并取下成形件。成形刚完成时，成形件温度较高，此时成形件更容易被取下；当成形件和托盘完全冷却后，成形件会比较难取，此时可以借助铲刀等工具取下成形件。如果是和成形平台接触面较大的成形件，还可以通过轻微用力掰弯底板以减小接触面的方式，使得成形件更容易被取下。

6. 去除支撑

对于大部分的单喷头装备，支撑材料和成形件本体是同一种材料，需要使用斜口钳、镊子等工具手工去除支撑。先观察支撑情况，大面积的支撑材料可以用斜口钳去除；对于细小的部分，可以改用适当大小的刻刀去除。在手工去除过程中，尽量不要让刀刃接触模型，以免对成形件造成损坏，同时也要注意安全，不要被工具划伤手。

对于多喷头的装备，有时支撑结构会采用不同于成形件本体的材料，此时就可以根据支撑结构材料的特性选用适合的去除方法。例如，使用了水溶性支撑材料的，就可以将成形件本体连同支撑结构一同丢入水中一段时间，支撑材料会自行溶解。

（三）粉末床熔融增材制造装备操作规范

1. 操作前装备检查

（1）检查装备电源是否插好，装备安全装置功能是否正常，水气管路等有无漏水、漏气现象；若有异常，立即停止装备操作并及时维修，确认问题解决后，再继续操作。

（2）检查水冷机水箱内的水位是否正常，如水位过低，则需进行补水。

（3）检查压缩空气质量是否符合装备运行要求，对附属装备如空压机、储气罐、冷干机、吸附式干燥机等进行功能检查，保证压缩气管内无油污、水。

（4）检查保护气体（氩气、氮气等）的气量、气压是否满足使用要求，检查保护气体的气路是否存在冷凝情况，确保气路中不存在肉眼可见的水珠。

（5）检查滤芯是否满载，若滤芯满载或即将满载，应及时更换。

（6）检查压缩空气、工作氩气流量计是否正常，定期检查安全阀、调压阀是否运行良好。

（7）检查其他与成形相关的装备，如与空压机连接的储气罐是否排水等。

（8）检查装备配置吸尘器是否正常，注意做好吸尘器定期清理。

2. 操作装备准备

（1）按要求穿戴好防护用品（手套、口罩、劳保鞋、防护服、护目镜、防静电手环等）。

（2）所需工具要做好清洁，使用酒精或异丙醇擦拭工具时，待其完全挥发后方可使用。

（3）做好装备清洁，包括装备内钣金、成形平台四壁、吹风口等，保证装备内无粉尘，保证腔体内清洁、无废渣堆积。

（4）检查金属粉末基材等。

（5）安装刮刀前，检查刮刀是否存在破损，根据实际成形情况及时更换刮刀。

（6）擦拭腔体内激光护镜（部分装备要求安装吸风口）、腔体门上的密封条，保证装备的密封性。

（7）装备缸体加热到指定温度后，通过铺粉情况检验刮刀调整是否合格。

（8）铺粉后检查基材四周缝隙是否填满。

（9）装备准备完毕后，做好使用记录，完成生产记录表填写，需内容完整、字迹清晰。

（10）装备准备完毕后，将使用到的内六角扳手、铲子、刷子、勺子、筛子等工具清理干净，并整齐放置于货架工具区，方便下次使用。

（11）装备洗气，等待成形程序导入。

3. 过程监控及事故处理

（1）成形前检查程序，确认无误后开始成形，部分装备需成形首层多遍；开始成形时观察激光路径等是否正常。

（2）开始成形后，观察截面铺粉情况并调节铺粉量。

（3）实时观察，每隔 0.5 ~ 1 h 观察装备成形情况，随时关注装备粉量、用气、滤芯使用情况及成形情况，填写好过程记录表。

（4）成形过程中一旦发现问题，能自己解决的自己快速解决，不能自己解决的及时联系装备负责人，并及时与工艺人员沟通，同时做好记录。

（5）成形过程中做好各项记录，包括岗位生产记录、装备成形记录，同时在换班时做好交接班记录。

4. 成形完成后装备清理

（1）装备成形完成后及时记录成形时间。

（2）需在装备冷却完成后方可打开成形室门清理成形件。清理装备时按要求穿戴好防护用具（防尘服、防护面具、劳保鞋、护目镜等）。

（3）清理过程中尽量小心，避免粉末扫出平台造成浪费，同时注意不要让粉末进入吹风口，造成吹风口堵塞；顶粉装备注意不要污染粉仓粉末；注意整体装备要清理干净，方便下次使用。

（4）粉尘材料清理时应注意安全，避免磕碰损伤成形件，同时防止基材磕碰损伤装备。

（5）清理过程中做好粉末回收，记录好粉末消耗量。

（6）清理后粉末若不继续使用需封装保存。

（7）筛分后的大颗粒粉末做好粉末标注，集中放置于废弃物存放室。

（8）装备配置的专用吸尘器需要根据实际使用情况定期加水、清理（一般半月一次）。

（9）其他装备清理，包括水冷机防尘滤网定期清理，装备表面灰尘定时清理（一般每月一次）。

（四）定向能量沉积增材制造装备操作规范

DED 是一种利用焊枪或激光源与喷射的金属粉末相结合，在特定轨迹上沉积材料制造成形件的方法。由于其工艺复杂，因此严格遵循操作规范显得尤为重要。以下是关于其操作规范的详细介绍。

1. 前期准备工作

装备检查：确保装备完好无损，没有明显的外部损伤。

环境确认：保证工作区域温度、湿度均符合装备操作要求，避免因环境因素影响装备正常工作。

材料准备：检查材料（如粉末）的种类和质量，确保其干燥、无杂质。

2. 开机及设置阶段

装备启动：按照规定的顺序启动装备，避免错误操作。

参数设置：根据制造要求和材料种类设定相关参数，如激光功率、扫描速度、喷嘴气流等。

装备预热：根据需要预热装备，确保其达到操作温度。

3. 运行及监控

装备校准：在实际生产之前执行校准程序，确保装备运行的准确性。

实时监控：在生产过程中，应随时监视装备的工作状态，以便在发现异常时立即采取措施。

材料补充：根据生产需要，适时补充材料，确保其供应连续稳定。

4. 停机及后处理

完成后冷却：在制造完成后，允许装备自然冷却或按照说明书给出的方法进行冷却。

装备清理：清理可能积聚在装备上的余料或粉尘，确保装备干净。

数据存储：保存与生产相关的所有数据和参数，以备后续分析或重复生产使用。

5. 装备维护

定期检查：定期对装备进行全面检查，包括检查硬件、软件和各连接部分。

零部件更换：根据装备的使用情况，定期更换零部件，如喷嘴、激光透镜等。

软件更新：随时关注制造商的软件更新信息，保持装备软件在最新状态。

总之，定向能量沉积增材制造装备操作规范是确保装备稳定、高效和安全运行的关键。每一位操作员都应深入了解和严格执行这些规范，确保生产的高效性和安全性。

（五）粘结剂喷射成形增材制造装备操作规范

粘结剂喷射成形是增材制造领域的一种精密技术，对其装备的规范操作至关重要。以下是详细的操作规范。

1. 操作前准备

熟读手册：在进行任何操作之前，操作员应完整地阅读并理解装备的用户手册和操作指南。

装备检查：确保装备的所有电线、连接和接口都已正确连接，且装备的各个部分都牢固完整。

工作区域清理：保持操作区域的清洁，确保无尘土和其他可能污染粉末的杂质。

装备预热：如果装备需要预热，按照规定的时间和温度进行预热。

2. 粉末加载与准备

选择正确的粉末：使用为特定装备和应用而设计的粉末。

检查粉末：确保粉末没有潮湿，没有结块，并且没有杂质。

加载粉末：使用推荐的工具和方法，小心地将粉末加入装备，防止洒出和粉尘飞溅。

3. 装备操作

输入参数：根据所需的部件规格和材料特性，正确设置喷射速度、温度、压力等参数。

启动装备：按照装备手册中指定的顺序和方法启动装备。

监控装备：在生产过程中，持续监控装备的运行状态，确保一切正常。特别注意温度、压力和其他关键参数是否在规定范围内。

暂停操作：如果需要暂停装备，按手册中推荐的方法操作，避免造成装备损坏或粉末浪费。

4. 装备关机与后处理

关机：完成所有操作后，按照手册中的指导逐步关闭装备。

清理：清除装备上和周围的任何残留粉末，使用湿布或专用清洁工具，避免产生粉尘。

部件后处理：根据需要，将生产的部件进行后处理，如退火、冷却或其他所需的步骤。

5. 维护与存储

定期维护：根据使用手册的要求进行定期维护，如润滑、清洁或更换某些零部件。

粉末存储：将未使用的粉末储存在密封的容器中，并放在干燥、阴凉的地方。

总之，正确、安全地操作粘结剂喷射成形增材制造装备是确保生产效率、成品质量和操作人员安全的关键。不仅要严格遵循操作规范，还要定期进行培训，以保持操作员知识和技能的更新。

（六）薄材叠层成形增材制造装备操作规范

薄材叠层成形，即通过层叠预制的薄片材料来逐步制造出复杂的三维结构。操作员应对装备进行规范操作，以确保生产效率、产品质量以及操作安全。以下详述其操作规范。

1. 装备前期准备

材料检查：确保使用的薄材干燥、无损伤、规格统一。存储薄材的环境应防潮、无尘，并避免日光直射。

装备清洁：定期对装备进行清洁，确保没有灰尘或其他异物。特别是装备的移动部件和层叠区域，这些部位的清洁关系到成形的精度。

2. 装备启动与关闭

启动流程：严格按照装备使用手册的规定进行，先启动电源，然后系统自检，最后加载所需的程序和参数。

正常关闭：在结束工作前，确保所有任务都已完成，然后按照手册规定逐步关闭装备。尽量避免直接切断电源。

3. 参数设置与加载

参数输入：根据制造需求，输入正确的层厚、温度、速度等参数，这些参数直接影响到成形件的几何精度和物理性能。

程序加载：确保所加载的程序与预期的产品设计相匹配；对程序进行预览，避免潜在错误。

4. 实时监控

持续观察：在装备工作时，持续监控其运行状态。观察薄材的供应、层叠速度、熔化情况等，确保一切正常。

及时干预：如发现异常情况，如薄材供应中断或装备异常振动，应立即暂停，查找并解决问题。

5. 后期处理

完成操作：制造完成后，等待装备完全停止后才可打开装备门或取出成形件。

清洗与维护：使用软布清洁装备，避免硬物刮伤。检查移动部件的润滑情况，如有需要，补充润滑油。

6. 装备日常维护

定期检查：至少每周对装备进行一次全面检查，确保所有电线连接完好，无裸露；移动部件无异常损耗。

软件更新：随时关注装备制造商发布的软件新版本并定期更新，确保装备运行的稳定性和提高工作效率。

总之，薄材叠层成形增材制造装备的操作不仅需要遵循基本的操作步骤，还需要操作者具备一定的经验，确保在整个制造过程中能及时发现问题并处理，保证产品质量和生产效率。

二、增材制造材料理化特性、储存及使用规范

基于材料堆积方式的增材制造技术改变了传统制造的去除材料加工方法，材料是在数字化模型离散化基础上通过累积式的建造方式堆积成形的。因此，各种增材制造技术对材料在形态和性能方面都有不同的要求。不同的增材制造方法对应的成形材料

的理化特性不同，对成形材料性能的要求、储存和使用也不同。

根据成形原理、技术和方法的不同，用于增材制造的材料可分为丝状材料、液态材料、粉末材料和薄层材料等，见表 3–9。

表 3–9　　增材制造材料的种类

材料形态	液态材料	丝状材料		粉末材料		薄层材料
		非金属	金属	非金属	金属	
材料种类	液态光敏树脂、液态粘结剂	ABS 丝、PLA 丝、尼龙丝、蜡丝、木丝	铝丝、锌丝、锌铝合金丝、锌铝伪合金丝	石蜡粉、尼龙粉、覆膜陶瓷粉、高分子材料粉、覆膜砂、石膏粉	不锈钢粉、钛合金粉、铝合金粉、镁合金粉、镍基合金粉、钴铬合金粉、铜合金粉、钽粉、钨粉、覆膜合金粉	覆膜纸、覆膜塑料、覆膜陶瓷箔、覆膜金属箔
适用的增材制造工艺	立体光固化、粘结剂喷射	材料挤出	定向能量沉积	粉末床熔融	粉末床熔融、定向能量沉积	薄材叠层

增材制造材料及其性能不仅影响着成形件的性能和精度，而且也影响着与制造工艺相关联的制造过程。增材制造工艺对材料性能的总体要求有以下几个方面。

（1）适应逐层累加方式的增材制造模式。

（2）在各种增材制造方式下能快速实现层内制造及层间连接。

（3）制作的成形件具有一定的尺寸精度和尺寸稳定性。

（4）确保成形件具有一定的力学性能及性能稳定性。

（5）无毒无污染。

下面对各种材料进行详细介绍。

（一）液态材料

1. 液态材料储存的基本原则

用于立体光固化和粘结剂喷射成形的材料为液态光敏树脂，通常由两部分组成，即光引发剂和树脂。其中树脂由预聚物、稀释剂及少量助剂组成。当光敏树脂中的光引发剂被光源（特定波长的紫外光或激光）照射吸收能量时，会产生自由基或阳离子，自由基或阳离子使单体和活性齐聚物活化，从而发生交联反应而生成高分子固化物。光敏树脂的这一特性，使得其对储存和使用环境的要求较高。一般要求光敏树脂存储在不透明的密封容器内，在干燥、阴暗环境下保存，并且要远离热源和火源，储存环境温度在 10 ~ 28 ℃。

2. 立体光固化和粘结剂喷射工艺对液态光敏树脂性能的要求

（1）黏度低。低黏度利于成形树脂较快流平，便于快速成形。一般黏度要求在 600 cP（30 ℃）以下。

（2）固化收缩小。固化收缩大会导致成形件变形、翘曲、开裂等，影响成形件的精度，低收缩性树脂有利于成形出高精度产品。

（3）固化速率快。可在几秒内固化，适用于要求立刻固化的场合。

（4）成形件湿态强度高。较高的湿态强度可以保证后固化过程中不产生变形、膨胀及层间剥离。

（5）溶胀小。湿态成形件在液态树脂中的溶胀会造成成形件尺寸偏大。

（6）杂质少。固化过程中杂质少、没有气味且毒性小，有利于操作环境清洁和人员安全。

3. 光敏树脂的分类和特性

根据光引发剂的引发机理不同，光敏树脂可以分为三类：自由基光固化树脂、阳离子光固化树脂和混杂型光固化树脂。

（1）自由基光固化树脂。自由基光固化树脂主要有三类：第一类为环氧树脂丙烯酸酯，该类材料聚合快、原型强度高但脆性大且易泛黄；第二类为聚酯丙烯酸酯，该类材料流平和固化好，性能可调节；第三类材料为聚氨酯丙烯酸酯，该类材料生成的原型柔顺性和耐磨性好，但聚合速度慢。稀释剂包括多官能度单体与单官能度单体两类。此外，常规的添加剂有阻聚剂、UV 稳定剂、消泡剂、流平剂、光敏剂、天然色素等。其中的阻聚剂特别重要，因为它可以保证液态树脂在容器中保存较长时间。

（2）阳离子光固化树脂。阳离子光固化树脂的主要成分为环氧化合物。用于光固化工艺的阳离子型齐聚物和活性稀释剂通常为环氧树脂和乙烯基醚。环氧树脂是最常用的阳离子型齐聚物，其优点如下：

①固化收缩小。预聚物环氧树脂的固化收缩率为 2%～3%，而自由基光固化树脂的预聚物丙烯酸酯的固化收缩率为 5%～7%。

②产品精度高。

③阳离子聚合物是活性聚合，在光熄灭后可继续引发聚合。

④氧气对自由基聚合有阻聚作用，而对阳离子树脂无影响。

⑤黏度低。

⑥生坯件强度高。

⑦产品可以直接用于注塑模具。

（3）混杂型光固化树脂。混杂型光固化树脂比起自由基光固化树脂和阳离子光固化树脂，具有许多优点。增材制造的趋势是使用混杂型光固化树脂，其优点主要有：

①环状聚合物进行阳离子开环聚合时，体积收缩很小甚至产生膨胀，而自由基体系总有明显的收缩，混杂型体系可以设计成无收缩的聚合物。

②当系统中有碱性杂质时，阳离子聚合的诱导期较长，而自由基聚合的诱导期较短，混杂型体系可以提供诱导期短而聚合速度稳定的聚合系统。

③在光照消失后阳离子仍可引发聚合，故混杂型体系能克服光照消失后自由基迅速失活而使聚合终结的缺点。

（二）丝状材料

增材制造工艺中使用的丝状材料（以下简称“丝材”）多为材料挤出工艺用到的塑料丝，还有定向能量沉积成形中的金属丝。材料挤出工艺中的塑料丝采用热熔喷头挤出成形，而定向能量沉积中的金属丝采用电子束或电弧熔化堆积成形。丝材性能较为稳定，对存储环境要求不高，但长期暴露在空气中也容易被空气中的水分渗透、腐蚀直至毁坏，一般要求干燥密闭储存。在湿度较大的环境下，可将丝材放进干燥盒内使用。

以下重点介绍常见的材料挤出工艺中的塑料丝材。材料挤出工艺要求丝材挤出时既保持一定的形状，又有良好的粘结性能。同时，成形材料的相关特性也是影响该工艺应用过程的关键。该工艺使用的材料分为两类：一类是成形材料，另一类是支撑材料。材料挤出工艺对成形材料的要求是熔融温度低、黏度低、粘结性好、收缩率小；对支撑材料的要求是能够承受一定的高温、与成形材料不浸润、具有水溶性或者酸溶性、具有较低的熔融温度、流动性好等。

常用的塑料丝材及其理化特性如下。

（1）ABS 塑料。ABS 是一种用途极广的热塑性材料。它是丙烯腈、丁二烯和苯乙烯的三元共生物，A 代表丙烯腈，B 代表丁二烯，S 代表苯乙烯。ABS 材料具有抗冲击性、耐热性、耐低温性、耐化学药品性，且电气性能优良，还具有易加工、制品尺寸稳定、表面光泽性好、颜色多样等特点，一般用于机械、汽车、电子电器、仪器仪表、纺织和建筑等工业领域。

ABS 黏附性良好，可以实现高速成形。但是，在成形大型零件时，往往会因为成形路径较长导致材料冷却固化而不能形成较好的层间结合，此时可以通过使用加热床来解决该问题。ABS 材料的成形温度为 210 ~ 240 ℃，加热床的温度一般高于 80 ℃，材料的软化温度为 105 ℃左右。ABS 材料最大的缺点就是成形时有强烈的气味。

（2）聚乳酸（PLA）。PLA 是一种新型的生物降解材料，使用可再生的植物资源（如玉米）所提取的淀粉原料制成。它具有良好的生物可降解性，使用后能被自然界中微生物完全降解，最终生成二氧化碳和水，不污染环境。PLA 材料的成形温度为 180 ~ 230 ℃，加热床的温度一般高于 70 ℃。PLA 在医药领域应用非常广泛，如用于制造一次性输液器、手术缝合等。成形 PLA 材料时有棉花糖气味，不像 ABS 那样出现刺鼻的气味。PLA 收缩率较低，成形时能直接从固体变为液体。由于 PLA 材料的熔点比 ABS 低，流动较快，相对而言，不易堵塞喷嘴。PLA 易受热受潮，并不适合长期户外使用或在高温环境工作。加热时，从空气吸收的水分可能会变成蒸汽泡，这会影响某些挤出机的正常运行。图 3–16 所示为 PLA 丝材。

（3）聚碳酸酯（PC）。PC 具有耐热、抗冲击、阻燃、无臭、无味，对人体无害、符合卫生安全规定等优点，其成形件可作为最终零部件使用。PC 的强度比 ABS 材料高出约 60%，具备较高的工程材料属性。PC 的性能明显超过 ABS 和 PLA。加热床温度一般要求高于 60 ℃以克服其分层问题。PC 容易吸收空气中的水分导致加工过程中出现缺陷。

图 3-16　PLA 丝材

（4）聚苯砜（PPSF/PPSU）。PPSF/PPSU 是 FDM 热塑性塑料里面强度最高、耐热性最好、抗腐蚀性最强的材料，能通过 Gamma 射线、环氧乙烷（ETO）以及高温灭菌器杀菌，成形件可作为最终零部件使用。

（5）工程塑料合金（PC-ABS）。PC-ABS 是一种应用广泛的热塑性工程塑料，具备了 ABS 的韧性和 PC 材料的高强度及耐热性。大多应用于汽车、家电及通信行业，主要用于概念模型、制造工具及最终零部件等。

（6）聚酰胺（PA）。PA 在商业上普遍被称为“尼龙”。在市场上可以找到不同种类的聚酰胺与其他物质的混合物。PA 的成形件具有柔韧性和耐磨性。与 ABS 和 PLA 不同，PA 脆性低，但强度较高。作为半结晶热塑性材料，PA 在每个单层沉积后冷却时比其他材料收缩更多。出于这个原因，它比 ABS 和 PLA 更容易弯曲。

（7）聚醚醚酮（PEEK）。PEEK 是一种性能比较优异的半结晶热塑性塑料，具有高强度、耐热、耐水解、耐化学性能好以及环保无毒等优点。PEEK 对侵蚀性环境具有化学抗性，这一性能为医疗和食品接触应用领域提供了更持久和可消毒的材料。更为特别的是，这种材料可以通过医学认证，直接用在人工假体植入体的个性化制造。PEEK 的缺点是成本过高，不适合大规模应用，而且成形温度过高，需要 340 ℃。

（三）粉末材料

在增材制造材料中，与其他类型的材料相比，粉末材料具有制备容易、类别广泛、建造过程简单、材料利用率高等诸多优点。增材制造工艺中的粉末床熔融、定向能量沉积等均使用粉末材料，不仅能够用来制造广泛使用的塑料零件，还能制造陶瓷、石蜡等材料的零件，特别是可以直接制造金属零件，这使得采用粉末材料的几种增材制造工艺颇具吸引力和发展前景。

用于增材制造工艺的各类粉末，包括金属、石蜡、聚合物以及陶瓷粉末，其粉末粒度一般在 0～125 μm。为了使粉末保持良好的流动性，一般要求粉末要具有较高的球形度。对粉末材料，一般要求密封、干燥、常温储存。对于易燃的粉末材料，要远离热源和火源；对于活性金属粉末（钛合金、镁合金、铝合金等），还要充入惰性气体保护，以防粉末氧化变性，放入专门的防爆柜中分类储存，并遵守相关粉末防爆安全规程及库存限量要求。

常用的粉末材料及其理化特性如下。

1. 金属粉末

增材制造常用的金属粉末材料类型有钛合金粉末、不锈钢粉末、铝合金粉末、钴铬合金粉末、镍基合金粉末、铜合金粉末、镁合金粉末等。衡量粉末成形质量的主要指标有化学成分、粒度、粒径分布、颗粒球形度、含氧量、松装密度和振实密度、流动性等。激光粉末床熔融增材制造要求金属粉末的粒度范围一般为 15～53 μm（特殊情况下可适当放宽至 20～60 μm），并尽可能同时满足纯度高、塑性好、粉末粒径细小、无空心、粒度分布窄、球形度高、氧含量低、流动性好和松装密度高等要求。

（1）钛合金粉末。钛及其合金的比强度高、中温热强性好、耐腐蚀且资源丰富，因而在航空、化工、冶金、医疗、海洋工程等领域应用非常广泛。采用增材制造技术制造的钛合金零部件强度非常高，耐蚀性好，尺寸精确，能制作的最小尺寸可达 1 mm，而且其力学性能优于锻造的同类零件。利用增材制造技术优势，可对零部件的结构进行优化设计，例如用复杂且合理的结构代替实心体，使其质量更小，力学性能更好，这样不仅能降低成本，而且能实现钛合金零部件的轻量化生产。Fe、Al、Mn、Cr、Sn、V、Si 等元素的加入能提高钛合金的强度，同时降低其塑性和韧性，目前钛及其合金已成为飞机发动机的主要金属结构用材。

常用的钛合金粉末及性能如下。

① TA1 纯钛粉末。TA1 粉末性能如表 3-10 所示。

表 3-10　　TA1 粉末的性能参数

化学成分 /（wt.%）	Ti	Fe	C	O	N	H	其他
	余量	≤ 0.15	≤ 0.1	≤ 0.15	≤ 0.03	≤ 0.015	≤ 0.25
物理性能	* 粒度范围 / μm			球形度	松装密度 /（g/cm^3）	振实密度 /（g/cm^3）	流动性 /（s/50 g）
	D10	D50	D90				
	≥ 18	30 ~ 40	≤ 60	≥ 0.9	≥ 2.4	≥ 2.8	≤ 35
力学性能	退火态						
	室温	抗拉强度 /MPa		屈服强度 /MPa		延伸率 /%	
		≥ 350		≥ 250		≥ 30.0	

注：* 表中所列金属粉末的粒度范围仅适用于 PBF 成形工艺。

② TC4 粉末。TC4 粉末性能如表 3-11 所示。

表 3-11　　TC4 粉末的性能参数

化学成分 /（wt.%）	Ti	Al	V	C	Fe	O	N	H
	余量	5.5 ~ 6.75	3.5 ~ 4.5	≤ 0.08	≤ 0.3	≤ 0.12	≤ 0.03	≤ 0.015
物理性能	* 粒度范围 / μm			球形度	松装密度 /（g/cm^3）	振实密度 /（g/cm^3）	流动性 /（s/50 g）	
	D10	D50	D90					
	≥ 18	30 ~ 40	≤ 60	≥ 0.9	≥ 2.4	≥ 2.8	≤ 35	
力学性能	沉积态				退火态			
	室温	抗拉强度 / MPa	屈服强度 / MPa	延伸率 / %	抗拉强度 /MPa	屈服强度 /MPa	延伸率 /%	
		≥ 1 150	≥ 1 050	≥ 8.0	≥ 1 000	≥ 950	≥ 10.0	

注：* 表中所列金属粉末的粒度范围仅适用于 PBF 成形工艺。

③ TA15 粉末。TA15 粉末性能如表 3-12 所示。

表 3-12　　TA15 粉末的性能参数

化学成分 /（wt.%）	Ti	Al	Zr	Mo	V	Si	Fe
	余量	5.5 ~ 7.1	1.5 ~ 2.5	0.5 ~ 2.0	0.8 ~ 2.5	≤ 0.15	≤ 0.25
	C	O	N	H			
	≤ 0.08	≤ 0.12	≤ 0.03	≤ 0.015			

续表

<table>
<tr><td rowspan="3">物理性能</td><td colspan="3">* 粒度范围 / μm</td><td rowspan="2">球形度</td><td rowspan="2">松装密度 /（g/cm³）</td><td rowspan="2">振实密度 /（g/cm³）</td><td rowspan="2">流动性 /（s/50 g）</td></tr>
<tr><td>D10</td><td>D50</td><td>D90</td></tr>
<tr><td>≥ 18</td><td>30 ~ 40</td><td>≤ 60</td><td>≥ 0.9</td><td>≥ 2.4</td><td>≥ 2.8</td><td>≤ 35</td></tr>
<tr><td rowspan="5">力学性能</td><td colspan="7">退火态</td></tr>
<tr><td>温度</td><td colspan="2">抗拉强度 /MPa</td><td colspan="2">屈服强度 /MPa</td><td colspan="2">延伸率 /%</td></tr>
<tr><td>室温</td><td colspan="2">≥ 1 050</td><td colspan="2">≥ 1 000</td><td colspan="2">≥ 10.0</td></tr>
<tr><td>500 ℃</td><td colspan="2">≥ 750</td><td colspan="2">≥ 600</td><td colspan="2">≥ 14.0</td></tr>
<tr><td>600 ℃</td><td colspan="2">≥ 600</td><td colspan="2">≥ 400</td><td colspan="2">≥ 15.0</td></tr>
</table>

注：* 表中所列金属粉末的粒度范围仅适用于 PBF 成形工艺。

（2）不锈钢粉末。不锈钢粉末是金属增材制造用的一类性价比较高的金属粉末材料，采用增材制造技术制造的不锈钢零部件耐腐蚀性能好、强度高，而且成形尺寸较大，可快速实现复杂工业零部件的小批量生产制造。

常见的不锈钢材料及性能如下。

① 316L 粉末。316L 粉末性能如表 3–13 所示。

表 3–13　316L 粉末的性能参数

<table>
<tr><td rowspan="4">化学成分 /（wt.%）</td><td>Fe</td><td>C</td><td>Si</td><td>Mn</td><td>Cr</td><td>Ni</td><td>Mo</td></tr>
<tr><td>余量</td><td>≤ 0.03</td><td>≤ 1.0</td><td>≤ 2.0</td><td>16.0 ~ 18.0</td><td>10.0 ~ 14.0</td><td>2.0 ~ 3.0</td></tr>
<tr><td>P</td><td>S</td><td>O</td><td>N</td><td colspan="3" rowspan="2"></td></tr>
<tr><td>≤ 0.02</td><td>≤ 0.02</td><td>≤ 0.08</td><td>≤ 0.1</td></tr>
<tr><td rowspan="3">物理性能</td><td colspan="3">* 粒度范围 / μm</td><td rowspan="2">球形度</td><td rowspan="2">松装密度 /（g/cm³）</td><td rowspan="2">振实密度 /（g/cm³）</td><td rowspan="2">流动性 /（s/50 g）</td></tr>
<tr><td>D10</td><td>D50</td><td>D90</td></tr>
<tr><td>≥ 15</td><td>30 ~ 40</td><td>≤ 56</td><td>≥ 0.9</td><td>≥ 4.0</td><td>≥ 4.5</td><td>≥ 20</td></tr>
<tr><td rowspan="3">力学性能</td><td>试样状态</td><td colspan="2">抗拉强度 /MPa</td><td colspan="2">屈服强度 /MPa</td><td colspan="2">延伸率 /%</td></tr>
<tr><td>沉积态</td><td colspan="2">≥ 580</td><td colspan="2">≥ 490</td><td colspan="2">≥ 32.0</td></tr>
<tr><td>热处理态</td><td colspan="2">≥ 650</td><td colspan="2">≥ 410</td><td colspan="2">≥ 49.0</td></tr>
</table>

注：* 表中所列金属粉末的粒度范围仅适用于 PBF 成形工艺。

② 17–4PH 粉末。17–4PH 粉末性能如表 3–14 所示。

表 3–14 17–4PH 粉末的性能参数

化学成分 /（wt.%）	Fe	C	Si	Mn	Cr	Ni	Cu
	余量	≤ 0.07	≤ 1.0	≤ 1.0	15.0 ~ 17.5	3.0 ~ 5.0	3.0 ~ 5.0
	Nb	P	S	O	N		
	0.15 ~ 0.45	≤ 0.015	≤ 0.015	≤ 0.08	≤ 0.1		
物理性能	* 粒度范围 / μm			球形度	松装密度 /（g/cm³）	振实密度 /（g/cm³）	流动性 /（s/50 g）
	D10	D50	D90				
	≥ 15	30 ~ 40	≤ 56	≥ 0.9	≥ 4.0	≥ 4.5	≤ 20
力学性能	试样状态	抗拉强度 /MPa		屈服强度 /MPa		延伸率 /%	
	沉积态	≥ 1 100		≥ 1 050		≥ 15.0	
	热处理态	≥ 1 310		≥ 1 250		≥ 12.0	

注：* 表中所列金属粉末的粒度范围仅适用于 PBF 成形工艺。

③ 15–5PH 粉末。15–5PH 粉末性能如表 3–15 所示。

表 3–15 15–5PH 粉末的性能参数

化学成分 /（wt.%）	Fe	C	Si	Mn	Cr	Ni	Cu
	余量	≤ 0.07	≤ 1.0	≤ 1.0	14.5 ~ 15.5	3.5 ~ 5.5	2.5 ~ 4.5
	Nb	P	S	O	N		
	0.15 ~ 0.45	≤ 0.015	≤ 0.015	≤ 0.08	≤ 0.1		
物理性能	* 粒度范围 / μm			球形度	松装密度 /（g/cm³）	振实密度 /（g/cm³）	流动性 /（s/50 g）
	D10	D50	D90				
	≥ 15	30 ~ 40	≤ 56	≥ 0.9	≥ 4.0	≥ 4.5	≤ 20
力学性能	试样状态	抗拉强度 /MPa		屈服强度 /MPa		延伸率 /%	
	沉积态	≥ 1 130		≥ 1 050		≥ 17.0	
	热处理态	≥ 1 450		≥ 1 130		≥ 14.0	

注：* 表中所列金属粉末的粒度范围仅适用于 PBF 成形工艺。

（3）铝合金粉末。铝及铝合金的密度相对钛合金和不锈钢低很多，但强度较高，接近或超过优质钢，且其塑性好，可加工成各种型材，同时具有熔点低、载重强度大的优点。在工业生产中，铝及铝合金的用量仅次于钢铁，居有色金属的首位，其最大的特点是质量轻，导热和导电性好，耐腐蚀，广泛用于航空航天等领域。在民用工业中，广泛用于食品、电力、建筑、交通等领域。根据成分和生产加工方法的不同，可将铝合金分为变形铝合金和铸造铝合金两种类型。

常用增材制造用铝合金粉末材料为 AlSi10Mg 粉末，其性能如表 3–16 所示。

表 3–16　　AlSi10Mg 粉末的性能参数

化学成分 /（wt.%）	Al	Si	Fe	Mn	Mg	O
	余量	9.0 ~ 11.0	≤ 0.55	≤ 0.45	0.2 ~ 0.45	≤ 0.05
物理性能	* 粒度范围 / μm			球形度	松装密度 /（g/cm^3）	振实密度 /（g/cm^3）
	D10	D50	D90			
	≥ 15	30 ~ 40	≤ 63	≥ 0.9	≥ 1.35	≥ 1.6
力学性能	试样状态	抗拉强度 /MPa		屈服强度 /MPa		延伸率 /%
	沉积态	≥ 420		≥ 260		≥ 7.0
	热处理态	≥ 330		≥ 210		≥ 11.0

注：* 表中所列金属粉末的粒度范围仅适用于 PBF 成形工艺。

（4）钴铬合金粉末。钴铬合金是一种以钴和铬为主要成分的高温合金，它的耐蚀性和力学性能都非常优异，用其制作的零部件强度高且耐高温。钴铬合金最早用于制作人工关节，具有优异的生物相容性。目前钴铬合金已广泛用于口腔医学领域。

钴铬合金的铸造收缩率大，采用传统铸造工艺生产的产品与初始模型相比误差较大，而采用增材制造技术制造的钴铬合金零部件的强度非常高，尺寸非常精确，能制作的最小尺寸可达 1 mm，故其零部件的力学性能比锻造工艺成品好很多。

常用增材制造用钴铬合金粉末材料和性能如下。

① CoCrMo 粉末。CoCrMo 粉末性能如表 3–17 所示。

表 3–17　　CoCrMo 粉末的性能参数

化学成分 /（wt.%）	Co	C	Cr	Mo	Si	Mn	Fe
	余量	≤ 0.35	27.0 ~ 30.0	5.0 ~ 7.0	≤ 1.0	≤ 0.3	＜ 0.75
	O	N	H				
	＜ 0.08	＜ 0.15	＜ 0.1				

续表

物理性能	* 粒度范围 / μm			球形度	松装密度 /（g/cm^3）	振实密度 /（g/cm^3）	流动性 /（s/50 g）
	D10	D50	D90				
	≥ 10	25 ~ 35	≤ 53	≥ 0.8	≥ 4.4	≥ 5.0	≤ 25
力学性能	热处理态						
	测试方向	抗拉强度 /MPa		屈服强度 /MPa		延伸率 /%	
	XY 方向	≥ 1 150		≥ 660		≥ 21.0	
	Z 方向	≥ 1 070		≥ 615		≥ 23.0	
成形件性能	杨氏模量 /GPa			维氏硬度 /HV			
	≥ 200			≥ 300			

注：* 表中所列金属粉末的粒度范围仅适用于 PBF 成形工艺。

② CoCrMoW 粉末。CoCrMoW 粉末性能如表 3–18 所示。

表 3–18　　CoCrMoW 粉末的性能参数

化学成分 /（wt.%）	Co	C	Cr	Mo	W	Si	Mn
	余量	≤ 0.35	24.5 ~ 28.5	4.5 ~ 6.5	4.0 ~ 6.0	0 ~ 2.0	≤ 1.0
	Fe	O	N	H			
	< 0.5	< 0.1	< 0.2	< 0.1			
物理性能	* 粒度范围 / μm			球形度	松装密度 /（g/cm^3）	振实密度 /（g/cm^3）	流动性 /（s/50 g）
	D10	D50	D90				
	≥ 12	25 ~ 35	≤ 53	≥ 0.8	≥ 4.0	≥ 4.5	≤ 25
力学性能	热处理态						
	测试方向	抗拉强度 /MPa		屈服强度 /MPa		延伸率 /%	
	XY 方向	≥ 1 100		≥ 950		≥ 6.0	
	Z 方向	≥ 1 000		≥ 750		≥ 10.0	
成形件性能	杨氏模量 /GPa	线膨胀系数 /10^{-6}K		金瓷结合性能 /MPa		维氏硬度 /HV	
	≥ 150	14.1 ± 0.5		≥ 25		≥ 300	

注：* 表中所列金属粉末的粒度范围仅适用于 PBF 成形工艺。

（5）镍基合金粉末。镍基合金是指在 650 ~ 1 000 ℃高温下有较高的强度与一定的抗氧化、耐腐蚀能力等综合性能的一类合金。镍基合金受热时，合金表面会钝化出一层又厚又稳定的氧化层，保护合金内部不受腐蚀，在很广的温度范围内能维持良好的机械性能。镍基合金耐高温、耐氧化、耐腐蚀的特性使其适用于高温高压的严苛环境，甚至在温度高达 1 200 ℃的环境下仍能表现出高强度特性。

常用增材制造用镍基合金粉末材料和性能如下。

① GH3536 粉末。GH3536 粉末性能如表 3–19 所示。

表 3–19　　GH3536 粉末的性能参数

<table>
<tr><td rowspan="6">化学成分 /（wt.%）</td><td>Ni</td><td>Cr</td><td>Fe</td><td>Mo</td><td>C</td><td>W</td><td>Co</td></tr>
<tr><td>余量</td><td>20.5 ~ 23.0</td><td>17.0 ~ 20.0</td><td>8.0 ~ 10.0</td><td>0.05 ~ 0.15</td><td>0.2 ~ 1.0</td><td>0.5 ~ 2.5</td></tr>
<tr><td>Al</td><td>B</td><td>Si</td><td>Mn</td><td>Ti</td><td>P</td><td>S</td></tr>
<tr><td>≤ 0.5</td><td>≤ 0.01</td><td>≤ 1.0</td><td>≤ 1.0</td><td>≤ 0.15</td><td>≤ 0.025</td><td>≤ 0.015</td></tr>
<tr><td>Cu</td><td>O</td><td>N</td><td colspan="4" rowspan="2"></td></tr>
<tr><td>≤ 0.5</td><td>≤ 0.02</td><td>≤ 0.02</td></tr>
<tr><td rowspan="3">物理性能</td><td colspan="3">* 粒度范围 / μm</td><td rowspan="2">球形度</td><td rowspan="2">松装密度 /（g/cm³）</td><td rowspan="2">振实密度 /（g/cm³）</td><td rowspan="2">流动性 /（s/50 g）</td></tr>
<tr><td>D10</td><td>D50</td><td>D90</td></tr>
<tr><td>≥ 15</td><td>30 ~ 40</td><td>≤ 58</td><td>≥ 0.9</td><td>≥ 4.4</td><td>≥ 5.0</td><td>≤ 18</td></tr>
<tr><td rowspan="4">力学性能</td><td colspan="7">固溶态</td></tr>
<tr><td>温度</td><td colspan="2">抗拉强度 /MPa</td><td colspan="2">屈服强度 /MPa</td><td colspan="2">延伸率 /%</td></tr>
<tr><td>室温</td><td colspan="2">≥ 700</td><td colspan="2">≥ 300</td><td colspan="2">≥ 20.0</td></tr>
<tr><td>900 ℃</td><td colspan="2">≥ 220</td><td colspan="2">≥ 170</td><td colspan="2">≥ 20.0</td></tr>
</table>

注：* 表中所列金属粉末的粒度范围仅适用于 PBF 成形工艺。

② GH3625 粉末。GH3625 粉末性能如表 3–20 所示。

表 3–20　　GH3625 粉末的性能参数

<table>
<tr><td rowspan="6">化学成分 /（wt.%）</td><td>Ni</td><td>Cr</td><td>Nb</td><td>Mo</td><td>C</td><td>Fe</td><td>Co</td></tr>
<tr><td>余量</td><td>20.0 ~ 23.0</td><td>3.15 ~ 4.15</td><td>8.0 ~ 10.0</td><td>≤ 0.1</td><td>≤ 5.0</td><td>≤ 1.0</td></tr>
<tr><td>Al</td><td>Ti</td><td>Si</td><td>Mn</td><td>S</td><td>P</td><td>Cu</td></tr>
<tr><td>≤ 0.4</td><td>≤ 0.4</td><td>≤ 0.5</td><td>≤ 0.5</td><td>≤ 0.015</td><td>≤ 0.015</td><td>≤ 0.07</td></tr>
<tr><td>O</td><td>N</td><td colspan="5" rowspan="2"></td></tr>
<tr><td>≤ 0.02</td><td>≤ 0.02</td></tr>
</table>

续表

物理性能	* 粒度范围 / μm			球形度	松装密度 / (g/cm^3)	振实密度 / (g/cm^3)	流动性 / (s/50 g)
	D10	D50	D90				
	≥ 15	30 ~ 40	≤ 58	≥ 0.9	≥ 4.4	≥ 5.0	≤ 18
力学性能	固溶态						
	温度	抗拉强度 /MPa		屈服强度 /MPa		延伸率 /%	
	室温	≥ 850		≥ 410		≥ 40.0	
	815 ℃	≥ 300		≥ 240		≥ 40.0	

注: * 表中所列金属粉末的粒度范围仅适用于 PBF 成形工艺。

③ GH4169 粉末。GH4169 粉末性能如表 3–21 所示。

表 3–21　　GH4169 粉末的性能参数

化学成分 / (wt.%)	Fe	Cr	Ni	Mo	C	Al	Co
	余量	17.0 ~ 20.0	50.0 ~ 55.0	2.8 ~ 3.3	0.02 ~ 0.06	0.2 ~ 0.8	≤ 0.1
	Ti	Nb	Si	Mn	B	P	S
	0.65 ~ 1.15	5.0 ~ 5.5	≤ 0.35	≤ 0.35	≤ 0.006	≤ 0.015	≤ 0.015
	Cu	O	N	Mg			
	≤ 0.3	≤ 0.02	≤ 0.02	≤ 0.01			
物理性能	* 粒度范围 / μm			球形度	松装密度 / (g/cm^3)	振实密度 / (g/cm^3)	流动性 / (s/50 g)
	D10	D50	D90				
	≥ 15	30 ~ 40	≤ 58	≥ 0.9	≥ 4.4	≥ 5.0	≤ 18
力学性能	固溶态 + 时效态						
	测试条件	抗拉强度 /MPa		屈服强度 /MPa		延伸率 /%	
	室温拉伸	≥ 1 300		≥ 1 100		≥ 15.0	
	650 ℃拉伸	≥ 1 000		≥ 900		≥ 12.0	
	650 ℃持久	初始应力 /MPa		持续时间 /h		≥ 4.0	
		690		≥ 100			

注: * 表中所列金属粉末的粒度范围仅适用于 PBF 成形工艺。

④ GH5188 粉末。GH5188 粉末性能如表 3–22 所示。

表 3–22　　GH5188 粉末的性能参数

化学成分 /（wt.%）	Co	Ni	Cr	W	C	Si	Fe
	余量	20.0 ~ 24.0	20.0 ~ 24.0	13.0 ~ 16.0	0.05 ~ 0.15	0.2 ~ 0.5	≤ 3.0
	Mn	O	N	S	La	Cu	P
	≤ 1.25	≤ 0.02	≤ 0.02	≤ 0.015	0.03 ~ 0.12	≤ 0.07	≤ 0.02
	B						
	≤ 0.015						
物理性能	* 粒度范围 / μm			球形度	松装密度 /（g/cm³）	振实密度 /（g/cm³）	流动性 /（s/50 g）
	D10	D50	D90				
	≥ 15	30 ~ 40	≤ 58	≥ 0.9	≥ 4.4	≥ 5.2	≤ 18
力学性能	热处理态						
	温度	抗拉强度 /MPa		屈服强度 /MPa		延伸率 /%	
	室温	≥ 900		≥ 480		≥ 45.0	
	900 ℃	≥ 260		≥ 200		≥ 40.0	
	980 ℃	≥ 180		≥ 120		≥ 40.0	

注：* 表中所列金属粉末的粒度范围仅适用于 PBF 成形工艺。

（6）铜合金粉末。铜及铜合金是人类使用最早也是至今应用最广泛的金属材料之一，其最突出的特点是导电性和导热性好，耐腐蚀，有优良的塑性，具有良好的焊接性和冷、热加工成形性，是电力、化工、航空、交通等领域不可缺少的重要金属材料。

工业纯铜强度较低，通过对其进行合金化处理，可提高铜的性能。将锌（Zn）、铝（Al）、镍（Ni）、锡（Sn）等金属元素加入铜中，可起到较大的固溶强化效果。铍（Be）、钛（Ti）、锆（Zr）、铬（Cr）等金属元素在固态铜中的溶解度随温度的降低而急剧减小，因而具有时效强化的效果。根据化学成分的不同，可将铜合金分为黄铜、白铜和青铜三大类。黄铜是以锌为主加元素的铜合金，加锌后呈金黄色；白铜是以镍为主加元素的铜合金；青铜是除锌镍以外的其他元素作为主加元素的铜合金。在增材制造中，铜合金产品可以结合设计自由度，产生复杂的内部结构和随形冷却流道。

常用增材制造用铜合金粉末材料和性能如下。

① CuCrZr 粉末。CuCrZr 粉末性能如表 3–23 所示。

表 3–23　　　　**CuCrZr 粉末的性能参数**

化学成分 /（wt.%）	Cu	Cr	Zr	Fe	Si	O	N
	余量	0.5 ~ 1.0	0.02 ~ 0.2	< 0.15	≤ 0.1	≤ 0.1	≤ 0.05
物理性能	* 粒度范围 /μm			球形度	松装密度 /（g/cm^3）	振实密度 /（g/cm^3）	流动性 /（s/50 g）
	D10	D50	D90				
	≥ 15	30 ~ 40	≤ 60	≥ 0.9	≥ 4.4	≥ 5.2	≤ 22
力学性能	热处理态						
	室温	抗拉强度 /MPa	屈服强度 /MPa	延伸率 /%	导热系数 /［W/（m·K）］		电导率 IACS/%
					室温	100 ℃	
		≥ 350	≥ 250	≥ 30.0	≥ 280	≥ 300	≥ 85

注：* 表中所列金属粉末的粒度范围仅适用于 PBF 成形工艺。

② CuSn10 粉末。CuSn10 粉末性能如表 3–24 所示。

表 3–24　　　　**CuSn10 粉末的性能参数**

化学成分 /（wt.%）	Cu	Sn	P	Ni	Si	Sb	Fe
	余量	9.0 ~ 11.5	≤ 1.0	≤ 0.1	< 0.02	≤ 0.05	≤ 0.1
	Pb	Al	Zn	Mn	S	O	
	≤ 0.25	≤ 0.01	≤ 0.05	≤ 0.05	≤ 0.05	≤ 0.1	
物理性能	* 粒度范围 /μm			球形度	松装密度 /（g/cm^3）	振实密度 /（g/cm^3）	流动性 /（s/50 g）
	D10	D50	D90				
	≥ 15	30 ~ 40	≤ 60	≥ 0.9	≥ 4.2	≥ 4.5	≤ 25
力学性能	沉积态						
	温度	抗拉强度 /MPa	屈服强度 /MPa	延伸率 /%	致密度 /%	硬度 /HV	
	室温	≥ 520	≥ 400	≥ 30.0	≥ 99.5	≥ 170	

注：* 表中所列金属粉末的粒度范围仅适用于 PBF 成形工艺。

（7）镁合金粉末。镁合金是以镁为基础加入其他元素组成的合金，在实用金属中是最轻的金属，其特点是密度小、比强度高、弹性模量大、消震性好、优良的电磁屏蔽性和生物相容性，它承受冲击载荷能力比铝合金大，耐有机物和碱的腐蚀性能好。镁合金的主要合金元素有铝、锌、锰、铈、钍以及少量锆或镉等。目前，使用最多的是镁铝合金，其次是镁锰合金和镁锌锆合金。镁合金主要用于航空航天、武器装备、生物医疗、汽车工业、电子电器等领域。

常用增材制造用镁合金粉末材料和性能如下。

① AZ91D 粉末。AZ91D 粉末性能如表 3–25 所示。

表 3–25　　AZ91D 粉末的性能参数

化学成分 /（wt.%）	Mg	Al	Zn	Mn	Fe
	余量	8.5 ~ 9.5	0.45 ~ 0.9	0.17 ~ 0.4	≤ 0.004
	Si	Cu	Ni		
	≤ 0.05	≤ 0.025	≤ 0.001		
物理性能	* 粒度范围 / μm			球形度	松装密度 /（g/cm³）
	D10	D50	D90		
	≥ 24	36 ~ 42	≤ 62	≥ 0.95	≥ 0.98
力学性能	沉积态				
	温度	抗拉强度 /MPa		屈服强度 /MPa	延伸率 /%
	室温	≥ 316		≥ 230	≥ 6.0

注：* 表中所列金属粉末的粒度范围仅适用于 PBF 成形工艺。

② WE43 粉末。WE43 粉末性能如表 3–26 所示。

表 3–26　　WE43 粉末的性能参数

化学成分 /（wt.%）	Mg	Y	RE	Zr	Zn
	余量	3.7 ~ 4.3	2.4 ~ 4.4	0.4 ~ 1.0	0.2
	Mn	Li	Ni	Fe	Cu
	0.03	≤ 0.2	≤ 0.005	≤ 0.01	≤ 0.02
物理性能	* 粒度范围 / μm			球形度	松装密度 /（g/cm³）
	D10	D50	D90		
	≥ 25	36 ~ 44	≤ 70	≥ 0.95	≥ 0.98
力学性能	沉积态				
	温度	抗拉强度 /MPa		屈服强度 /MPa	延伸率 /%
	室温	≥ 253		≥ 218	≥ 5.0

注：* 表中所列金属粉末的粒度范围仅适用于 PBF 成形工艺。

2. 石蜡粉末

（1）用途：烧结制作蜡型，精密铸造金属成形件。

（2）传统的熔模精铸用蜡（烷烃蜡、脂肪酸蜡等），其熔点较低（60 ℃左右），烧熔时间短，烧熔后没有残留物，对熔模铸造的适应性好，且成本低廉。

（3）存在以下缺点：

① 对温度敏感，烧结时熔融流动性大，成形不易控制；

② 成形精度差，蜡模尺寸误差为 ±0.25 mm；

③ 蜡模强度较低，难以满足具有精细、复杂结构铸件的要求；

④ 石蜡粉末的制备十分困难。

3. 聚苯乙烯、聚碳酸酯、工程塑料粉末

（1）特点：聚苯乙烯（PS）属于热塑性树脂，熔融温度 100 ℃，受热后可熔化、粘结，冷却后可以固化成形，而且该材料吸湿率很小，仅为 0.05%，收缩率也较小，其粉料经过改性后可作为激光烧结成形用材料。

（2）用途：烧结成形件经不同的后处理工艺具有以下功能：第一，结合浸树脂工艺，进一步提高其强度，可作为原型件及功能零件；第二，经浸蜡后处理，可作为精铸蜡模使用，通过熔模精密铸造，生产金属铸件。

4. 尼龙粉末

（1）用途：尼龙粉末粒径小，制作模型精度高，用于 CAD 数据验证；因为具有足够的强度可以进行功能验证。

（2）特点：粉末熔融温度 180 ~ 200 ℃；烧结成形件的拉伸强度和拉伸模量通常优于注塑件性能，拉伸强度 35 ~ 50 MPa，拉伸模量 1 300 ~ 2 000 MPa；烧结成形件的断裂伸长率通常低于注塑件性能，断裂伸长率 5% ~ 50%。

（3）PA 粉末烧结快速成形过程中需要较高的预热温度，需要保护气体，装备性能要求高。

5. 覆膜砂粉末、覆膜陶瓷粉末

（1）覆膜砂。与铸造用覆膜砂类似，采用热固性树脂，如酚醛树脂包覆锆砂（ZrO_2）、石英砂（SiO_2）。利用激光烧结方法，制得的原型可以直接当作铸造用砂型

（芯）来制造金属铸件，其中锆砂具有更好的铸造性能，尤其适用于具有复杂形状的有色合金铸件，如镁、铝等合金的铸造。

①材料成分：包覆酚醛树脂的石英砂或锆砂，粒度在 160 目以上。

②应用：用于制造砂型铸造的石英或锆型（芯）。

③实例：砂型铸造及型芯的制作，适用于单件、小批量砂型铸造金属铸件的生产，尤其适用于传统制造技术难以实现的金属铸件。

（2）覆膜陶瓷粉。与覆膜砂的制作过程类似，被包覆陶瓷粉可以是 Al_2O_3、ZrO_2 和 SiC 等，激光烧结快速成形后，结合后处理工艺，包括脱脂及高温烧结，可以快速制造精密铸造用型壳，进而浇注金属零件。也可直接制造工程陶瓷成形件，烧结后再经热等静压处理，最终零件相对密度高达 99.9%，可用于制作含油轴承等耐磨、耐热陶瓷零件。

（四）薄层材料

薄材叠层工艺所用原材料为薄层材料，一般由薄片材料和粘结剂两部分组成。薄层材料根据对原型性能要求的不同可分为纸材、塑料薄膜、金属箔等。对于薄层材料要求厚薄均匀、力学性能良好并与粘结剂有较好的涂挂性和粘结能力。用于 SHL 的粘结剂通常为加有某些特殊添加剂组分的热熔胶。

1. 纸材

薄材叠层成形对纸材性能的要求如下。

（1）抗湿性。保证纸原料（卷轴纸）不会因时间长而吸水，从而保证热压过程中不会因水分的损失而产生变形及粘接不牢。纸的施胶度可用来表示纸张抗水能力的大小。

（2）良好的浸润性。保证良好的涂胶性能。

（3）抗拉强度。保证在加工过程中不被拉断。

（4）收缩率小。保证热压过程中不会因部分水分损失而导致变形，可用纸的伸缩率参数计量。

（5）剥离性能好。因剥离时破坏发生在纸张内，要求纸的垂直方向抗拉强度不是很大。

（6）易打磨。表面应光滑。

（7）稳定性。成形零件可长时间保存。

薄材叠层成形中的材料多为涂有热熔胶的纸材，层与层之间的粘结是靠热熔胶保证的。热熔胶的种类很多，其中以 EVA 型热熔胶的需求量为最大，占热熔胶消费总量的 80% 左右。当然，在热熔胶中还要添加某些特殊的组分。SHL 制造用纸材对热熔胶的基本要求有以下几点。

（1）良好的热熔冷固性（约 70 ~ 100 ℃开始熔化，室温下固化）。

（2）在反复"熔融 – 固化"条件下，具有较好的物理化学稳定性。

（3）熔融状态下与纸具有较好的涂挂性和涂匀性。

（4）与纸具有足够的粘结强度。

（5）良好的废料分离性能。

2. 塑料薄膜

塑料薄膜是一种容易制作且成本较为低廉的增材制造材料，在成形建造过程中，层间的粘结是由成形装备喷洒粘结剂实现的。目前常用的有聚氯乙烯（PVC）薄膜、低密度聚乙烯（LDPE）薄膜、PVA 涂布高阻隔薄膜、双向拉伸聚丙烯（BOPP）薄膜、聚对苯二甲酸乙二醇酯（PET）薄膜、尼龙薄膜、聚丙烯（PP）薄膜等。塑料薄膜的一般厚度为 0.168 mm 或更薄，颜色有琥珀、乳白、蓝、黑、红等。

3. 金属箔

金属箔作为叠层材料进行增材制造的工艺方法正在研究进行中。

表 3–27 给出了几种薄层材料的物理性能指标。

表 3–27　SHL 薄层材料的物理性能指标

型号	LPH042		LXP050		LGF045	
材质	纸		聚酯		玻璃纤维	
密度 /（g/cm^3）	1.449		1.0 ~ 1.3		1.3	
纤维方向	纵向	横向	纵向	横向	纵向	横向
弹性模量 /MPa	2 524		3 435			
拉伸强度 /MPa	26	1.4	85		＞ 124.1	4.8

续表

压缩强度 /MPa	15.1	115.3	17	52		
压缩模量 /MPa	2 192.9	406.9	2 460	1 601		
最大变形程度 /%	1.01	40.4	3.58	2.52		
弯曲强度 /MPa	2.8 ~ 4.8		4.3 ~ 9.7			
玻璃转化温度 /℃	30				53 ~ 127	
线膨胀系数 /（10^{-6}/K）	3.7	185.4	17.2	229	X：3.9 Y：155	Z：111.1

薄材叠层工艺成形速度快、制造成本低，成形时无须专门设计支撑，材料价格也较低。但薄壁件、细柱状件的剥离比较困难，而且由于材料薄膜厚度有限制，成形件表面粗糙，需要烦琐的后处理过程。

三、增材制造实验室安全规范

增材制造是一种自动化程度比较高的加工方式，在实验室安全防护得当及按安全操作规程正确操作的情况下，通常不会出现安全事故。但是，如果未按安全规范操作，依然会存在安全隐患。

（一）立体光固化增材制造实验室安全规范

（1）实验室应设立专门的储存区域，存放光固化树脂和其他化学品，并加锁管理。

（2）实验室内应配备相应的安全防护设施，如安全柜、消防器材、应急照明等。

（3）实验室门窗应保持良好通风，以确保室内空气质量。

（4）实验室内严禁吸烟、饮食，以免发生火灾或中毒事故。

（5）实验室人员应穿着符合安全规定的工作服、工作鞋，并佩戴相应的防护用品，如防护眼镜、口罩、手套等。

（6）实验室内严禁无关人员进入，以确保人员安全。

（7）在操作过程中，应遵循装备操作规范，确保装备安全运行。

（8）要定期对实验室内装备进行检查和维护，确保其处于良好工作状态。

（9）要定期进行安全知识培训，提高实验室人员的安全意识和应急处置能力。

（二）材料挤出成形增材制造实验室安全规范

1. 有害因素

对于材料挤出成形工艺，由于需要将丝材加热至黏流态才能挤出，因此喷头部分的温度会达到所用材料的熔点以上，通常喷头处会超过 200 ℃，部分情况下甚至会接近 300 ℃。因此，当操作人员需要进行装载材料、疏通喷嘴、修理挤出模块等操作时，如果在未做防护的情况下，身体直接接触到加热的喷头，会造成烫伤事故。此外，对于部分开放式的材料挤出成形装备，在成形时喷头暴露在外，也有一定的接触烫伤隐患。

2. 环境要求

装备环境应阴凉、干燥、通风良好，隔绝一切明火和热源，并配备相应数量的沙箱、干粉灭火器等消防器具以及防护口罩、隔热手套等必要的个人防护用品。根据材料挤出成形装备工作要求，应配备相应的温湿度调节器，满足装备工作所需的温、湿度。安全管理制度、安全守则、装备安全操作规程等安全规范文件应张贴在显眼位置。此外，应配有专用急救药箱，对意外发生的灼伤、烫伤以及机械碰伤能及时处理。

3. 个人防护

佩戴防护手套和口罩是一种实施起来简单方便同时又非常有效的防护手段。可以根据不同装备对应的不同风险类型，选择合适的防护用品类型。例如，操作、维修材料挤出成形装备时，考虑到接触喷头高温的风险，可以佩戴石棉隔热手套；在用酒精、异丙醇等清洗剂清洗成形件时，考虑到接触过敏的风险，可以佩戴丁腈橡胶手套。

4. 材料存储

对于各类丝盘状的丝材，湿度最好不要超过适宜存储的 50%RH①。没有妥善储存的耗材会吸附灰尘，吸收水分。变质的耗材很容易折断，并且在加热挤出时会发出爆裂的声响。未开封的丝材通常密封良好，而对于已经开封的材料，如果长时间不用，则最好将耗材存放在有干燥剂的密封袋盒中。

5. 装备防护

维持装备工作在良好的温、湿度环境中。装备的电气控制部分对温度的变化很灵

---

① RH（相对湿度）。

敏，一旦工作温度过高，主板上步进电动机的驱动模块散热不良，会导致装备启动过热保护而自动关机。装备如果长时间在湿度较高的环境中工作，其中金属部件容易出现锈蚀的现象，而且电路板也会在布满灰尘的情况下因湿度过高而发生短路；但如果湿度过低，装备则容易积累较多的静电。静电会干扰装备的正常运行，出现中途无故暂停、坐标偏移、温度传感中断导致喷头温度急剧上升等故障，因此装备的金属外壳需要良好接地。此外，防尘也是需要考虑的因素。装备外露部件，特别是光轴、运动部件，一旦积尘将增大运动阻力，并且容易导致外露部件锈蚀：若灰尘进入电气控制部分，则会影响装备的散热以及造成短路。常用的防尘措施有：装备工作完毕后，盖上厚布或专用的防尘罩；定期打开电气控制部分的盖板，清理电路板和散热片上的灰尘。

按操作规程定期对装备进行维护与保养是保障装备长久稳定工作的重要因素。对于装备的活动结构件，要定期进行润滑，润滑的部位包括光杆与移动块之间、光杆与喷头之间、丝杠与螺母之间、内部传动结构之间等。常用的润滑剂有锂基脂、凡士林等。涂抹润滑剂前要先把机构上的粉尘、废润滑剂等清理干净，再在其表面均匀涂抹一薄层即可。对于易损耗部件，需要定期进行检查、更换。例如装备中的同步带，长时间使用后会产生老化松弛现象，并且不可调节，此时就需要按型号整条更换；喷嘴孔在长期使用或者多次用工具疏通后容易变大，此时就需要更换对应型号的新喷头。

如果装备长时间搁置不用，则装备内的残余材料容易发生堵塞、变形等，电路部分也会因受潮产生短路风险。最好能够保障装备的使用频率，可以中途开机成形一些小成形件，这样有利于维持装备的正常运行。同时，装备还需要定期进行性能测试。在装备使用过程中，随着部件的损耗，导致装备性能下降，这就需要定期进行性能测试，并根据测试情况微调装备以保证其性能。测试时，可成形特定形状的测试模型，根据成形效果对装备进行微调，并优化成形工艺参数。

6. 废料处置

对于材料挤出成形，废料来源主要是喷嘴流涎产生的“丝团”以及成形后去除的支撑结构，这类废料应按相关法律法规要求进行处置。

（三）粉末床熔融增材制造实验室安全规范

1. 实验室使用规范

（1）使用增材制造实验室，需提前准备好实验相关内容，提前预约；未经安排、预约及管理员同意，不得擅自进入实验室。

（2）遵守实验室的规章制度及安全要求，服从实验室管理人员安排；不得擅动与实验无关的装备、不得将与实验无关物品带入实验室或将实验室物品带出；不得喧哗、吸烟、饮食、睡觉及实施其他与实验无关的行为。

（3）实验过程严格遵守实验室装备使用规范、操作规程及注意事项，保护好自身安全、爱护装备。

（4）实验结束后，将仪器、工具归回原位，做好物品清洁，打扫实验场地；做好水、电、物的检查后，方可离开。

（5）实验室实时配备足量 D 类灭火器、干粉灭火器、沙箱等专用消防器材。

2. 装备使用安全

（1）装备使用者必须接受过专业培训，实验过程必须严格遵守装备安全操作规程，并做好个人防护（穿戴防静电服、口罩、手套、护目镜、劳保鞋等）。

（2）装备启动前，检查实验室总电源是否稳定；启动或关闭电气装备时，必须将开关扣严或拉妥，防止出现似接非接状况。

（3）装备使用过程中，操作人员不得擅自离岗；若发生断电（无备用电源）或其他情况，首先切断电源、气路，关闭装备，做好记录并反馈给管理员。没有掌握电气安全操作规程的人员不得擅自改动电气设施，或随意拆修电气装备。

（4）实验室内排线应符合隐蔽、整洁、安全等要求，保持电线和电气装备的干燥，整个线路不应有裸露的电线头；电源开关箱内不准堆放物品。

（5）应定件检查、校准装备，对于部分配件及时更换。

（6）实验室内除实验装备外禁止使用大功率电器，如电热水壶等。

3. 气体安全

（1）对于实验过程中需用到的气体（氩气、氮气、氦气等），要严格按类存放、保管、发放、使用，并妥善处理余气；使用实验室装备时，应保持开窗通风。

（2）当发现实验室里有惰性气体泄漏时，应立即停止使用，撤离人员并迅速开门窗或用抽风机排气，检查泄漏处并及时修理。在未完全排净惰性气体前，禁止使用一切装备。

（3）实验室的气瓶必须分类分处保管，直立放置时要固定稳妥；气瓶要远离热源，避免曝晒和强烈振动；定期检查气瓶、压力表、阀、管路等，确保其安全可靠。

（4）下班或人员离开实验室前，应注意检查使用过的器具是否完全关闭，若需要持续开启，需有专人负责看护。

4. 粉末安全

（1）金属粉末的颗粒细小，有人体吸入危害。工作时需开窗通风，穿戴好防护眼镜、手套、面具和防护服。

（2）粉末存储设置特定存储仓库，仓库应设置通风、防尘、防潮、防火设施，配备专用消防器材（D 类灭火器、消防沙等）、防虫鼠侵害设施。

（3）所有粉末必须用塑封袋封装或罐装密封存放（对含有镁、铝等的高活性粉末应使用不锈钢储存罐绝氧密封），做好防潮处理，标准整齐地码放，并做好标识。

（4）粉末储存要避免强光直射，远离热源和火源。金属粉末的储存点要隔离电源，做好消除静电的工作。

（5）转移金属粉末时，需要使用正确的装备。粉末包装后在装卸、运输作业时，应做到轻装轻卸，不应使粉尘飞扬或泄漏；严禁摔、碰、撞、击、拖拉、倾倒和滚动；所有轮式容器及装载容器的手推车、自动装卸车等均应静电接地；在将金属粉末装入装备中时，应采取防静电措施保证安全。

5. 滤芯更换安全

滤芯中包含大量激光烧结产生的烟气、未反应的细粉末以及大颗粒粉末，活泼且易燃易爆，因此更换时应着重小心。

（1）更换前做好个人安全防护：穿戴好防静电手环、防静电服、防火手套、护目镜、口罩、劳保鞋等。

（2）准备好防护物料，如 D 类灭火器、沙子等。

（3）更换滤芯时，应等到滤芯自然冷却到室温后进行（成形过程中更换，需要暂停成形，并停止用气、风机等）。

（4）要在远离装备的空旷区域更换滤芯（最好在实验室外部空旷区域）。

（5）更换过程应轻拿轻放，旧滤芯取出后放置于贴有标识的滤芯箱中，加水浸泡（对含有镁、铝等高活性粉末的滤芯要浸泡在纯硅油中），再统一放置于废弃滤芯专用存放区域。

（6）对于存放的废弃滤芯，应定期进行防泄漏等安全检查，并及时转移、处置。

6. 废料安全

（1）实验过程产生的废粉、大颗粒物、废液等应及时回收，分类密封保存，集中放置于阴凉处（专门的废弃物存储间），定期交至有资质的单位处置。

（2）对于产生的空粉瓶（袋）、装备使用产生的废弃配件（滤芯、毛毡等），应按要求分类集中放置，定期交至有资质的单位处置。

（四）定向能量沉积增材制造实验室安全规范

定向能量沉积增材制造实验室涉及高温、高能量及金属粉末等多种潜在风险。为确保实验室人员安全及防止装备损坏，遵守实验室的安全规范显得尤为关键。

1. 基础环境安全

良好通风：保持实验室有充足的通风，以减少有害气体和粉尘的积聚，可以使用强制通风装置和排风系统。

照明：保证实验室足够明亮，有利于操作者清晰看到装备和周围环境，防止操作失误。

此外，考虑到金属粉末和高温可能产生有毒或有害的气体和烟雾，实验室环境建议：装备高效的抽气系统，确保有毒或有害的气体被迅速排放到外部；使用空气质量监测器，定期检查实验室内的空气质量，以确保其始终在安全标准内。

2. 穿戴与防护

防护服装：工作人员应穿着防火、防静电的专用工作服，并佩戴安全眼镜、耳塞和手套。

面罩和防护镜：在涉及高能量光源操作时，操作员应佩戴对应波长的防护镜或面罩，避免眼睛直接暴露。当处理金属粉末时，操作人员应佩戴适当的防护口罩，防止吸入粉尘。

3. 操作与训练

操作指南：所有工作人员在操作装备前都应阅读并理解相关操作手册和安全指南。

培训：任何新员工或未经培训的人员不得单独操作或接近正在工作的装备。定期的培训和复训也是必需的。

4. 应急准备

紧急停车开关：确保紧急停车开关位置明显且易于触达，并确保其正常工作。

消防器材：除常规灭火器外，还应配置适用于金属火灾的特种灭火器，定期检查并确保其在可达范围内。

救援措施：实验室应备有急救箱和紧急冲洗站，尤其是眼部冲洗装备，以处理可能的化学或物理伤害。

5. 材料和化学品管理

存储：金属粉末应存放在防潮、防静电的密封容器中。这些容器应标记清楚，并放在干燥、阴凉的地方，避免直接日光照射和侵入湿度。不相容的化学品应分开存放。

标签与警告：所有的化学品和材料都应标有清晰的标签，指示其内容和潜在危险。

6. 装备管理、维护与检查

管理：高能光源可以产生强烈的辐射，增材制造装备应具有充分的屏蔽功能，以确保操作人员不直接暴露于高能光源下，因此应考虑在装备旁设置透明但防辐射的观察窗。此外，由于金属熔融的需要，DED 过程涉及极高的温度，因此要确保增材制造装备的外部装有有效的隔热材料，以减少人员接触到高温部分的风险。还建议在增材制造装备的高温部分放置明显的警告标识，并在实验室内部明确标示哪些区域的温度可能较高。

维护与检查：应定期维护和检查装备，确保其安全且正常工作。由于 DED 装备消耗的电力很大，必须确保电气系统可靠且经常进行维护和检查。避免在湿润的环境中使用电气装备，确保所有的电线和插座均不受损伤，并正确接地。经常清除装备和实验室内的金属残渣和粉尘，避免因废物累积导致火灾或其他危险。

7. 废料存放与回收

废料存放：专用的废料容器应用于存放金属残渣和废料。

回收：对于可以回收的材料，应按照相关规定进行处理和回收。

总之，保障定向能量沉积增材制造实验室的安全需要一套综合性的方法，包括适当的培训、装备维护和严格的操作规范。这些措施不仅可以保护实验室人员的人身安全，还能确保生产的高效与稳定。

（五）粘结剂喷射成形增材制造实验室安全规范

粘结剂喷射成形实验室是一个高度专业化的环境，涉及各种粉末材料、高温、装备运转等，因此对于实验室的安全规范要求尤为严格。以下是一些详细的安全规范。

1. 实验室布局与设计

有序布局：确保实验室的布局合理，通道宽敞，无障碍物，以防止意外的摔倒或碰撞。

防火设计：由于粉末可能与空气混合形成可燃混合物，因此实验室应进行防火设计，如使用不易燃的建筑材料、配备火焰检测器和自动灭火系统。

2. 通风与空气质量

专用抽风系统：设立高效的抽风系统，以降低粉尘浓度，避免粉尘在空中积聚。

定期空气检测：定期进行空气质量检测，以确保粉尘浓度低于安全标准。

3. 个人防护装备

防尘口罩：所有进入实验室的人员都应佩戴适当的防尘口罩，以防止吸入细小的粉末颗粒。

安全眼镜：佩戴安全眼镜以防止粉末或其他颗粒物进入眼睛。

防静电服：粉末可能由于静电而引发火灾，进入实验室人员应穿戴防静电服装。

手套和鞋：穿着合适的手套和防滑、防电鞋。

4. 化学品与粉末管理

清晰标识：所有化学品和粉末容器都应清晰标注其内容物、潜在危险和存储要求。

安全存储：所有粉末材料都应妥善存放在专用的、密封的容器中，并确保在低湿度、无光的环境中存储，粉末的存储区域应远离火源。

化学品处置：定期检查粉末的有效期和状态，避免使用过期或受潮的粉末。应使用专用的工具从容器中取粉末，避免直接接触。设立专门的区域处理化学品废料，并遵循正确的处置程序。清洁实验室时，尽量使用湿布擦拭，以减少粉尘飞扬。

5. 紧急响应与培训

紧急装备：实验室内应急装备有灭火器、紧急洗眼器、紧急冲淋装备和救援箱。

培训：所有实验室员工都应定期接受安全培训，熟悉各种紧急情况下的应对策略。

事故记录与分析：所有事故都应被记录并分析，以避免再次出现重复事故。

6. 装备检查与工具管理

装备检查：在开机之前，仔细检查装备的所有部件以确保它们处于良好状态。装备运转时，避免接触移动的部件，如喷射头。定期检查所有装备的运行状况，确保其安全、稳定地运行。装备不使用时，应关机并断开电源。

工具管理：确保所有工具都存放在固定的位置，避免工具乱放造成的安全隐患。

综上所述，一个安全的粘结剂喷射成形增材制造实验室需要综合考虑各种因素，并定期进行安全检查和培训，以确保所有活动都在一个安全、有序的环境中进行。

（六）薄材叠层成形增材制造实验室安全规范

薄材叠层成形是一种使用预制的薄片材料进行增材制造的技术。为了保证实验室的安全运行和人员健康，应严格遵循实验室安全规范。

1. 个人防护

安全眼镜：操作员在实验室内部必须佩戴安全眼镜，以防止飞溅物或碎片进入眼睛。

工作服和手套：应穿戴工作服和手套，确保身体不直接接触装备或热元件，并避免烫伤。

防尘口罩：在进行清理或处理可能产生粉尘的活动时，应佩戴防尘口罩。

2. 装备操作与维护

操作指南：任何人员在操作装备之前都应经过专业培训，并详细阅读操作手册。

维护与检查：定期检查装备的电气连接、移动部件和安全防护设施，确保装备处于良好状态并在必要时进行维护。

3. 化学品和物料管理

存储：确保所有化学品和材料都安全地存储在指定地点，并保证正确的存储条件，如温度、湿度控制，避免在通道或出口附近放置，防止堵塞逃生路线。过高的湿度可能导致一些薄材变形或其他性质变化。可考虑使用除湿器或其他装备来维持适当的湿度。

标签：所有容器都应标明其内容物，并附有明确的安全警告标签。所有化学品应清晰标注其成分和危害，且必须附带材料安全数据表（MSDS）。MSDS 提供了该化学品的所有必要信息，包括其物理和化学性质、健康危害、防护和安全预防措施，以及泄漏和处置建议。

处理废物：设立专门的垃圾桶和废物收集区域，确保废物被正确分类和处理。

4. 化学品与粘结剂使用

操作区域：在特定的、良好通风的区域内操作化学品和粘结剂，防止有害气体或水蒸气的积累。

泄漏应对：准备泄漏应对工具，如沙、吸附剂或泄漏垫，以迅速处理任何化学品泄漏。

5. 火灾和应急措施

防火装备：实验室内应配备适量的灭火器，并进行定期检查。相关人员应知道灭火器的位置和如何使用。

应急出口：确保实验室的应急出口畅通无阻，定期进行疏散演练。

急救箱：急救箱应摆放在显眼的地方，并确保内有必要的急救用品。

6. 电气和机械安全

电气安全：定期检查实验室的电气线路和插座，确保无裸露线路。避免使用损坏的插头或电线。

机械防护：所有移动部件，如齿轮、皮带和链条，都应装有保护罩或遮挡，避免直接接触。

7. 清洁与整理

日常清洁：每天工作结束后，必须进行实验室的基本清理，确保无碎片或遗留物料。定期清洁增材制造装备，防止灰尘和杂质积聚。

工具整理：所有工具和装备都应放回其指定位置，避免造成障碍或危险。

8. 培训与教育

新员工培训：新员工在开始工作之前，应接受完整的安全培训，确保了解所有相关的安全规范和操作程序。

定期培训：定期为老员工提供复训，确保他们了解最新的安全标准和实践。

四、增材制造装备常见故障及处理方法

在使用增材制造装备进行模型成形时，经常会遇到一些问题，这其中有软件方面的问题，也有硬件方面的问题。下面针对不同增材制造成形工艺，对增材制造装备在成形过程中的常见问题及解决方法进行介绍。

（一）立体光固化增材制造装备常见故障及处理方法

立体光固化增材制造装备常见故障及处理方法如表 3–28 所示。

表 3–28　　立体光固化增材制造装备常见故障及处理方法

故障现象	可能的原因	处理方法
模拟不能通过	分层数据有问题	试着换一个加工方向
	STL 或者 USP 文件有问题	在模型处理软件中修复
成形过程中刮坏	支撑设计缺陷	检查并重新设计支撑
	树脂吸潮	保证成形室湿度低于 40% RH
	刮刀失调	调整刮刀
	杯口效应	成形件开孔或改变加工方向
	刮刀底面有异物	清理刮刀底面
故障停机	加工失败导致刮刀碰到限位开关	检查支撑、工艺参数、刮刀等
成形件、支撑变软	树脂吸潮	保证成形室湿度低于 40% RH
不扫描支撑或实体	支撑和实体的分层厚度不一致	重新分层
液位不稳	液位平衡系统故障	检查
	树脂槽液位过高或过低	加料或去料
	Z 轴下降速度太快	调低（1 mm/s）
制作过程中层间剥离	液位不稳	见上
	成形室湿度、温度不稳	检修抽湿机、空调系统
	扫描速度不正确	重设扫描速度
	刮刀高度不对	调整刮刀
制作中成形件翘曲变形	制作方向不佳	更换制作方向
	支撑设计不合理	重新添加支撑
平面不平，夹层	刮刀高度不对	调整刮刀，使刮刀与液面的间隙为（0.15 ± 0.05）mm
成形件错层	支撑设计不合理	加强支撑
	成形室温度不稳定	检修空调系统
成形件底部倾斜	扫描器稳定时间不够	驱动电源打开半小时后再开始制作
刮刀遮挡激光扫描	翘曲变形造成刮刀失步	解决翘曲变形问题
制作时基础支撑不牢	支撑速度太快	调低支撑速度
	托板的起始位置过低	重新调整起始位置

（二）材料挤出成形装备常见故障及处理方法

1. 在成形之前喷嘴内无耗材

原因：大多数的挤出机都会在高温悬停时，喷嘴中的融化耗材自行流出，导致喷嘴内的耗材流干，形成空腔。

处理方法：在开始成形前，保证装备喷嘴内有充足的融化耗材。最常用的解决方法是加裙边，在正式开始成形之前，在成形件外围画几个圈，使喷嘴内有充足的融化耗材。

2. 拉丝或渗漏

原因：拉丝是装备喷头在移动到开放空间时，出现残留物体，主要原因是喷头在移动的情况下，耗材从喷嘴漏出。

处理方法：常见方法是回抽，如果切片中开启了回抽，那么喷头在移动到下一点之前，会将耗材反向拉回一段距离，当移动到下一点时，耗材又会回送到喷头处。

3. 喷嘴堵塞

原因：温度设置不合理导致耗材有折损、耗材成分含的杂质多、喷头进料电动机位置有其他异物卡住。

处理方法：成形完后及时清理喷嘴上残余的耗材，防止残料固化在喷嘴上。喷嘴堵塞时，可以用手稍微用力将耗材向下送入进料口，将耗材挤出，如果还是不能正常出丝，可以使用细的六角扳手对喉管进行疏通，或者使用细针对喷嘴进行疏通。如果同种材料经常导致喷嘴堵塞，则可以考虑更换材料。

4. 成形过程出现中断

原因：电路系统供电中断；装备散热不好，导致电源不稳从而引发断电现象。如果用 USB 线成形时，可能出现计算机故障，如死机、卡顿、休眠等。

处理方法：先检查是否因断电引起的；使用 USB 线成形时，检查计算机是否出现死机、卡顿、休眠等故障；如果计算机没有故障，确认 USB 线是否带磁性，如果是，就要消除电磁干扰；建议使用安全数字卡成形，还有就是中断后测量成形平台温度，有可能是电源功率不够，多测量几次，如果还是出现这种问题需要更换电源。

5. 模型出现翘边

原因：喷嘴和热床温度过低，喷嘴出料口冷却不足。

处理方法：加热成形平台至合适温度；在成形平台上均匀地涂抹薄薄一层胶水，增加第一层材料的附着力；增加垫子结构，调好成形平台来加固其黏着力。

6. 成形过程中喷头发出声响

原因：所选材料比较劣质，粗细不均匀，气泡杂质较多，不完全融化；喷头温度过高或者使用时间过长，材料会碳化成黑色小颗粒堵在喷头里面；装备散热性能不好；换料时，残料没有清理干净，会留在送料轴承或者导管附近；送料齿轮磨损太多或者残料不足，导致扭力不足；切片软件生成的机代码不是匀速的，有些段速度会较快，就可能导致“咔咔”声。

处理方法：调平成形平台；更换质量好的耗材；用细针疏通喷头；清理送料齿轮；更换喷头。

（三）粉末床熔融增材制造装备常见故障及处理方法

1. 成形过程中激光器突然不出光

原因：激光器过热 / 过冷；激光器无法与装备连接；激光器故障；振镜故障；光路异常。

解决 / 预防方案：

（1）关闭激光器，停机等待，待环境温度满足激光器使用温度后，重启激光器。

（2）检查水冷机，看循环水是否污浊，如污浊，更换；定期更换、添加新的循环水；定期更换滤芯。

（3）激光器断开并复位后重新启动。

（4）检查光路的腔室内是否存在积水。

（5）在装备控制面板上尝试执行振镜归零操作；

（6）如确定为激光器本身的原因，请联系售后人员。

2. 成形大面积成形件时，部分区域无法熔融

原因：激光功率过低；粉末层厚不均匀。

解决 / 预防方案：

（1）调整成形件成形参数。

（2）检查刮刀是否有损伤、变形，成形平台与刮刀的间隙是否均匀。

（3）联系专业人员校准激光输出功率。

3. 装备漏粉

原因：密封条磨损使装备漏粉；落粉轴磨损；缸体开裂。

解决 / 预防方案：

（1）查看粉仓或成形平台是否漏粉，及时更换毛毡。

（2）检查落粉装备，检查落粉轴是否有异物，及时清理；粉仓压力过低，粉末不下落，适当调高 / 调低粉仓压力。

（3）检查缸体内表面是否存在裂纹。

4. 成形过程中有大量黑渣

原因：吹风故障。

解决 / 预防方案：

（1）加大吹风量。

（2）检查风场管路阀门是否全部打开。

（3）检查出风口、吸风口是否堵塞，检查风场管路是否有异物，及时清理。

（4）滤芯使用时间过长，及时更换滤芯。

（5）清理集尘器的排渣罐。

（6）检查成形室内激光护镜表面的污染情况并清洁。

5. 加工过程成形件发黄，氧化严重

原因：成形室内氧含量过高；每层成形时间过快；粉末湿度过大。

解决 / 预防方案：

（1）暂停成形，重新洗气，氧含量降低到成形标准后再继续成形。

（2）检查氧传感器是否正常。

（3）检查装备气路是否漏气。

（4）检查粉末使用次数是否过多，更换粉末。

（5）更换成形参数，适当延长每层成形时长。

（6）检查粉末湿度情况，并烘干粉末。

6. 刮刀卡死，无法回零

原因：刮刀安装不正；成形件翘曲，导致刮刀卡死；刮刀伺服驱动器故障。

解决/预防方案：

（1）检查刮刀的侧安装板螺钉是否因为松动阻碍了刮刀的运动。

（2）检查是否钣金件的形变过大影响了刮刀运动。

（3）检查刮刀的侧安装板密封条是否压缩过紧。

（4）若因成形件翘曲导致，降低成形平台，使刮刀复位。

（5）检查刮刀及刮刀架是否破损，导致卡死，拆卸后重新安装。

（6）清理刮刀传动皮带，更换伺服驱动器。

（7）检查后台设置，检查回零参数是否正确。

7. 装备铺粉不均、呈波浪状

原因：调刀不好；刮刀运动系统故障；传动皮带打滑。

解决/预防方案：

（1）重新调刀、铺粉。

（2）清理刮刀传动系统，更换皮带。

8. 成形件错层

原因：扫描振镜故障；控制指令通信异常；支撑不强；首层与成形平台连接性差；成形期间有中断。

解决/预防方案：

（1）检查振镜的控制卡通信线是否虚接。

（2）联系专业人员校准扫描振镜。

（3）增加支撑的强度设计。

（4）增加首层的成形次数，通常首层需要成形 2～3 次。

（5）检查首层的铺粉厚度是否过厚（首层铺粉要求能隐约看到成形平台面为佳），导致首层连接较差。

（6）检查成形期间运行条件是否异常，如停电、缺粉、惰性气体不足等。

（7）检查成形期间暂停后重新开启成形的间隔时间是否过长。

9. Z 轴电动机、刮刀运行中有异响

原因：运动系统有异物；系统故障；振镜异响。

解决 / 预防方案：

（1）立即暂停装备，清理对应运动系统。

（2）更换运动系统配件。

（3）如果是振镜本身出现异响，联系专业人员处理。

为了避免装备在使用过程中故障频发，可定期对装备进行维护，包括日常维护、月度维护、半年度维护和年度维护。

（1）装备日常维护

①用微湿抹布清洁装备外表面（断电擦拭），确保装备外表面无粉尘堆积。

②检查滤芯是否满载，如有必要，更换滤芯。

③检查压缩空气、工作氩气流量计是否正常（若压缩空气内有水分，检查冷冻式干燥机是否需要放水）。

④成形完成后，对成形室进行彻底清理，保证成形室内无残留粉末，擦拭防护镜，清理吸粉方管内的大颗粒金属粉末，检查并清理水冷机空气过滤网中的灰尘。

⑤检查成形室内激光防护镜表面的洁净情况，每次开机前务必擦拭干净。

（2）月度维护

①对成形室表面及内部进行清洁。

②检查刮刀是否损坏或磨耗。

③检查装备各个部件的气密性。

④对吸风口、波纹管进行清洁。

⑤清理 Z 轴丝杆、导轨及滑块中存留的金属粉末。

⑥检查 Z 轴丝杆生锈情况并用除锈剂处理。

⑦检测压缩空气流量及惰性气体流量。

（3）半年度维护

①检查水冷机的运行，更换冷却水和滤芯。

②检查所有装备附件及辅助装备。

③检查基材是否破裂和磨损。

④重新校准氧气传感器。

⑤检查并整理工控机内存并清理内部灰尘。

⑥检查光纤激光器输出功率，校准功率。

⑦检查外部和内部门的密封性。

（4）年度维护

①检查灭火器状况。

②检查激光器电源线 / 信号线是否完整。

③检查装备各处密封条状态，如有必要进行更换。

④更换成形室门安全门锁。

⑤检查刮刀导轨部分并加润滑油。

⑥检查氩气的循环清洗管道。

⑦检查、清洁、调整光学元件。

⑧检查并重新校准机械传动。

⑨检查并更换排气管。

⑩检查并更换密封件。

（四）定向能量沉积增材制造装备常见故障及处理方法

定向能量沉积增材制造是一种高度复杂的技术，涉及多种材料、能源和装备。在操作过程中，可能会遇到各种故障。以下是一些常见故障及其处理方法。

1. 激光或焊枪输出不稳定

故障表现：激光束功率波动或焊枪火焰不稳。

处理方法：检查激光源或焊枪的电源供应，确保连接稳定且无断路。对于激光源，还需检查其冷却系统，确保其正常运行。

2. 金属粉末供应不稳

故障表现：金属粉末供应中断或不均匀。

处理方法：检查粉末供应系统，包括供料器、输送管路和喷嘴。清理可能的堵塞，并确保粉末在装备中流动自如。

3. 产品表面粗糙或不规则

故障表现：产品表面存在明显的缺陷，如气泡、裂纹或凹坑。

处理方法：调整激光或焊枪的参数，如功率、速度和焦距。此外，检查并调整粉末供应参数，确保供应稳定。

4. 冷却系统故障

故障表现：装备过热或冷却液流动不畅。

处理方法：首先关闭装备，然后检查冷却系统，包括冷却液、泵和散热器；清理或更换堵塞的滤网，并确保冷却液位正常。

5. 控制系统响应慢或不响应

故障表现：装备响应指令延迟或根本不执行指令。

处理方法：重启装备和控制系统；如果问题仍然存在，检查电源、连接线和控制板；在必要时，联系制造商或专业技术人员进行维修。

6. 移动部件卡滞

故障表现：装备在运动过程中出现异常声音，或无法按预定轨迹移动。

处理方法：关闭装备，检查所有移动部件，如轴承、导轨和传动带；清理积尘，润滑并在必要时更换损坏的部件。

7. 软件故障

故障表现：操作界面冻结、错误提示频繁或软件崩溃。

处理方法：首先尝试重启软件；如果问题仍然存在，考虑升级或重装软件；在必要时，联系软件提供商寻求技术支持。

总之，当遇到定向能量沉积增材制造装备的故障时，首先要保持冷静，按照规定的操作流程逐步检查和处理。在处理过程中，确保装备电源已关闭，并确保操作安全。如果故障无法自行解决，应联系装备制造商售后或专业维修人员。

（五）粘结剂喷射成形增材制造装备常见故障及处理方法

粘结剂喷射成形增材制造装备在操作过程中可能出现多种故障，导致生产中断或产品质量下降。以下是一些常见的故障及相应的处理方法。

1. 粉末供应不稳定

故障表现及原因：当铺设粉末量不稳定或中断时，可能是由于供粉系统不稳定、粉末潮湿、粉末结块或供粉装备故障导致的。

处理方法：清理供粉系统，确保粉末干燥、无结块，检查并修复供粉装备。

2. 热处理不均匀

故障表现及原因：如果成品出现变形、开裂或其他质量问题，可能是由于加热系统故障或温度控制不稳定所致。

处理方法：检查加热元件和温度传感器，调整或替换故障部件，以确保加热均匀。

3. 喷头堵塞

故障表现及原因：粘结剂不能正常喷出或喷射不均匀时，可能是喷头内残留物或粘结剂固化阻塞喷头。

处理方法：关闭装备，取下喷头进行清理，必要时使用超声波清洗机进行深度清洗。

4. 粉末不固化

故障表现及原因：喷射出的粘结剂不在预期位置固化，可能是由于基材的温度或表面状态不合适，或粘结剂状态性质发生变化。

处理方法：调整基材的温度和预处理程序，更换粘结剂。

5. 控制系统失效

故障表现及原因：当装备不能按照预定的程序运行或响应时，可能是控制系统软件故障、硬件故障或电源问题所致。

处理方法：重启装备，检查控制系统的电线和连接，更新或重装软件。

6. 装备振动过大

故障表现及原因：装备运行时产生异常振动，可能是装备未正确固定、机械部件损坏或失衡。

处理方法：检查装备的固定情况，检查并更换损坏的部件，确保装备水平放置。

7. 声音异常

故障表现及原因：装备运行时产生异常声音，可能是由于部件磨损、润滑不足或某些部件松动。

处理方法：停机检查，对可疑部位进行润滑或更换，确保所有部件牢固固定。

粘结剂喷射成形增材制造装备的有效运行和维护需要准确地识别问题和其潜在原因，并采取相应的处理措施。此外，定期维护和检查是预防故障的关键，能够显著降低故障发生率，保障生产效率和产品质量。

（六）薄材叠层成形增材制造装备常见故障及处理方法

薄材叠层成形增材制造是通过叠加和连接预制的薄片来制造出所需的产品。这种技术有其独特的挑战和潜在的装备故障。以下是常见的故障及处理方法。

1. 层叠不精确

原因：装备校准不准确；薄材的供应系统出现问题。

处理方法：定期对装备进行校准，确保所有部件都按照预定的方式运作；检查薄材供应机制，确保其能够准确、稳定地供应薄材。

2. 薄材断裂或损坏

原因：薄材本身的质量问题；装备操作的速度过快。

处理方法：选择高质量的薄材供应商，确保材料的质量和一致性；根据材料的规格和厚度，调整装备的操作速度。

3. 粘结不牢固

原因：薄材表面处理不当；粘结温度、压力或时间设置不恰当。

处理方法：确保薄材在加工前经过适当的表面处理，如清洁或预热；调整接合参数，确保每一层都能够牢固连接。

4. 装备过热

原因：过度的连续操作；冷却系统出现问题。

处理方法：定期让装备休息，特别是在大型或复杂的成形任务中；检查和维护冷却系统，确保其能够正常工作。

5. 电气或控制系统故障

原因：电气连接松动或损坏；控制软件出现问题或需要更新。

处理方法：定期检查所有电气连接，确保其紧固和无损伤；更新装备的控制软件，或者重启装备以解决临时性的软件问题。

6. 薄材供应系统故障

原因：供料滚筒堵塞；传感器故障，无法正确检测薄材位置。

处理方法：清理供料系统，确保无异物堵塞；检查和替换故障的传感器。

7. 完成的部件有缺陷

原因：参数设置不恰当，如速度、温度或压力；使用的薄材存储不当，可能受潮或变形。

处理方法：根据所使用的薄材和预期的成品质量，重新调整装备参数；确保薄材在适当的环境中存储，避免其受潮或受到其他损害。

总之，及时对装备进行维护、定期进行校准、使用高质量的材料并遵循适当的操作程序，是确保薄材叠层成形增材制造装备正常运行和高效生产的关键。

思考题

1. 在增材制造模型前处理阶段，对模型加载支撑时应注意什么？

2. 在增材制造常用材料中，哪些材料在成形过程中存在燃爆的风险？如何避免其发生燃爆？

3. 材料挤出成形工艺在执行成形程序前，如果不进行工作台调平，有可能出现哪些问题？

4. 采用立体光固化工艺进行实际生产中，如果发现制作的零件内部有气泡，请分析造成气泡的原因，并给出解决办法。

5. 保持成形精度不变的同时，提高 LPBF 工艺的成形速度，可以调整哪些参数？

6. 激光器是增材制造设备的核心部件，随着激光器服役时长的增加，激光功率会发生衰减，为了保证能成形出合格的零件，应该采取什么措施？

7. 假设你是一家增材制造设备制造公司的研发工程师，你的团队正在开发一种新型的粉末床熔融增材制造装备。在测试阶段，你们发现成形大面积成形件时，部分区域烧不透，影响了成形件的质量和机械性能。请提出几种可能的原因和对应的解决方案。

8. 假设你正在负责一个采用定向能量沉积制造复杂的航空零件的项目。考虑到激光功率、扫描速度、送料速度、扫描策略等参数对成形件质量的影响，请探讨如何通过调整这些参数来解决可能出现的成形缺陷，如裂纹、孔洞、未熔合等。

第四章
增材制造后处理技术

无论采用哪种增材制造技术制造的零件，其本身或多或少带有分层制造产生的痕迹——毛刺、阶梯效应、波浪纹等。所以要对零件进行后处理，如表面打磨整形，清洁零件表面上的成形加工痕迹、缺陷，从而提高零件表面平整度，降低表面粗糙度，使零件表面平滑、光洁、凸显细节，达到设计时的技术指标要求。所谓的后处理，就是零件离开增材制造装备后，对零件进行的各种加工。常见的有清洁、表面处理、退火和着色。后处理主要用于改善增材制造零部件的表面质量或提高其性能，使其能够满足零件的使用要求。

- **职业功能：**后处理与检验产品制造质量。
- **工作内容：**按照工艺规范进行产品后处理。
- **专业能力要求：**能根据生产需求，对不同材质、不同工艺及性能要求进行工艺支撑去除与表面光整处理等；能根据性能要求与后处理工艺规范，进行不同材料的性能改善与调控；能根据产品要求，制定减材加工后处理工艺。
- **相关知识要求：**增材制造专用材料相关知识，包括金属和非金属材料等；增材制造材料热处理与粉末冶金工艺相关知识；增材制造结构件表面减材加工后处理方法。

第一节　增材制造后处理工艺

增材制造是一种先进的制造技术，它通过逐层添加材料来构建三维物体。然而，打印完成的增材制造成品往往需要进行一系列的后处理，以确保其满足实际应用的要求。本节将详细介绍增材制造的后处理技术。

一、增材制造支撑去除工艺

在增材制造过程中，往往需要使用支撑结构来确保制造过程的稳定性和制造精度。在制造完成后，这些支撑结构需要被移除以得到最终的成品。支撑结构移除的方法包括手动去支撑、热处理去支撑、化学试剂清洗去支撑等。

（一）手动去支撑

一般用螺具、锤子或打磨头等工具去除成形件表面的支撑，但此方法人为因素占比较大，去支撑后表面质量参差不齐。也可以通过预留加工余量再用机械加工的方式（如车、铣、磨等方式）去除支撑。手动去支撑常用的工具有铲刀、剪钳等。图 4-1 所示为金属铲刀，可以用来把增材制造的成品或失败品从设备的成形平台上铲取。

图 4-2 所示为剪钳，又名斜口钳，主要用于钳断成形件的支撑结构，用于较难拆除的特征部位。

图 4–1　金属铲刀

图 4–2　剪钳

（二）热处理去支撑

对于一些使用金属或塑料等材料增材制造的零件，可以通过热处理来去除支撑结构。热处理去支撑的原理是将成形件加热到一定温度，使支撑结构与成形件分离。这种方法的优点是简单高效，但可能会对成形件造成一定程度的热损伤。

（三）化学试剂清洗去支撑

对于使用光固化等技术打印的高分子材料零件，往往需要使用化学试剂清洗来去除支撑结构。化学试剂清洗去支撑的原理是通过浸泡或冲洗打印件，使支撑结构与成形件分离。这种方法的优点是适用于大多数高分子材料，但需要注意化学试剂对环境的影响。

二、增材制造产品表面光整处理技术

常用的表面光整处理技术有打磨、化学抛光和喷砂等。

（一）打磨

增材制造产品表面光整处理最主要的手段是打磨。打磨分为手工打磨和机器打磨两种。手工打磨是利用锐利、坚硬的材料，磨削较软的材料表面，使 3D 打印成形件达到技术指标。手工打磨是最原始、最有效的控制技术指标的工艺，其工艺编制简单，运用灵活，行之有效，在出现问题时可随时调整工艺，其性价比和效率极高。

1. 砂纸打磨

砂纸是一种供研磨用的材料，通常在原纸上粘着各种研磨砂粒而成，用以研磨金属、木材等表面，以使其光洁平滑。根据不同的研磨物质分类，砂纸有金刚砂纸、人造金刚砂纸、玻璃砂纸等多种。

以金属增材制造成形件为例。一般来说，400#、600# 的砂纸用于第一次打磨，又被称为粗打磨或找平打磨；800#、1000# 的砂纸用在第二次半粗打磨（在只使用砂纸打磨的前提下）；1200#、1500# 的砂纸用于最后一次精打磨。经过这三次打磨后，模型表面会特别平滑，如果想要达到镜面效果，还需要使用更细的研磨膏进行研磨。

2. 锉刀打磨

对于打印件的局部特征面修整，可采用锉刀。锉刀如图 4–3 所示，其表面有许多细密刀齿，可以对金属、木料、皮革等表层做微量加工。锉刀的品种有很多，普通钳

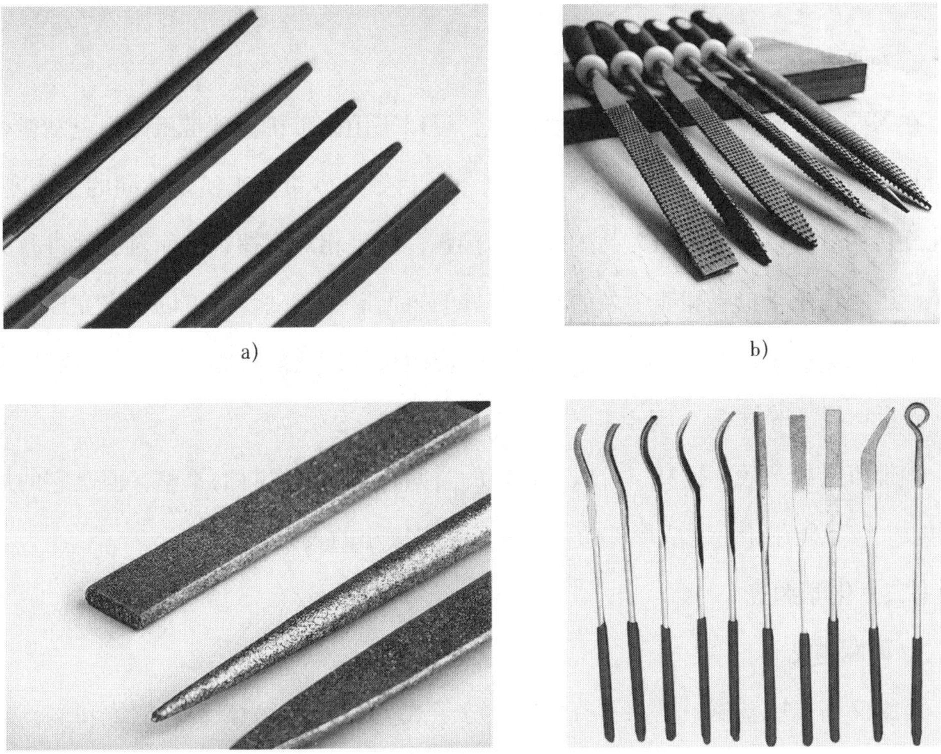

a)　b)　c)　d)

图 4–3　锉刀

a）普通钳工锉　b）木工锉　c）整形锉　d）特种锉

工锉用于一般的锉削加工；木工锉用于锉削木材、皮革等软质材料；整形锉用于锉削小而精细的金属零件，由各种断面形状的锉刀组成一套；专用锉刀，常用于锉修特殊形状，也称为特种锉，有直形和弯形两种。

3. 打磨笔

打磨笔也是一种常用的增材制造产品表面光整处理工具，通过换打磨笔头实现不同精度的打磨效果，用于成形件的打磨、开孔、抛光。

使用打磨笔打磨的步骤和使用砂纸大致相同，但是打磨笔还有一种抛光头，可以在最后给成形件抛光时使用。相比砂纸来说，打磨笔的好处主要集中在可以灵活地打磨成形件多个不同的角度，在一些特殊结构上，有更多的打磨空间，同时相对人工打磨效率更高。但是打磨笔的使用难度要比砂纸高，操作时最好用台钳将成形件固定，还应避免在同一个地方长时间打磨，以免控制不好力度使打磨过量。

4. 砂带机

在需要打磨较厚尺寸的成形件表面时，可以采用砂带机。砂带机是由电动机带动砂带进行打磨，可根据自己的要求，更换不同目数的砂带，来实现不同的工作要求。高速旋转的砂带以一定的压力与工件表面接触，产生相对摩擦，从而对工件进行磨削加工，广泛适用于金属和非金属的多种零件的表面磨削。砂带机可以一次完成从毛坯到半精加工甚至精加工的全部工艺过程，是应用极为广泛的打磨工具，具有高速、高效、安全、经济的特点。

砂带机的打磨效率极高，可以在很短的时间将某一位置打磨平整，但是它的局限性也很大，只能用于打磨成形件的平面或一些弧度小的表面。

（二）化学抛光

1. 丙酮抛光

丙酮又名二甲基酮，是一种有机物，分子式为 C_3H_6O，为最简单的饱和酮；是一种无色透明液体，有特殊的辛辣气味；易溶于水和甲醇、乙醇、乙醚、氯仿、吡啶等有机溶剂；易燃、易挥发，化学性质较活泼。

丙酮在工业上主要作为溶剂，用于炸药、塑料、橡胶、纤维、制革、油脂、喷漆等行业中，因而可用作 ABS 等非金属成形件的抛光。

使用丙酮抛光的模型最终会呈现光滑的表面，但是抛光效果比较难把控，可能会将成形件的部分细节特征去掉。

2. PLA 抛光液抛光

PLA 抛光液就是稀释后的有机玻璃水，主要成分是三氯甲烷，或其他氯化烷、冰醋酸等的混合溶剂，带有腐蚀性、毒性，长期接触应佩戴手套、口罩，操作场所需通风良好。

PLA 抛光液用于增材制造非金属成形件的抛光处理时，由于是将成形件整个浸入抛光液中，成形件各部位都与抛光液接触，因而相比其他抛光方式，抛光效果更好。

PLA 抛光液抛光需在通风良好的环境操作，做好防护措施，戴好护目镜、防护手套、工业防护面罩等。将 PLA 抛光液倒入准备好的容器中，将成形件浸入 PLA 抛光液中 10 s 后拿出，然后把成形件放在通风的环境中晾干即可。

用 PLA 抛光液抛光后的成形件，在最终效果上会呈现光滑表面，和丙酮抛光的效果大致相同，但是因浸泡时间短，故抛光效果比较难把控。

（三）喷砂

喷砂在金属材质或塑料材质成形件表面处理方面应用广泛。其工艺原理是通过高速的磨料颗粒撞击零件表面，达到去除毛刺、表面氧化层以及表面哑光处理的目的，如图 4–4 所示。喷砂抛光不仅能改变物体表面的光洁度，还能改善其机械性能。

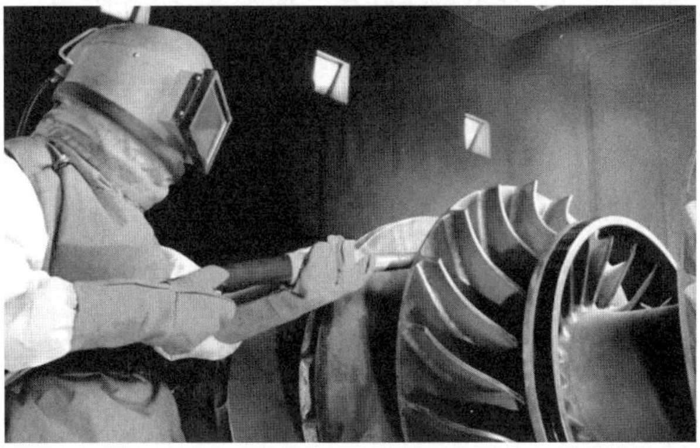

图 4–4　喷砂

三、增材制造产品性能改善与调控方法

增材制造零件的力学性能往往要通过适当后处理工艺进行进一步的提升，以满足使用要求。

（一）残余应力缓解方法

在增材制造过程中，材料快速冷却和固化，成形件往往存在残余应力，这可能导致其在使用过程中出现变形、开裂等问题。可以采取热处理、振动等方法消除成形件的残余应力。

1. 热处理

热处理是通过将成形件加热到一定温度并保持一段时间，使材料内部的结构发生变化，从而降低残余应力。热处理的方法根据具体的材料和要求可能有所不同，需要结合实际情况进行调整。

2. 振动

振动是通过向成形件施加一定频率和振幅的振动，使其内部的残余应力得到释放。振动处理设备简单易用，可以在不同的场合对成形件进行残余应力的消除处理。

（二）热等静压

热等静压（hot isostatic pressing，HIP）工艺是将制品放置到密闭的容器中，向制品施加各向同等的压力，同时施以高温，在高温高压的作用下，制品得以烧结和致密化。热等静压是高性能材料生产和新材料开发不可或缺的手段，在激光粉末床熔融工艺热处理中，将成形后的工件，包括铝合金、钛合金、高温合金等缩松缩孔的成形件，进行热等静压处理后，成形件可以达到接近完全致密化，显著提高打印件的力学性能。

在热等静压过程中，材料在密闭容器中同时受到高温和各方向相同的高压的作用。施压气体为惰性气体，以避免与材料发生化学反应，一般用氩气。腔室在加热过程中，容器内的压力会不断增大，常用方法为使用气泵将高压气体注入高压容器，使物料在高压下保持一定的等静压力。随着温度的升高，在高压和高温的共同作用下，零件内部的气体逐渐排出，颗粒间的引力逐渐占据主导地位。此时，零件的密度逐渐提高，微观结构得到改善，从而实现致密化。

（三）工艺调控方法

1. 填充率

在材料挤出成形工艺中，填充率是常见参数之一，决定成形件内部的填充密度。材料挤出成形件的内部往往不是实心的，而是类似蜂巢的填充结构，如图 4–5 所示。需要通过填充改变结构的密度，如图 4–6 所示。当选择 100% 填充率时，材料挤出成形工艺的 3D 打印件的内部就会变成实心结构，其强度也最好。不过经过大量设计师和工程师的验证，填充率超过 70% 后，提高填充率对强度的提升效果会变小。

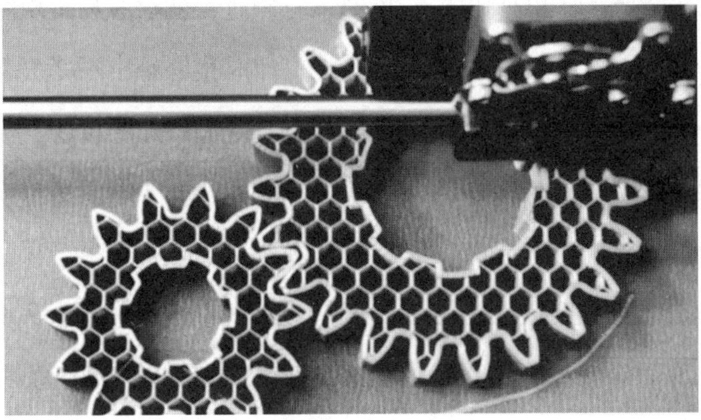

图 4–5　蜂巢式的填充结构

图 4–6　填充过程

此外，不同的填充结构对强度也有影响，可通过软件进行优化计算来选择填充结构。

2. 壁厚

一般 3D 打印都有一个最小壁厚，一旦小于这个壁厚，3D 打印时很容易发生坍塌的情况。

成形件设计应遵循“均匀厚度规则”，壁厚突变会导致零件冷却不均匀，最终导致残余应力不一致。不合理的壁厚会导致更多的残余应力，需要进行热处理以及更多的支撑材料。

除了遵循“均匀厚度规则”外，壁厚的尺寸特征也是影响最终产品质量的关键因素之一。以粉末床熔融工艺为例，由于激光光斑尺寸约束，零件成形最小尺寸与激光器参数相关，一般而言，可成形壁厚为 0.2 ~ 0.3 mm，但是力学性能差，无法作为结构件使用。

当增大无支撑薄壁结构的高度或长度时，打印过程就很容易出现问题。如果这种面积大的薄壁结构没有结构上的加强，则其在打印时很容易出现变形。为避免出现这种情况，在设计时应尽量避免用最薄的壁厚，或者通过添加肋板、角板以及其他的支撑结构来防止变形。

3. 层厚与打印层数

3D 打印的基础原理是通过层层叠加来构建物体，在成形过程中，将零件模型沿着 *Z* 方向离散成具有一定厚度的切片层，只保留每一层切片层轮廓以及对应的实体，而连续表面信息被切片层的外轮廓包络面取代，因此会带来阶梯效应，弧形表面被呈阶梯状分布的外轮廓面所取代，如图 4–7 所示。分层厚度越大，丢失信息越多，成形误差也越大，而且这种原理性误差只能通过减小层厚的方式来降低，无法从根本上消除。

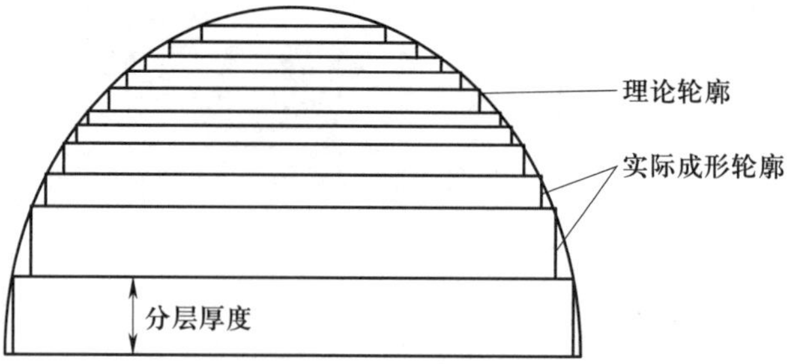

图 4–7　阶梯效应

在打印时，层厚通过设置参数来控制。比如打印件高为 100 mm，当层高为 0.1 mm 时，需要打印 1 000 层，当层厚为 0.2 mm 时，只需打印 500 层。一般情况下，需结合材料、能量源和零件尺寸特征等因素，并结合打印时长，确定适合的层厚和打印层数。以粉末床熔融工艺为例，粉末粒径范围为 15 ~ 53 μm，层厚一般为 30 μm。

4. 打印速度

打印速度是增材制造成形的重要参数之一，直接影响成形件的打印时间。一般而言，最大打印速度由设备本身决定，在实际操作过程中，不合理的打印速度除了影响打印时长外，也会影响打印件成形质量。以粉末床熔融工艺为例，打印速度与激光体积能量密度成反比，过低的打印速度将会导致激光体积能量密度过大，粉末过烧甚至发生飞溅和汽化，从而导致打印失败；过高的打印速度将会导致激光体积能量密度过低，粉末无法完全熔化导致成形失败。一般而言，打印速度的选择与粉末材料、粒径、激光功率、层厚、光斑直径等有关。而对于 FDM 工艺而言，一般情况下，慢速打印的强度好于快速打印。

5. 冷却时间

目前大部分的 3D 打印都会涉及加热，打印件往往需要冷却。研究发现，打印件的冷却速度对强度也有影响。通常，长时间缓慢的冷却过程可以增加打印件的强度。

第二节　增材制造后处理工艺制定

一、增材制造产品后处理工艺选用

增材制造后处理是指通过各种技术来提高打印部件的表面质量、尺寸精度和机械性能等。对于不同的产品外观、性能、功能等要求，选用的后处理工艺也不一样，一般需要考虑工艺的适用性和可实施性。常用后处理工艺有以下几种。

（一）热处理

1. 热处理在增材制造金属制件中的应用

热处理在金属制件增材制造中具有广泛的应用，主要包括以下几个方面。

（1）改善金属材料的加工性能。通过适当的热处理工艺，可以改变金属材料的组织和性能，使其更易于加工和成形操作。例如，通过软化处理可以降低材料的硬度，使其更容易进行切削和磨削加工。

（2）提高金属材料的强度和硬度。通过高温回火和淬火等工艺处理，可以改变金属材料的晶格结构和缺陷密度，从而提高其强度和硬度。

（3）恢复金属材料的加工性。经过深冷处理或高温回火处理，可以改变金属材料的内部组织和性能，使其重新获得可加工性。

（4）降低金属材料增材制造后的残余应力。在增材制造过程中，基于材料的逐层堆积和快速凝固，构件内部容易产生残余应力，这些应力可能导致构件变形或性能下降。通过退火处理，可以降低或重新分布这些应力，从而提高构件的质量和性能。

2. 热处理在增材制造塑料制件中的应用

对塑料成形件进行热处理，可以使高聚物分子由不平衡构象向平衡构象转变，使强迫冻结的处于稳定的高弹形变获得能量而进行热松弛，从而降低或基本消除内应力。

常采用的热处理温度高于制件使用温度 10～20 ℃或低于热变形温度 5～10 ℃。热处理时间取决于塑料种类、制件厚度、热处理温度和加工方式。一般厚度的制件，热处理 1～2 h 即可，随着制件厚度增大，热处理时间应适当延长。提高热处理温度和延长热处理时间具有相似的效果，但提高温度的效果更明显。塑料制件热处理主要考虑以下问题。

（1）热稳定性较好的塑料，如 PP、PE（聚乙烯）等，一般不需要进行热处理，能够直接进行热加工。但如果加工温度过高或者加工时间过长，会影响塑料的性能。

（2）热稳定性较差的塑料，如 PVC、PS 等，需要进行热稳定性测试，确定加工温度和热稳定性处理工艺，以降低其热敏感性，避免其机械性能的下降。

（3）部分塑料材料需要进行热处理。热处理可以进一步改善其机械性能、耐热性和耐氧化性。

（二）减材加工后处理

减材加工后处理是最常用的后处理方式之一，是去除部分材料的处理方法，主要有打磨和抛光、喷砂、磨粒流、数控铣削、线切割、化学浸渍等。

1. 打磨和抛光

打磨和抛光都是通过用研磨材料摩擦去除表面层的。打磨（见图 4–8）需要使用较粗的砂纸和打磨工具，而抛光可以使用较细的砂纸、钢丝绒、抛光膏或抛光布。

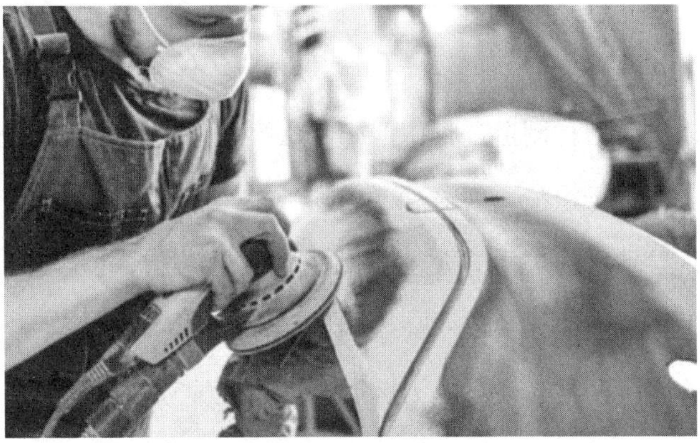

图 4–8　打磨

打磨可去除较大的瑕疵，例如支撑残留物或打印时不规则形状，并降低打印层的可见性。一般来说，经过打磨和抛光处理后的零件可以获得更加光滑的表面，但是打磨过程也会留下砂砾，甚至采用粗糙的砂纸打磨后还会留下表面划痕。因此，打磨过程中选用合适的砂纸和打磨工具至关重要。

简单性和经济性使打磨和抛光成为最常见的后处理方法，但对于大批量或大型零件来说，打磨和抛光需要耗费大量的时间和人工。打磨和抛光不适用于难以触及型腔的零件。

2. 喷砂

喷砂是一种减材后处理方法，磨料在高压下喷到增材制造成形件上，如图 4–9 所示。对于大型成形件，喷砂处理可以在开放环境中完成，但较小的成形件通常在收集和重复使用磨料的密闭室中进行。砂砾有不同型号，可根据零件的几何形状和所需的光洁度选择。

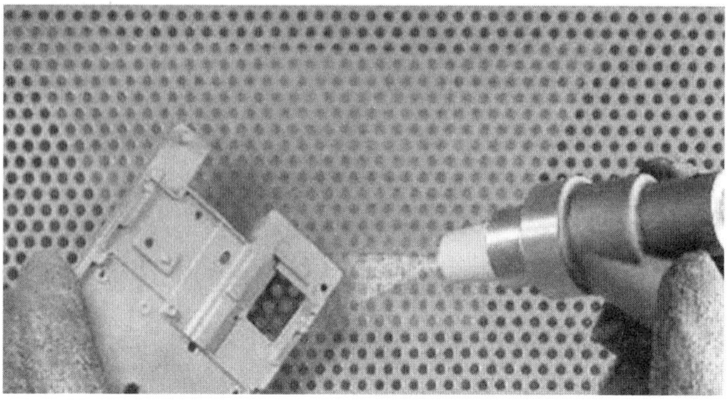

图 4–9　喷砂

喷砂虽然可以去除增材制造过程中产生的层痕，但控制表面粗糙度较为困难，过度喷砂可能导致表面过于粗糙，而喷砂不足则可能无法完全去除层痕。喷砂过程中材料可能会被侵蚀，导致零件尺寸的微小变化，影响最终的尺寸精度，尤其是在精细或薄壁结构的零件中，这可能导致尺寸公差超出允许范围。同时，喷砂处理可能会在零件表面引入新的应力，尤其是在高应力区域，可能会导致零件变形或裂纹。此外，对于形状复杂或内部结构较多的零件，喷砂可能难以达到所有表面，造成处理不均匀。

3. 磨粒流

磨粒流是一种抛光去毛刺工艺，如图 4–10 所示。其磨料具有流动性，通过挤压，磨粒不断地对成形件表面进行研磨，完成抛光和去毛刺，故又称为流体抛光或挤压研磨抛光。

图 4–10　磨粒流

磨粒流的优点是对内孔以及不规则形状的工件进行抛光时，有着极为优异的表现，效率高、效果好；缺点是无法处理尺寸较大的成形件，不适合进行平面抛光，不适合处理圆管外壁。基于以上优缺点，磨粒流主要用于抛光内孔、微细孔、不规则形状、球面曲面、齿轮等。

4. 数控铣削

数控铣削如图 4–11 所示。与增材制造设备一样，数控铣床使用“G 代码”来编程。如果增材制造成形件的尺寸精度要求很高或对表面光洁度要求很高，可以通过数控铣削获得。

图 4–11　数控铣削

5. 线切割

线切割是通过电火花的放电原理对成形件进行切割。将成形件接入脉冲电源正极，采用钼丝或铜丝作为切割金属丝，将金属丝接高频脉冲电源负极作为工具电极，利用火花放电对成形件进行切割，如图 4–12 所示。目前电火花线切割用于金属成形工艺中的工作台基板与成形件分离。在成形件完成应力消除后，可利用线切割将其从工作台基板上取下。

6. 化学浸渍

化学浸渍，也称为辅助浸渍，是将零件浸入腐蚀表面的化学浴中，或将药剂加热，将零件置于蒸气中，如图 4–13 所示。该过程涉及腐蚀性材料，例如碱液、氢氧化钠或二氯甲烷，并且只能由具有必要安全特性设施的有经验人员完成。该工艺是处理复杂几何形状的理想选择，因为化学浴可以同时浸没处理零件的所有表面。然而，化学浸渍容器的尺寸决定了其可处理的零件尺寸。

图 4–12　线切割加工

图 4–13　化学浸渍

二、增材制造产品后处理制度

增材制造产品后处理制度涉及后处理工艺实施工作过程，是整个系统规范化管理流程，需要考虑人、机、物、法、环因素相互结合，共同实施。“人”指具备后处理工艺能力的操作人员；“机”指进行后处理使用到的设备及工具等；“物”指进行后处理使用到的物料；“法”指后处理规范标准的管理流程；“环”指后处理实施环境的规范性。

（一）后处理准备工作

1. 工作环境的准备

（1）良好的自然光照，便于观察色度。

（2）良好的通风、换气保障，除尘设备正常。

（3）干净的工作台。

（4）正常的工作灯源。

（5）齐全的工具准备。

（6）得当的个人保护设施。

2. 产品原型准备

产品原型准备就是针对产品问题确定产品后处理工艺。要针对零件的缺陷先进行前期预处理，比如补点状洼陷、面局部丢失等，才能进行后处理。

（1）常见的产品原型缺陷：

①针孔，气孔。

②毛刺，飞边。

③磕碰，划伤。

④崩角，塌角。

⑤砂眼，裂纹。

⑥磨损，内陷，鼓包。

⑦制造错误，制造缺陷，连接缺陷。

（2）产品原型易产生缺陷的部位：

①尖角，锐边。

②沟槽，侧壁。

③底部，深腔。

④平面，分型。

3. 操作者准备

操作者在经过实际操作培训后，应熟悉后处理中主要工艺的工艺原理，所用工具的使用方法，掌握一般的后处理工艺。要求操作者认真熟悉技术要求。

（二）后处理操作规范

1. 后处理前操作

（1）根据增材制造工艺安全穿戴规范，戴好护目镜、手套等。

（2）根据需要进行的后处理工序，准备好相应的工具、材料，按照个人习惯在后处理工作台上摆放好，备用。

（3）核对需进行后处理的成形件数量，检查其状态。

（4）确认相关工艺文件及工艺要求，做到心中有数，避免因不熟悉工艺造成返工等。

2. 后处理中操作

（1）随时保持后处理工作台、所用到的各种设备工具及其周围的清洁卫生，做到干净整洁、工具随时归位。

（2）注意使用设备的安全警示，做到按章操作，不要违章操作，避免出现工伤事故，保证人身安全。

（3）严格遵循工艺文件的技术要求，每完成一道工序及时进行检验，出现不合格的情况时，及时进行补救，避免浪费。

3. 后处理完成后操作

（1）交付产品前需要进行检验，保证产品符合工艺文件要求。

（2）依照管理要求整理工作台、所用设备、所用工具、剩余材料，处理进行后处理时产生的垃圾。

（三）后处理一般工作制度

1. 光固化成形工艺后处理制度

光固化成形件后处理一般工作流程如图 4–14 所示。

图 4–14　光固化成形件后处理一般工作流程

（1）未处理件。待模型打印完成后，戴上手套用铲刀将模型取下，放入托盘送至后处理工作车间。

（2）拆除支撑。一般利用剪钳手动拆除支撑后才能放入酒精中进行清洗。

（3）清洗。一般清洗 2 次以上。将模型放入收纳箱内，加入酒精浸没整个模型，一般浸泡 5 min。用排刷清洗模型，检查模型接口内是否有残余材料，如一些小孔位、柱位、夹角等排刷进入不了的地方，再次放入超声波内清洗，时间为 20 min 左右。如超声波具有加热功能，切记不可以开启，因为酒精属于易燃易爆物品。清洗完成后取出，用压缩空气吹干。清洗时收纳箱最好放置于工作台上，工作人员为站立状态工作，可以减少树脂在清洗过程中溅射到衣服和鞋子上，甚至面部等重要位置。酒精属于易燃易爆品，必须存放于防爆箱内。

（4）后固化。模型用压缩空气吹干后，放入固化箱内，固化 15 min 左右，然后把模型翻面再次固化 15 min。使用固化箱时候按下电源与启动按钮，设置好计时器设备就会开始工作。

（5）打磨。取出模型放置于工作台上，先用铲刀铲除一些结构里面的残余支撑，然后取出裁剪好的砂纸，带上指套开始打磨。一般情况下，没有特殊要求的模型只需打磨处理支撑面即可，如需喷漆上色，又或者电镀等工艺，就需要多次反复打磨，使用从粗到细的砂纸目数，一步步使模型表面光洁度提高，这样喷漆出来的效果才会更好。打磨时砂纸需要沾水，这样打磨的模型光洁度更高，且效率更快。

（6）修补。对于残缺或偏差的模型需要做修补和拼接处理，拼接较大缝隙或者有缺失部分时，一般用慢干胶修补，因为有可塑性和更长的固化时间。快干胶比较适合用于修补较小的成形件拼接间隙，使用快干胶时还可以配合加速剂来使用，加快固化时间。

（7）喷漆与上色。需要喷漆上色的成形件，先进行打磨处理到足够的目数，一般在 1 500 目左右，然后手动喷漆。高规格的喷漆甚至会用色卡来标识颜色，以求获得准确的颜色。利用压缩空气结合喷漆枪来喷绘。上色可以拿笔描绘，还可以拿喷笔来处理，通常用于比较精细的成形件上面，比如公仔、手办等比例缩小的成形件。

（8）完成：完成成形件装配及调试。

2. 激光粉末床熔融成形工艺后处理制度

激光粉末床熔融成形件后处理一般工作流程如图 4–15 所示。

图 4–15　激光粉末床熔融成形件后处理一般工作流程

（1）未处理件。待成形件打印完成后，清理粉末，卸下基板，放上推车送至后处理工作车间。

（2）热处理。成形件取出后需将表面的粉末用防爆吸尘器清理干净，然后放入气氛炉或真空炉中进行热处理。根据零部件组织及性能要求，消除内部应力，提高其强度、硬度和耐磨性等。

（3）分离基板。用电火花线切割机床将成形件从基板上分离下来。常用拆件方法有 2 种：线切割和钳断。线切割可以将支撑与成形件完整拆除，但较为烦琐；直接用钳子将成形件与基板之间的支撑钳断，较为费力。

（4）拆除支撑。一般利用剪钳手动拆除支撑，遇到支撑比较硬时可利用电动工具拆除，在拆除过程中注意避免损伤零部件。

（5）表面加工。成形件分离下来后，一般在成形件上会留下许多支撑痕迹点，需要打磨残留支撑点。常用电动打磨工具操作时打磨头需来回运动，不能在某个位置停留太久，打磨成形件时将成形件突出的支撑点去除即可。如有特殊要求，可通过研磨、抛光、喷砂、磨粒流、铣削等表面处理方法进行处理。

（6）装配。表面加工处理完成后，进行零部件装配。

（7）完成。完成成形件调试。

三、增材制造产品后处理案例

（一）光固化成形工艺产品后处理

下面以光固化成形工艺作为主线，通过“壁挂式电吹风底座上壳”案例讲解液态光敏树脂增材制造产品后处理的操作过程。

（1）成形结束后，使用铲刀沿着成形件的底部开始铲取，使成形件与网板完全分离并放到托盘中，如图 4–16 所示。

（2）使用镊子将成形网板上的小孔清洁干净，如图 4–17 所示。

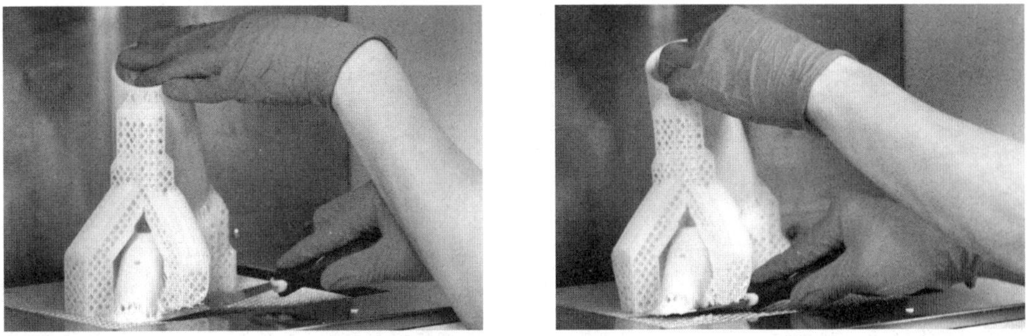

图 4–16　铲取成形件

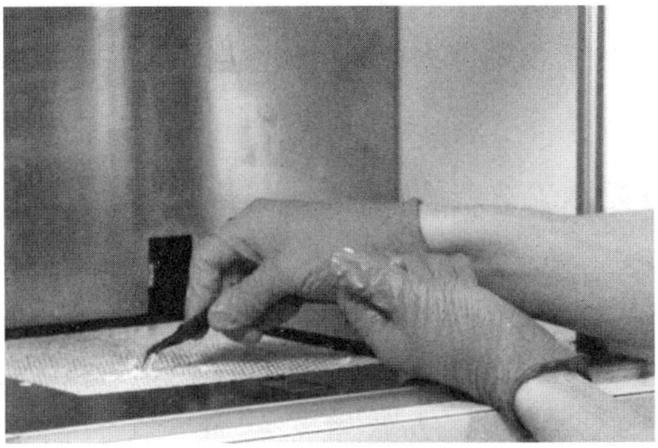

图 4–17　清洁网板

（3）使用工业酒精润湿无纺布，擦拭刮刀，达到刮刀洁净的目的。到此，完成增材制造设备上机操作。

（4）拆除支撑与清洗成形件。准备足量的工业酒精，将成形件表面残留的光敏树脂清除干净，可边拆除支撑边清洗成形件，如图 4–18 所示，直至将成形件支撑基本去除并清洗干净成形件，如图 4–19 所示。

图 4–18　拆除支撑与清洗成形件

图 4–19　拆除支撑与清洗后的成形件

（5）使用砂纸将成形件表面的层纹打磨光顺，如图 4–20 所示。

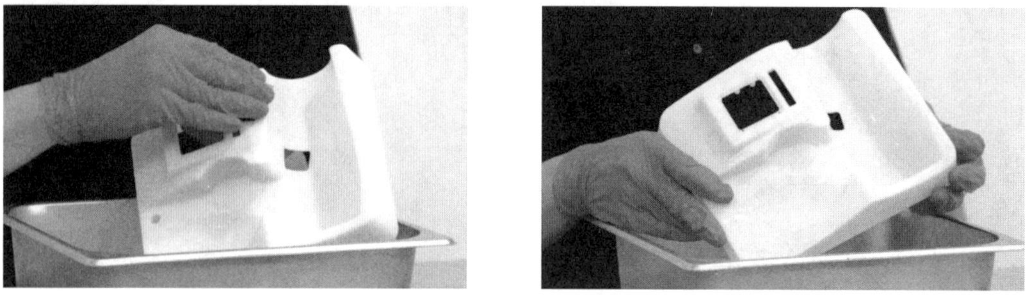

图 4–20　打磨成形件

（6）完成打磨操作后，将所有工具、物料归位。至此，完成底座上壳的成形后处理操作过程。

（二）激光粉末床熔融工艺产品后处理

下面以激光粉末床熔融工艺为例，通过“汽车门把手”案例讲解金属增材制造产品后处理的操作过程。

（1）准备后处理工具，如图 4–21 所示。

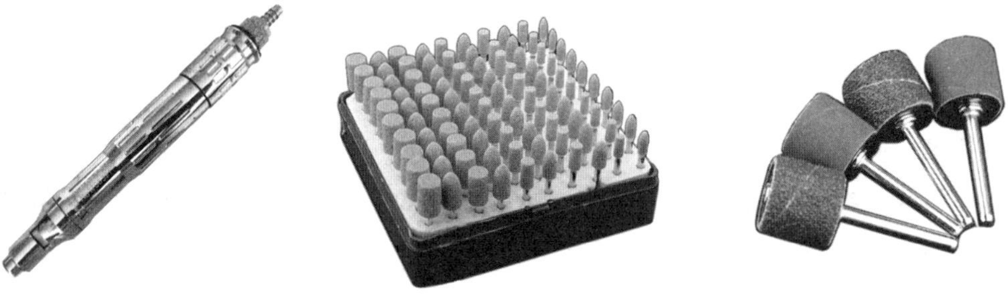

a)　　b)　　c)

图 4–21　后处理工具

a）打磨笔　b）刚玉打磨头　c）砂纸打磨头

（2）利用电火花线切割机床将成形件从基板上分离，然后使用砂纸手工打磨，将成形件表面的毛刺打磨掉，使表面光滑，如图 4–22 所示。

（3）使用气（电）动打磨机进行打磨，直至将成形件表面打磨光顺，如图 4–23 所示。

（4）抛光。将研磨膏挤到成形件表面，接着将研磨轮安装在打磨头上，然后开始研磨处理，如图 4–24 所示。

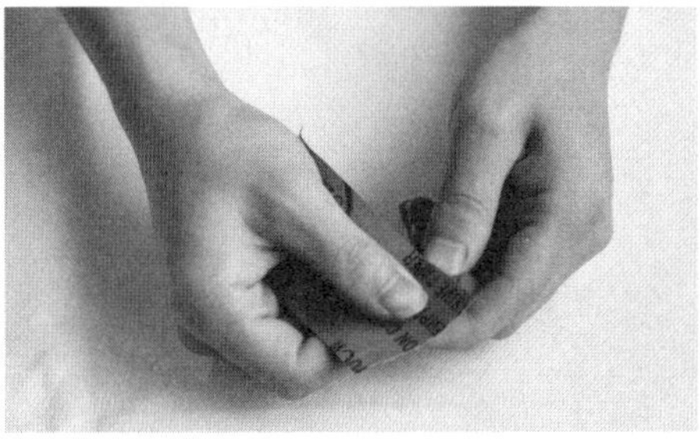

图 4–22　用砂纸打磨

图 4–23　用打磨机打磨

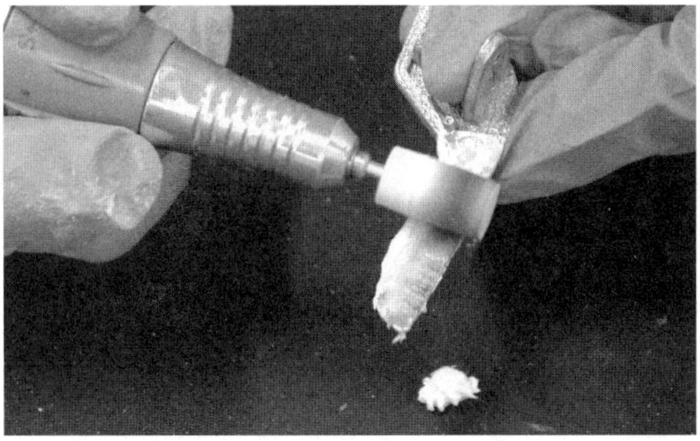

图 4–24　表面研磨抛光

一般而言，抛光处理表面的标准有亮光泽表面、镜状光泽面、雾状光泽面和镜面。要达到不同的表面光洁标准，需要在抛光处理中使用不同型号的研磨膏。

思考题

1. 请简述支撑结构移除的主要方法有哪些。
2. 请简述增材制造产品的主要表面光整处理技术有哪些。
3. 请简述增材制造零件的力学性能调控的主要方法有哪些。
4. 试举例说明光固化增材制造产品的后处理流程。
5. 试举例说明激光粉末床熔融制造金属零件的后处理流程。

第五章 增材制造产品质量检验

对增材制造成形零件进行质量检验是进行增材制造产品质量控制的关键环节之一。增材制造产品质量检验是指采用一定的质量检测方法或检验测试手段，对成形零件进行接触式或非接触式检测，依据检测结果评价被检对象的制造质量，判定产品质量检验结果的符合性，从而对增材制造的单个与批量产品做出合格或不合格评定，鉴别并剔除不合格品。通常要求对增材制造成形零件的表面质量、尺寸精度和内部缺陷进行检测评价。此外，还需要验证增材制造产品的动作、功能，进行产品原型配作与装调，以及产品动作功能验证。

- **职业功能：**后处理与检验产品制造质量。
- **工作内容：**检验评价产品表面质量、尺寸精度和验证产品动作、功能。
- **专业能力要求：**能使用检测工具或设备进行接触式 / 非接触式检测；能进行产品原型的配作与装调，开展动作功能的验证。
- **相关知识要求：**增材制造产品精度与表面质量相关知识；增材制造产品质量检测方法。

第一节　增材制造产品检测技术

本节面向增材制造产品的质量评价，主要介绍增材制造产品的表面质量检测技术、尺寸精度检测技术和内部缺陷检测技术。

一、增材制造产品表面质量检测技术

（一）典型表面质量问题

增材制造产品的典型表面质量问题主要体现在成形零件的粗糙表面形貌，如图 5–1 所示，包括金属粉末球化及吸附现象、粉末颗粒飞溅、熔池轨迹不稳定或搭接不良导致的表面不平整、表面粗糙度过大、表面纹理等。经优化设计后的复杂形状增材制造成形零件往往带有不同角度的倾斜面或垂悬面，在打印过程中，这种倾斜面或者垂悬面因阶梯效应也会对成形表面质量产生影响，通常倾斜处下表面的粗糙度高

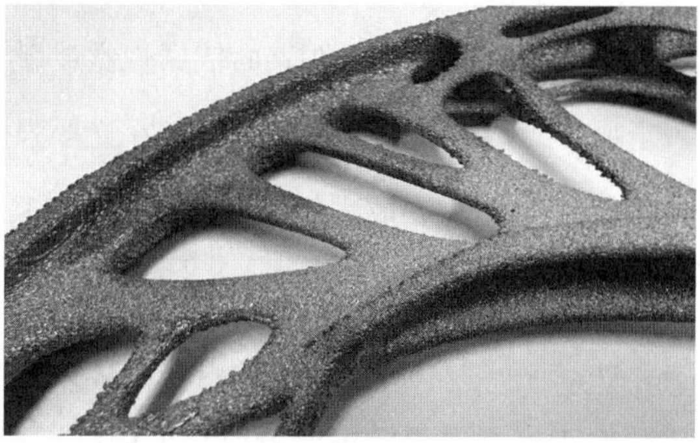

图 5–1　增材制造成形零件粗糙表面形貌

于上表面的粗糙度。此外，还有表面缺陷、外来物及杂质等表面瑕疵。采用熔融沉积成形等成形工艺制备的非金属增材制造产品的典型表面质量问题主要表现在表面褶皱、塌陷、拉丝、断丝以及缺料等方面。

（二）表面质量检测技术

适用于增材制造产品的表面质量检测技术主要包括目视检测、表面粗糙度测量和渗透检测等。

1. 目视检测

目视检测，即通过肉眼或者借助透镜、内窥镜等视觉辅助设备观察工件外观及其表面是否存在明显缺陷或瑕疵来评判产品表面质量。适用于检测增材制造成形零件的表面缺陷及其他表面瑕疵，可检测的缺陷类型包括金属增材制造产品的表面孔隙、空洞及未熔合，表面粗糙度，表面隆起和凹坑，表面裂纹、腐蚀和变形，变色，外来物等，还包括非金属增材制造产品的表面褶皱、塌陷、拉丝、断丝及缺料等质量问题。目视检测应根据被检工件的特点进行系统全面的检查，防止遗漏。对于复杂结构增材制造产品的内部流道或内部空腔表面的可达区域，可以借助内窥镜检查。可以通过目视检测与标准件进行比较评判被检工件的外观及表面粗糙度是否符合规定的表面质量要求。目视检测操作简单，但是受检测人员的经验和环境光线等因素影响较大。

2. 表面粗糙度测量

表面粗糙度测量，即对零件的表面微观几何形状特性的测量。常用方法包括比较法、触针法和印模法等。

比较法，利用表面粗糙度比较样块对工件表面依据视觉或触觉方法进行对比，判断被测表面粗糙度相当于哪一级别。视觉比对时一般应在光照强度不低于 350 lx 的条件下进行，也可借助放大镜观察比对，放大镜倍数一般应在 1 ~ 5 倍。比较法操作简便，但受主观因素影响，难以得出准确的表面粗糙度数值。

触针法，是指利用触针与被检工件的表面相接触，并使触针沿其表面轻轻滑过测量表面粗糙度的方法。可以得出表面粗糙度的数值，也可以记录被测表面轮廓曲线。一般将仅能显示表面粗糙度数值的工具称为表面粗糙度测量仪，同时能记录表面轮廓曲线的测量工具称为表面粗糙度轮廓仪。

印模法，即利用无流动性和弹性的塑性材料（如石蜡）贴合在被测表面上并将其轮廓复制成膜，然后测量印模来评定表面粗糙度。适用于深孔、盲孔、凹槽或内腔等不能使用仪器直接测量也不能使用样块比较的成形零件表面粗糙度测量。

3. 渗透检测

渗透检测是一种基于毛细管作用检测非多孔性零件表面开口缺陷的无损检测技术，包括着色渗透和荧光渗透。如图 5–2 所示，检测时先将渗透剂施加在被检成形件表面，使之渗入表面开口缺陷内，经过适当的渗透时间后再去除表面多余的渗透剂，并施加显像剂从而吸出渗入表面缺陷内的渗透剂，通过渗透显示来识别表面缺陷。渗透检测适用于检测非多孔性成形零件的表面缺陷，可检测的缺陷类型包括增材制造成形零件的表面孔隙、空洞、未熔合以及表面裂纹等。渗透检测通过浸渍或喷涂渗透剂能够检测复杂几何形状增材制造产品的外表面，对表面开口缺陷的检测灵敏度较高，能确定缺陷在被检工件表面的位置、大小和形状。但是，该技术无法检测到内部或埋藏的缺陷，且难以确定缺陷的深度。增材制造成形零件的粗糙表面和孔隙会产生附加背景显示，从而容易对渗透检测的结果解释产生干扰，必要时需对被检成形件进行表面处理（如机械加工或化学抛光等）。

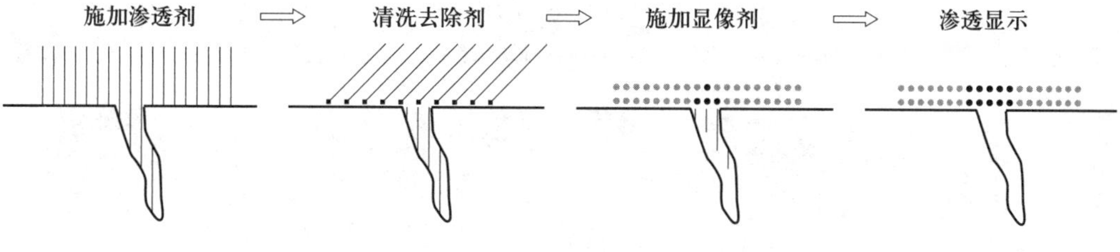

图 5–2　渗透检测原理

其他适用的金属或非金属增材制造产品表面质量检测技术还有视觉检测、光学显微镜检测和激光扫描仪检测等。其中，视觉检测通过光学相机拍摄成形件表面图像并提取特征值等相关信息来得到被检成形件表面的成形状态和缺陷分布情况。光学显微镜检测通过光学显微镜对成形件表面进行放大观察，准确评判被检成形件表面缺陷和瑕疵。激光扫描仪检测通过激光扫描仪对成形件表面扫描测量，获得表面的三维图像数据，从而检测成形件的表面缺陷和瑕疵。

对比以上几种表面质量检测技术：目视检测操作简单、快捷，但是精度较低；表面粗糙度测量用于评定成形零件的表面微观几何形状特性；渗透检测可用于成形零件的表面缺陷评价。此外，视觉检测适应性强，适合在工业现场使用；光学显微镜检测速度相对慢，但检测精度高；激光扫描仪检测具有速度快、效率高和数字化的优点。在实际工程应用中，需根据金属或非金属增材制造产品具体的被检工件及检测要求选择适宜的表面质量检测技术。

二、增材制造产品尺寸精度检测技术

（一）典型尺寸偏差问题

增材制造产品的典型尺寸偏差问题主要表现为金属或非金属成形零件的翘曲变形、隆起、凹坑、阶梯状、轮廓分离或材料缺失等。特别是薄壁类零件成形过程中因不同区域的收缩不均匀、残余应力累积与释放，容易引起增材制造成形后的零件在横向的向内收缩和垂直方向的向上翘曲等问题，如图 5-3 所示。

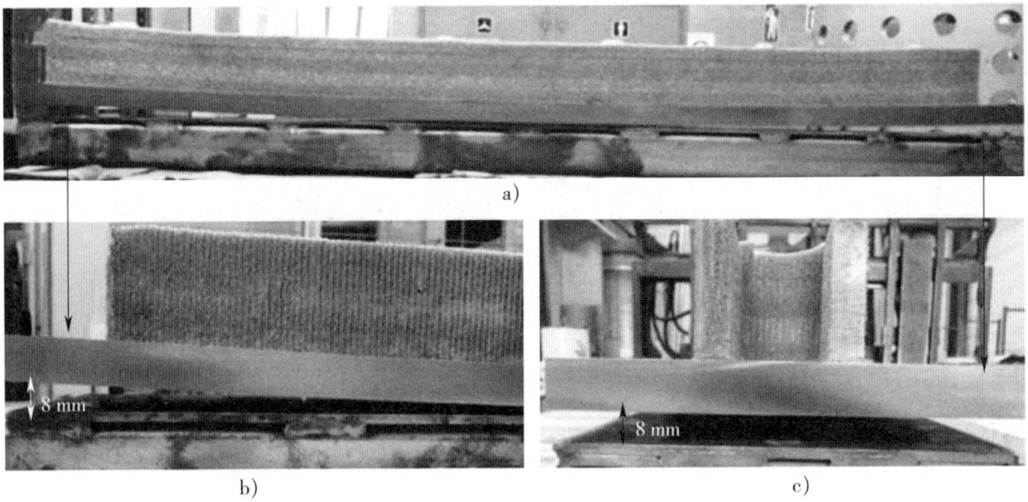

图 5-3　增材制造成形零件翘曲变形

a）薄壁零件翘曲变形整体形貌　b）零件左侧变形　c）零件右侧变形

（二）尺寸精度检测技术

通过对金属或非金属增材制造产品进行尺寸检测，可以验证产品的几何结构是否符合设计要求，避免因尺寸偏差过大导致的功能障碍或不良用户体验。常用游标卡尺、千分尺或三坐标测量机对简单形状成形零件进行一般尺寸检测。对于几何形状复杂且存在弧面或不规则曲面较多的复杂形状成形零件，可采用光学几何测量和工业计算机层析成像（computed tomography，CT）技术，获取成形零件的尺寸检测数据并将其与零件数模尺寸比较，评估增材制造产品尺寸精度是否符合规定的质量验收要求。

1. 简单成形零件尺寸检测

（1）游标卡尺测量。游标卡尺是一种测量长度、内外径、深度的量具。游标卡尺由主尺和附在主尺上能滑动的游标两部分构成。游标卡尺的主尺和游标上有两副活动量爪，分别是内测量爪和外测量爪，内测量爪通常用来测量内径或槽的宽度，外测量爪通常用来测量零件的长度、厚度和外径。一般游标卡尺的测量精度可以分为 0.1 mm、0.05 mm 和 0.02 mm。使用游标卡尺可以对增材制造成形零件的长度、直径、壁厚以及槽深、孔径等几何结构特性进行尺寸精度测量。

（2）千分尺测量。千分尺又称螺旋测微器、螺旋测微仪等，是比游标卡尺更精密的测量长度的工具，它的测量精度可以准确到 0.01 mm，测量范围一般为几厘米。它的一部分加工成螺距为 0.5 mm 的螺纹，当它在固定套管螺套中转动时，将前进或后退，活动套管和螺杆连成一体，其周边等分成 50 个分格。螺杆转动的整圈数由固定套管上间隔 0.5 mm 的刻线去测量，不足一圈的部分由活动套管周边的刻线去测量，最终测量结果需要估读一位小数。使用千分尺可以对增材制造成形零件的长度、内外径、壁厚等几何结构特性进行尺寸精度测量。

（3）三坐标测量技术。运用三坐标测量机对工件进行形位公差的检验和测量，评判被检工件的尺寸精度是否在公差范围内。该技术基于空间点坐标的采集和计算，采用测头和接触式探针，通过探针与被检工件的表面轻微接触获得测量点的坐标位置，利用测量系统软件分析处理数据，并依据相应几何形状的数学模型自动计算出选定测量点的变形量。三坐标测量技术的检测精度较高，尺寸检测准确、稳定，但是尺寸检测的成本较高且检测速度较慢。

2. 复杂成形零件尺寸检测

光学几何测量技术，主要包括激光三维扫描和结构光三维扫描。该技术操作简单，具有非接触、成本低和测量速度快等优点。激光三维扫描是通过激光三维扫描系统将激光线投射到成形件表面，扫描仪捕获激光线上的点，并通过三角测量算法计算激光线上表面点的位置，以生成三维点云用于创建成形件表面模型。激光线扫描仪具有极高的便携性和可操作性，可精确扫描大型整体成形零件。结构光三维扫描是采用光源投影仪以相移方式将已知的光图案（如线和网格）投射到成形件上，使用相机捕获成形件上投射图案的图像，由相机捕获图案的失真和位移计算线/网格上表面点的位置以确定深度特征，生成三维点云用于创建成形件的表面模型。结构光三维扫描可在单个扫描过程中投影整个零件，实现快速尺寸检测。通常需考虑零件几何形状的遮挡限制和高反射率表面的不利影响。

工业计算机层析成像技术，基于采集和重建透过被检工件二维切片的射线数据，能以二维断层或三维立体图像直观显示成形件的内部组成、结构和性质。适用于几何形状复杂成形零件的内部结构尺寸检测，可以实现对增材制造产品的内外部结构进行整体尺寸检测评估，特别是内部流道、内部空腔或点阵结构的尺寸检测。一次工业 CT 扫描即可同时完成产品的尺寸检测与材料质量评价，且一般不受成形件表面状况的影响。工业 CT 尺寸测量过程通常包括投影采集、数据重建、边缘检测和尺寸分析。通过改进工业 CT 系统硬件性能，提高 CT 软件及数据后处理能力，优化 CT 扫描参数选择等方式，可以提高工业 CT 的尺寸检测精度。

三、增材制造产品内部缺陷检测技术

（一）典型内部缺陷问题

增材制造成形工艺通过材料逐点熔化、逐线搭接和逐层堆积的方式制造零件，在成形过程中因原材料、主要工艺参数及装备、成形室环境气氛等因素不连续和不稳定，容易在金属成形零件内部产生气孔、未熔合、裂纹及夹杂物等冶金缺陷，如图 5-4 所示。通常孔隙缺陷呈规则球形或类球形，未熔合缺陷形貌不规则且往往分布在熔覆层间或道间，裂纹是由成形过程中残余应力的累积及释放引起。此外，非金属增材制造产品还存在层间错位、扭曲、断丝等质量问题。

孔隙缺陷　　未熔合缺陷　　裂纹缺陷

图 5-4　增材制造成形零件内部缺陷

（二）内部缺陷检测技术

适用于增材制造产品的内部缺陷检测技术主要包括超声检测、射线检测、工业 CT 检测等，其他适用的检测技术还有电磁涡流检测、激光超声检测等。

1. 超声检测

超声检测是基于超声波在介质中传播时产生衰减、遇到界面产生反射的性质检测缺陷的无损检测技术。通过耦合剂将超声波导入被检成形件内部，当超声波遇到内部缺陷时会生成缺陷回波而被传感器接收，从而根据回波获取成形件内部缺陷信息。超声检测适用于检测大厚度成形件的内部面积型缺陷，可检测的缺陷类型包括增材制造成形零件的孔隙、空洞、未熔合、裂纹和夹杂物等。超声检测主要用于几何形状相对简单的增材制造成形零件内部缺陷检测，也可以与超声相控阵、工业机器人等技术结合提高大型整体增材制造结构件的内部缺陷检测效率。

使用超声检测增材制造产品，检测前应分析增材制造材料的超声波衰减和速度响应，充分了解被检成形件的声波响应特点。同时，还需要考虑增材制造产品的结构几何形状、表面状态和零件的成形方向等因素。增材制造成形零件的几何形状复杂程度影响超声检测对成形件表面和内部的可达性。成形零件的表面粗糙度过大会对超声探头与被检成形件之间的声学耦合带来不利影响，可能抑制超声波束的进入，必要时需要对成形零件进行表面处理，这取决于检测灵敏度和分辨率要求。增材制造的成形方向可能会直接影响通过被检工件的超声波波形传播，从而影响超声检测结果及缺陷评定的准确性。

2. 射线检测

射线检测是一种基于成形件对透入射线的吸收性不同，来检测成形件内部缺陷的无损检测技术。如图 5–5 所示，通过射线源产生射线并穿透成形件内部，在胶片上记录成形件内部信息，经显影及定影等处理得到射线影像。射线检测适用于检测成形件内部的体积型缺陷，可检测的缺陷类型包括增材制造成形零件的孔隙、空洞、未熔合、残存粉末和夹杂物等。射线检测应在增材制造产品生产工序中易于发现缺陷的环节实施，例如在成形零件的热处理后、机械加工或后处理完成后进行。

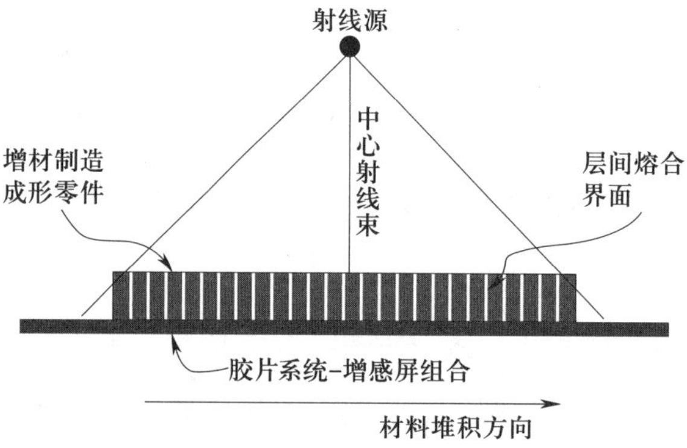

图 5–5　射线检测原理

射线检测的影像清晰，检测准确性较高，可直观显示成形零件内部缺陷，直接判断缺陷种类、分布、数量和大小，胶片影像可以永久保留，便于对缺陷进行定性定量以及统计分析。但是，该技术较难检出成形零件的细小裂纹和层状未熔合缺陷，对于平面状或层状缺陷的射线检测，必须考虑射线束的透照方向，当射线束与缺陷平面夹角较大时容易漏检，需在不同方向进行多次透照检测。如果非胶片射线检测技术（如数字射线检测）的灵敏度足以达到要求的射线质量水平，则允许使用其对增材制造成形零件进行内部缺陷检测。

3. 工业 CT 检测

工业 CT 检测，如图 5–6 所示，依据射线在工件中的衰减和吸收特性，从不同视角获取工件的射线辐射投影，使用计算机算法以二维断层或三维立体图像清晰、准确、直观地展示被检工件的内部结构、材质及缺陷情况。工业 CT 检测适用于检测复杂结构成形零件的内部缺陷或几何尺寸，可检测的缺陷类型包括增材制造成形零件孔隙、空洞、未熔合、裂纹、残存粉末和夹杂物等。工业 CT 检测精度高且结果直观，主要用于中小型几何形状复杂的增材制造成形零件内部缺陷检测，还用于筛选粉末原材料，制件密度和体积孔隙率分析。

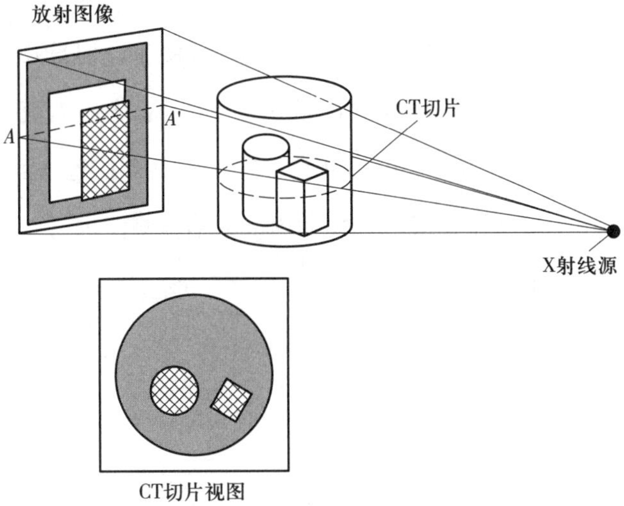

图 5–6　工业 CT 检测原理

使用工业 CT 检测时，CT 扫描方向应尽可能垂直于增材制造零件成形（Z 轴）方向，这将为沿成形平面产生的层状或平面状缺陷提供尽可能高的检测分辨率。工业 CT 检测的局限性，一是体现在被检成形件的尺寸，这限制了可实现的缺陷检测分辨率，工件尺寸与其壁厚、密度相关，这也限制了 X 射线的穿透量；二是检测效率，要求的 CT 扫描质量越高，CT 检测所需的时间就越长；三是检测成本，工业 CT 系统及其使用较昂贵，用于批量生产的增材产品检测可能需要多个工业 CT 系统，或者需要专门的工业 CT 检测服务提供商。

其他适用于金属增材制造产品的内部缺陷检测技术还有电磁涡流检测、激光超声检测等。其中，电磁涡流检测技术基于成形件局部的电导率或磁导率变化可检测导电材料的近表面缺陷，例如近表面的孔隙、未熔合、裂纹和夹杂物等；激光超声检测技术利用脉冲激光以热弹效应或烧蚀效应在工件中激发超声波，超声波携带的信号在成形件内部或表面传播，使用激光束非接触式探测超声波信号的反射、散射以及衰减等传播情况，从而获取成形件的内部缺陷信息。

对比以上几种内部缺陷检测技术：超声检测技术可以用于简单形状大厚度成形零件的内部面积型缺陷检测，但是较难检测几何形状复杂或表面粗糙的成形零件；射线检测技术可用于检测金属或非金属增材制造成形零件的内部体积型缺陷，但是较难检测零件内部的细小裂纹和层状未熔合缺陷；工业 CT 检测技术可用于几何形状复杂的金属或非金属增材制造成形零件内部缺陷检测和尺寸测量，但是具有检测分辨率受工件尺寸影响大、检测效率低和检测成本高等不足。此外，电磁涡流检测技术用于导电材料成形零件的近表面缺陷检测，可弥补常规超声检测存在近表面检测盲区的不足。激光超声检测技术用于增材制造成形零件的内部缺陷检测，也可以用于增材制造零件成形过程中的内部缺陷在线监测。

第二节　增材制造产品功能验证

一、产品原型配作与装调

（一）产品原型配作

1. 配作定义

配作是利用一个已加工好的零件上的要素加工与之有关系的工件，如配钻（见图 5–7）、打磨、压印锉修、合作加工等。

2. 配作优缺点

优点：使两个或两个以上零部件配合更容易获得高的精度、小的误差。

缺点：没有互换性，在批量生产中不适用，主要在单件小批量生产中使用。

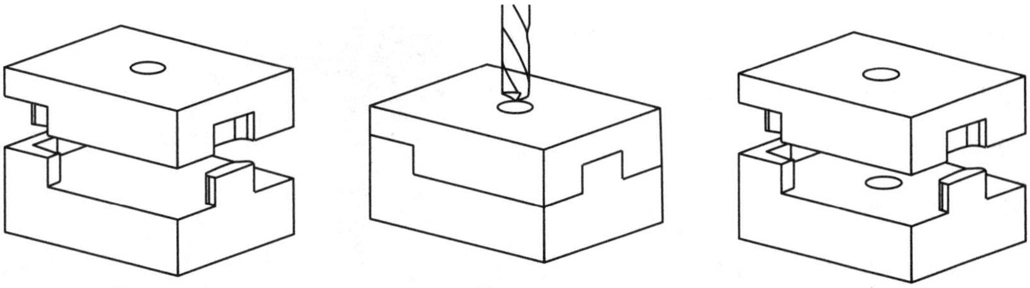

a)　　　　b)　　　　c)

图 5–7　配钻工艺

a）装配　b）配作打孔　c）加工完成

3. 增材制造工艺产品配作要求

增材制造工艺产品零件之间需要预留一定的装配间隙，详细装配间隙数值见表 5–1。

表 5–1　　增材制造工艺产品装配间隙　　mm

工艺	装配间隙
FDM	单边 0.2 ~ 0.3
SLA	单边 0.1 ~ 0.2
LPBF	单边 0.2 ~ 0.3

（二）产品装调

产品装调是指在产品零件制造过程中，通过对各种零部件进行装配和调试，使产品能够正常工作的工艺过程。它是产品制造的最后一道工序，也是保证产品质量和性能的重要环节。装调工艺流程如图 5–8 所示。

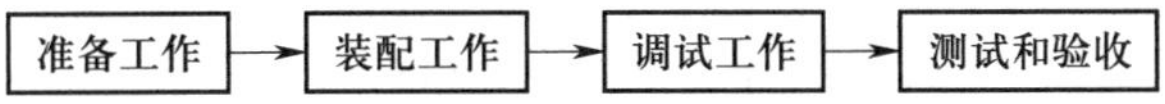

图 5–8　装调工艺流程

1. 准备工作

装调前的准备工作非常重要，包括对产品的检查和清洗，以及对所需的工具、测量仪器和校准仪器的准备。首先要检查产品的各个零部件是否完整，是否有损坏或缺陷，以确保装调过程中不会出现问题。同时还要对产品进行清洗，如图 5–9 所示，以清除表面的污垢和油脂，保持产品的清洁，便于后续的装配和调试工作。另外，还需要准备好各种工具，如扳手、螺具等，以及测量仪器和校准仪器，如千分尺、游标卡尺等，以便进行装配和调试过程中的测量和调整。

图 5–9　产品清洗

2. 装配工作

装配是将各个零部件按照设计要求进行组装的过程。在装配过程中，需要根据设计图纸和工艺要求，按照一定的顺序和方法进行操作（见图 5–10）。首先要将产品部件的主体结构进行组装，如外壳、底座、支架等，然后再将各个零部件逐步组装到主体结构上，直至完成整个产品的装配。在装配过程中，需要注意各个零部件之间的配合和连接，确保装配的质量和精度。

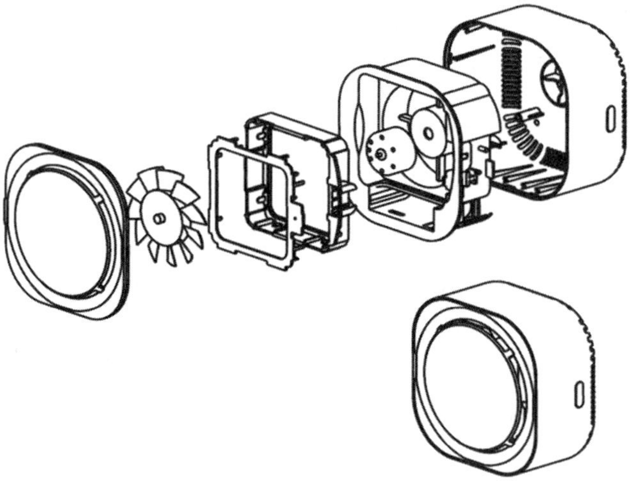

图 5–10　产品装配

3. 调试工作

装配完成后，需要对产品进行调试，以确保其正常运转和性能达到设计要求。调试工作主要包括以下几个方面。

（1）动力系统调试。对产品的动力系统进行调试，如检查电动机的动力连接是否正确、电源电压是否稳定等，确保产品能够正常供电。

（2）控制系统调试。对产品的控制系统进行调试，如检查传感器的连接是否正常、控制器的参数设置是否正确等，确保设备的控制功能正常。

（3）机械系统调试。对产品的机械系统进行调试，如检查各个传动部件的连接是否牢固、运动部件的润滑是否良好等，确保产品的运动性能正常。

（4）功能性能调试。对产品的功能性能进行调试，如检查设备的各个功能是否正常、各个操作部件是否灵活等，确保设备能够按照设计要求完成各项工作。

（5）效果检查和调整。对产品的工作效果进行检查和调整，如检查设备的加工精度是否满足要求、产品的质量是否合格等，确保设备的工作效果达到预期。

4. 测试和验收

调试完成后，需要对产品进行装配测试和验收，以确保满足零件之间的精度配合要求及其性能、质量要求。测试工作主要包括对产品的各项指标进行测量和检测，如产品的功能测试，以及产品的尺寸、质量、硬度检测等（见图 5–11）。测试结果应与设计要求进行对比，如果符合要求，则可以进行验收；如果不符合要求，则需要进行调整和修正，直至达到要求为止。

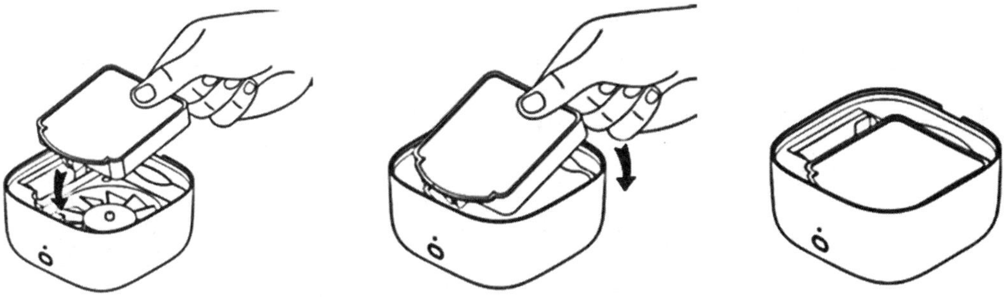

图 5–11　产品测试

装调的工艺过程是产品原型制作过程中不可或缺的一环。通过对各个零部件的装配和调试，能够确保产品的正常工作和性能达到设计要求。在装调过程中，要注意准备工作的重要性，合理安排装配的顺序和方法，认真进行调试和测试，以确保装调工作的质量和效果。只有在装调工艺过程中严格把控每一个环节，才能保证设备的质量和性能，满足用户的需求。

（三）产品组件装配常见的缺陷

1. 设计缺陷

设计缺陷是指产品在设计上存在着不安全、不合理的因素。例如，结构设置不合理、设计选用的材料不适当、没有设计附加应有的安全装置。

2. 制造缺陷

制造缺陷是指产品在加工、制作、装配等制造过程中，不符合设计规范，或者不符合加工工艺要求，没有完善的控制和检验手段，致使产品存在不安全的因素。

3. 指标缺陷

指标缺陷是指在产品的警示说明上或者在产品的使用标志上未能清楚地告知使用者应当注意的使用方法，以及应当引起警惕的注意事项，或者产品使用了不真实、不适当的甚至是虚假的说明。如油漆具有易燃性，生产者应附警示标志，提醒使用者存在的危险性，并告知如何避免。

（四）产品原型装调常见问题的处理原则

在产品原型装调过程中，通常会遇到以下一些常见的问题，需要采取相应的处理方式。

1. 尺寸适配问题

可能出现零部件之间的尺寸不匹配或配合不良的情况。处理方式包括重新测量零部件尺寸，进行调整或重新设计，以确保合适的配合。

2. 功能性问题

产品原型在装调过程中可能出现功能性故障或性能不达标的情况。处理方式包括识别问题原因，重新检查和优化产品设计和装配过程，或进行必要的零部件更换或调整。

3. 材料选择问题

产品原型装调过程中，可能发现选用的材料不合适。处理方式包括重新评估材料选择，并选择适合原型的材料，以确保产品符合设计和功能要求。

4. 组装难度问题

遇到无法高效组装或安装的问题，可能需要重新评估产品设计，简化零部件结构或提供更清晰的装配说明；也可以通过引入适当的装配工具或技术来解决组装难题。

5. 用户体验问题

在原型装调过程中，可能会出现用户体验方面的问题，如操作不便或不符合预期。处理方式包括收集用户反馈，倾听他们的需求和意见，并对原型进行相应的调整和改进，以提高用户体验。

6. 质量控制问题

原型装调过程中，可能出现质量控制不到位导致的问题。采取的处理方式包括建立完善的质量控制体系，加强原材料采购和进货检验，有效监控装配过程中的质量，并及时纠正任何发现的问题。

二、产品动作功能验证

产品功能测试就是对产品的各功能进行验证，根据功能测试用例逐项测试，检查产品是否达到用户要求的功能。根据产品特性、操作描述和用户方案，验证一个产品的特性和可操作行为以确定它们满足设计需求。功能验证是确保产品在使用过程中各项功能正常运行的重要环节。下面是进行产品动作功能验证的常见方法和步骤。

（1）确定功能需求。首先需明确产品应具备的动作功能需求。这可能来自产品设计规格、用户需求或市场需求等方面。

（2）制订测试计划。根据功能需求，制订详细的测试计划。确定需要验证的每个动作功能，包括其操作条件、期望结果和测试方法。

（3）准备测试场景和工具。为每个动作功能准备合适的测试场景和工具。这可能包括使用模拟装置、操作设备、传感器或其他专门的测试设备，以确保测试的准确性和可靠性。

（4）进行实际测试。根据测试计划，开始进行实际的动作功能测试。按照设定条件操作产品并观察其动作是否符合预期。

（5）记录测试结果。详细记录每个动作功能的测试结果。记录实际观察到的动作以及与功能要求的一致性。可使用图表或其他记录方式进行记录。

（6）分析测试结果。分析测试结果，与功能需求进行比较，识别是否有任何与功能要求不一致的现象或问题，并记录下来。

（7）解决问题和改进。针对测试中发现的问题，制定相应的解决方案。可能需要重新设计、调整工艺流程、更换部件或重新校准设备等，确保产品的每个动作功能都能达到预期效果。

（8）重复测试。在解决问题和改进后，重新进行动作功能测试。确保修复和改进措施的有效性，并验证产品的每个动作功能能够正常运行。

（9）终端用户评估。邀请终端用户参与产品动作功能的评估，收集他们的反馈和意见，以进一步优化产品的动作功能性能。

通过以上步骤，能够全面验证产品的动作功能是否满足需求，并及时解决发现的问题。这有助于提高产品质量、增加用户满意度，并为产品的进一步改进提供指导和参考。

思考题

1. 简述增材制造产品表面质量检测技术有哪几种。
2. 试说明增材制造产品表面渗透检测的主要步骤。
3. 增材制造产品常见的内部缺陷有哪几种？各有什么特点？
4. 简述增材制造产品内部缺陷检测技术种类、适用性及优缺点。
5. 增材制造产品装配设计应注意什么？

第六章

综合实训

第一节　增材制造产品设计与数据处理实训

实训目标：完成一个增材制造产品的设计与数据处理工作。

一、增材制造产品设计

本节设计软件使用的是 SolidWorks 2020，以法兰零件的三维建模为案例进行讲解。

（1）参照图 6-1 所示三视图设计法兰三维模型。

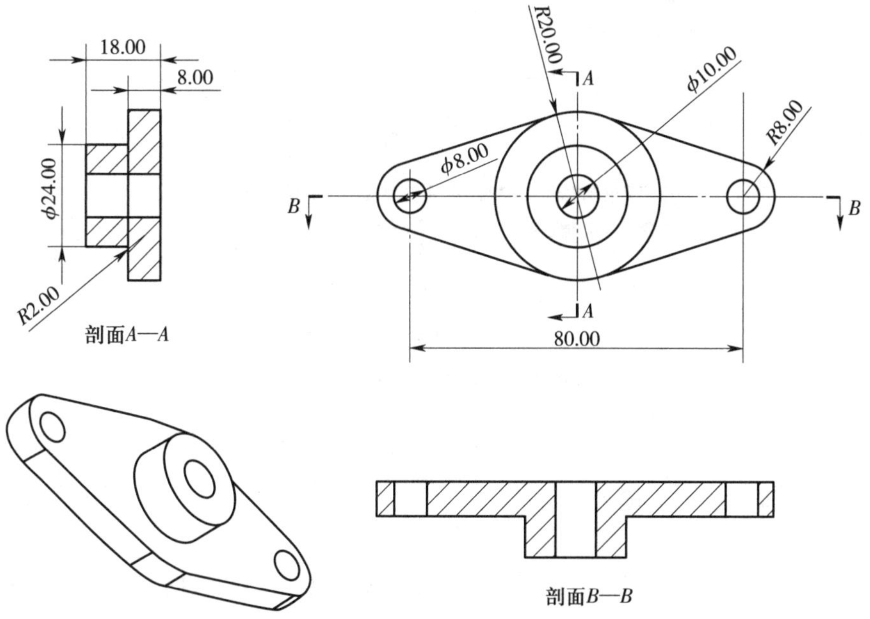

图 6-1　法兰三视图

（2）参照第二章增材制造工艺结构设计的内容，需要在截面突变处设计圆角以减少应力过度集中，具体如图 6–2 所示。

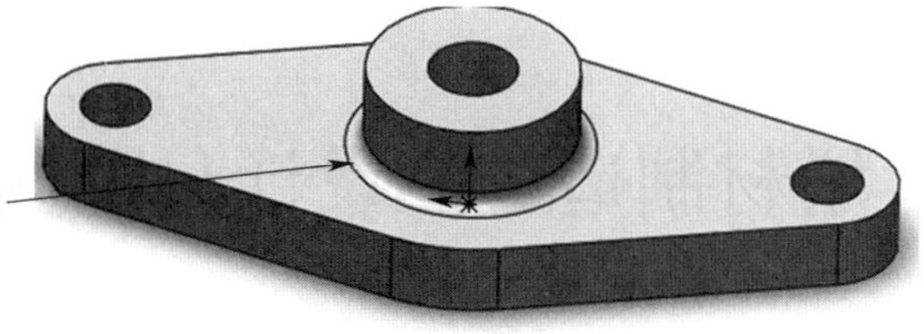

图 6–2　圆角设计

（3）先将文件保存，再选择“文件”→“另存为”命令，在“另存为”对话框中修改“保存类型”为 *.stl。打开“工具”→“选项”菜单，将误差和角度的公差分别修改为 0.01 mm 和 1°，如图 6–3 所示。

图 6–3　设置误差和角度的公差

二、数据修复与编辑

增材制造产品制造之前，需要根据工艺要求对 STL 格式的数据文件进行预处理，包括数据修复、成形方向选择、抽壳等。目前常用的数据处理软件有 Magics、Netfabb、

3DXpert、VoxelDance 等，以下主要使用 Magics 软件（21.0 版本）进行数据处理的操作演示。软件的主界面如图 6-4 所示。

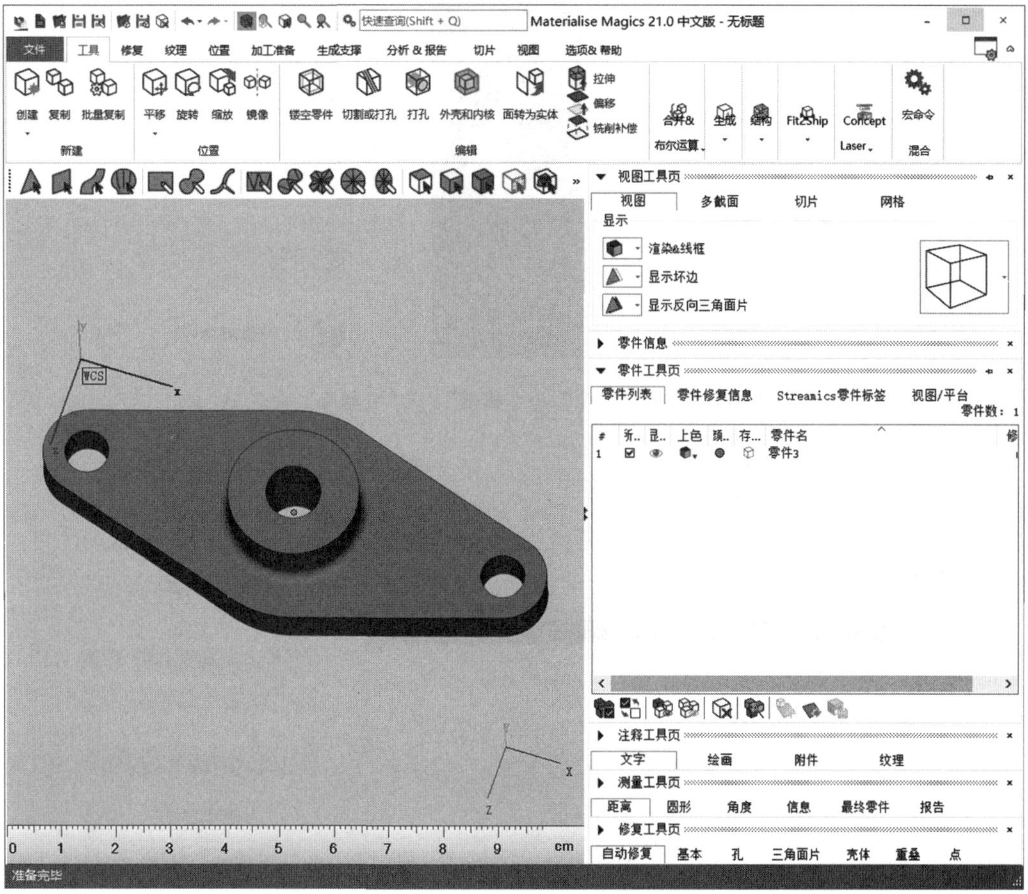

图 6-4　Magics 21.0 主界面

（一）虚拟平台设置（增材制造装备选择）

由于成形工艺以及各企业研发的增材制造装备的打印尺寸等参数各不相同，因此需要在软件里设定与自己使用的设备参数相同的虚拟设备，同时 Magics 21.0 也集成了许多常见的增材制造装备的信息，通过“文件”→“机器”→“机器库”命令即可选择，如图 6-5 所示。单击“机器库”命令后会弹出“机器库”对话框，如图 6-6 所示。

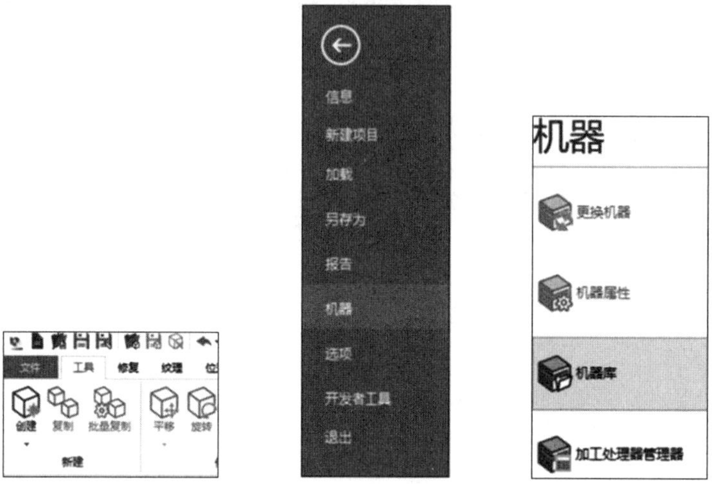

图 6–5　选择“文件”→“机器”→“机器库”命令

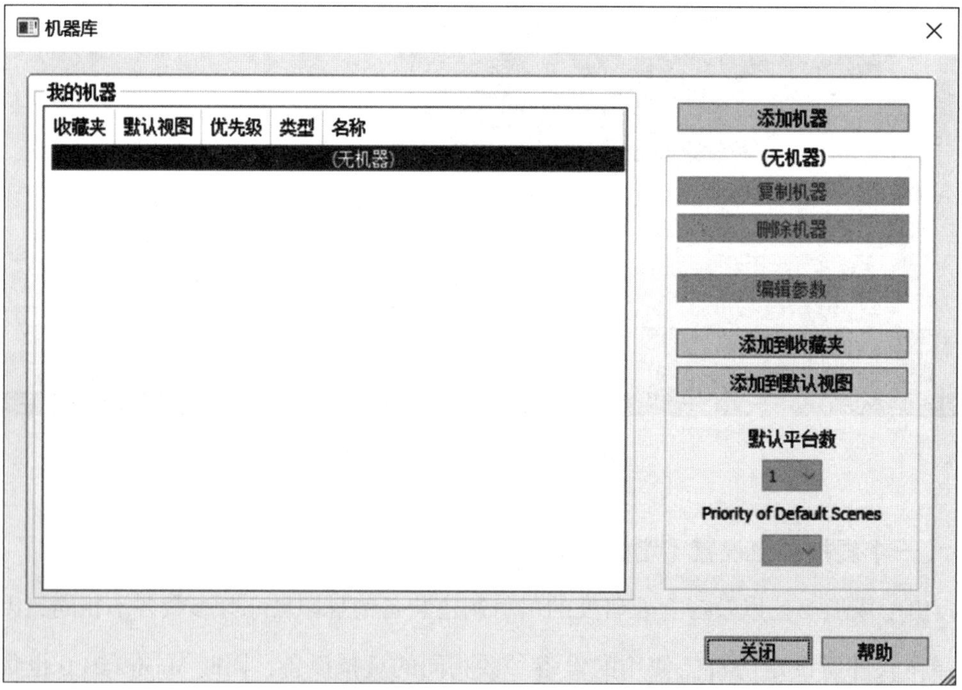

图 6–6　“机器库”对话框

软件默认状态下机器库内“我的机器”没有装备信息，我们需要根据自己使用的装备添加对应的装备信息。单击“添加机器”按钮，会弹出机器库的单位信息分类。Magics 21.0 为了用户更方便地找到使用的设备信息，将常见的增材制造装备根据单位标准分为英制和公制机器库，用户根据所用装备的分类可以很快找到对应的装备信息。目前大多数国内使用的都是公制单位，鼠标双击公制菜单就会弹出常见的增材制造装备设备信息。以某公司的型号为例，具体操作如图 6–7 所示，双击“3D Systems”并在“机器库”列表框中找到“3D Systems SLA 350（mm）”，单击 >> 按钮进行添加，添加完成之后就可以看到“我的机器”列表框内出现对应的装备名称，此时即可关闭“添加机器”对话框。

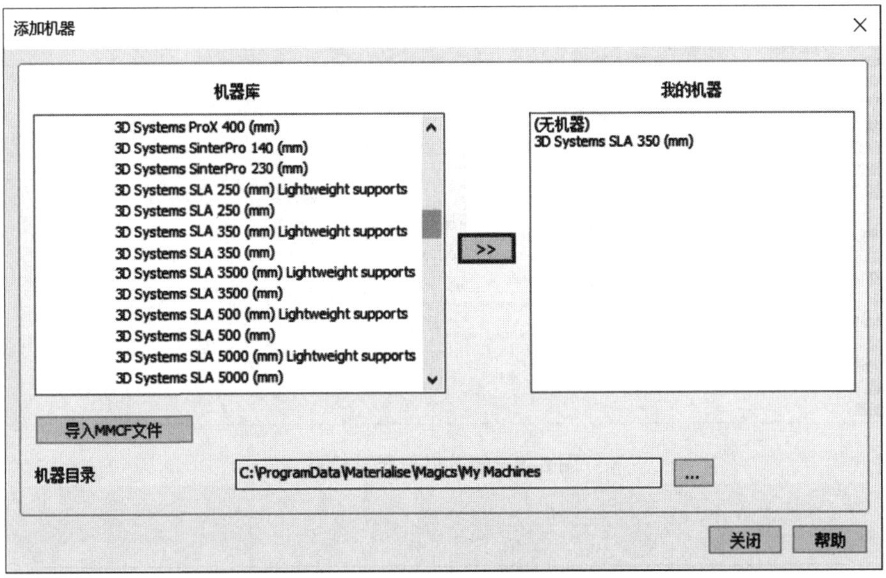

图 6–7　添加增材制造设备

当回到“机器库”对话框后，可以看到“我的机器”栏内会出现刚刚添加的装备。当有较多装备时，还可以继续通过“添加机器”操作增加其他装备。如果机器库内没有检索到使用装备的信息，也可在机器库内通过“编辑参数”自定义装备信息。先在“我的机器”栏内添加一个同类型的装备，然后选中该装备并单击“编辑参数”按钮，在弹出的机器属性窗口内修改机器信息，如图 6–8 所示，一般只需要修改机器名称和成形尺寸。

成形尺寸信息在平台参数下的“加工平台”内，具体修改如图 6–9 所示。在此窗口中也可设定增材制造装备所需切片数据的相关信息。以立体光固化装备为例，主要设定切层厚度和数据格式，如图 6–10 所示，修改完成之后单击“应用”并进行确认。此时，“我的机器”栏内会出现刚刚自定义的装备。

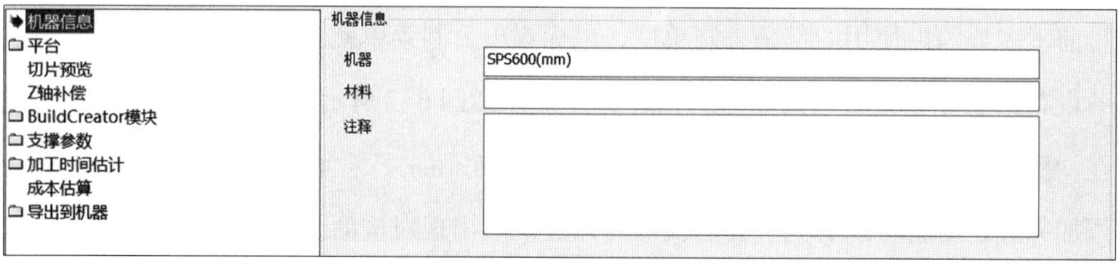

图 6–8　修改机器信息

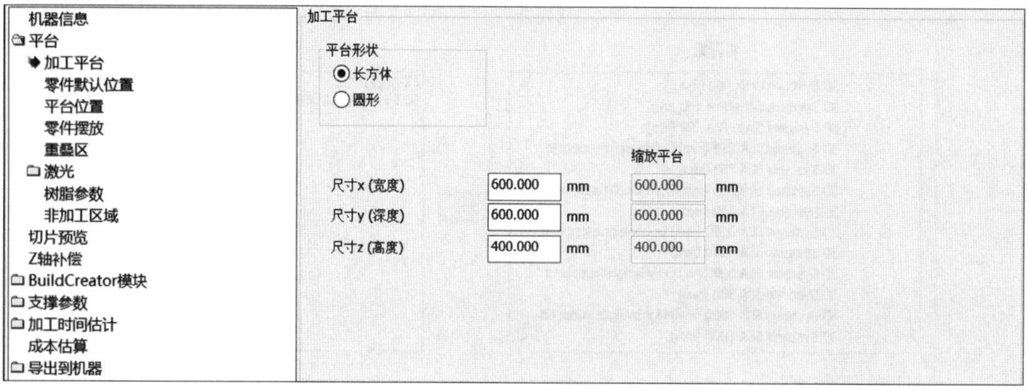

图 6–9　修改成形尺寸信息

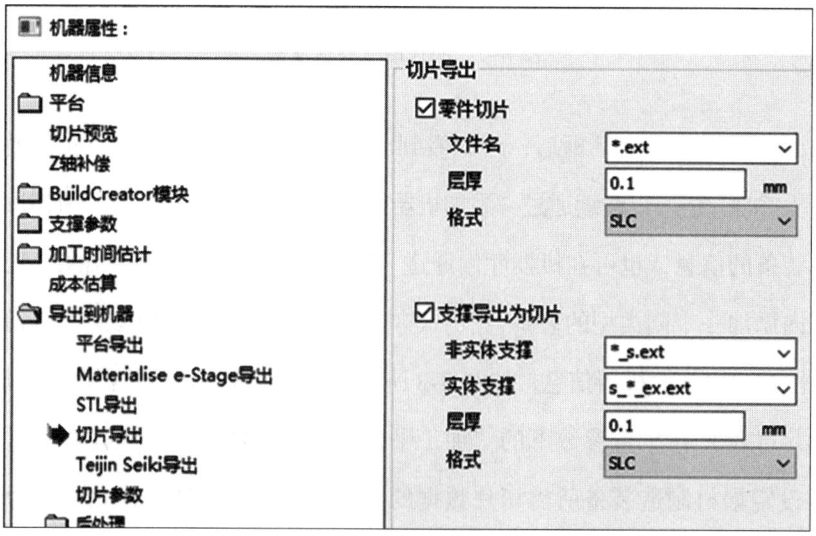

图 6–10　切片导出设置

软件默认状态下，“我的机器”栏内的装备信息是不生效的，当处理数据时需要用户再去选用该装备。也可以先选中一个装备，再单击“添加到默认视图”按钮，将该装备设置为默认打开，如图 6–11 所示。设定完之后，就可以关闭“机器库”对话框。

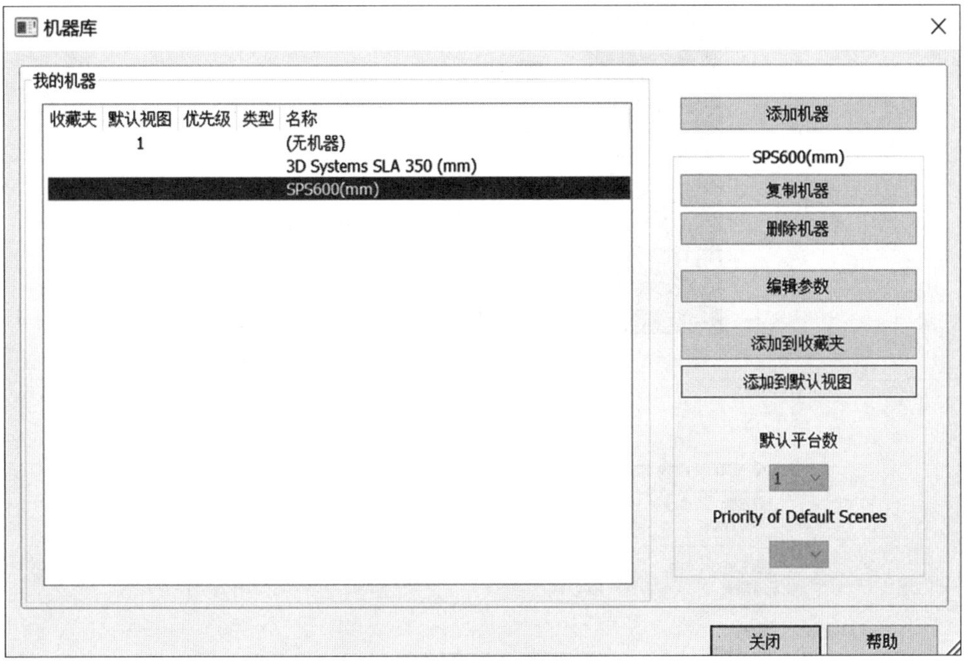

图 6–11　默认机器设定

虚拟装备设定完成之后，再次打开软件，会发现软件主窗口出现一个立体框，同时主窗口左上侧也出现虚拟装备的名称，这个立体框就是装备的成形室的最大成形空间。

（二）数据检查与修复

首先选择“文件”→“加载”→“导入零件”命令，如图 6–12 所示，接着选择法兰的 STL 数据，然后单击“开启”完成数据加载，也可将 STL 文件通过鼠标左键直接拖拽到软件的主界面。

数据加载之后，可以通过“修复”菜单栏里的“修复向导”检查模型是否出现错误信息，操作如图 6–13 所示，单击“更新”按钮后软件会自动检查方框内的项目，正常模型的检查结果一般除壳体是“1”，其他项都是“0”。

图 6–12　数据加载操作

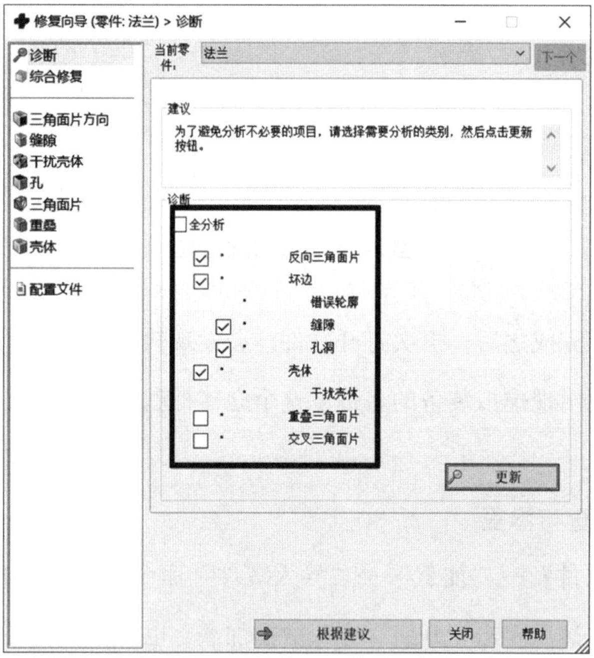

图 6–13　三角面片信息检查

图 6–14 给出了正常数据和问题数据的对比。当模型检查出现非零错误信息后，可通过“综合修复”命令反复对模型进行自动修复，直至所有错误信息被修复完成，也可选择某一项错误进行单独修复。以上主要是基于软件的自动修复模块，高

级版本会有手动修复功能。一般采用正向CAD实体建模的数据很少会出现数据三角面片错误，但曲面造型可能会出现某些错误。当模型没有错误信息后，就可以对模型进行其他编辑了。之所以将数据修复放在第一步处理，主要是因为如果不修复错误模型，最终在进行数据切片的时候，错误的三角面片信息会导致切片数据错误。

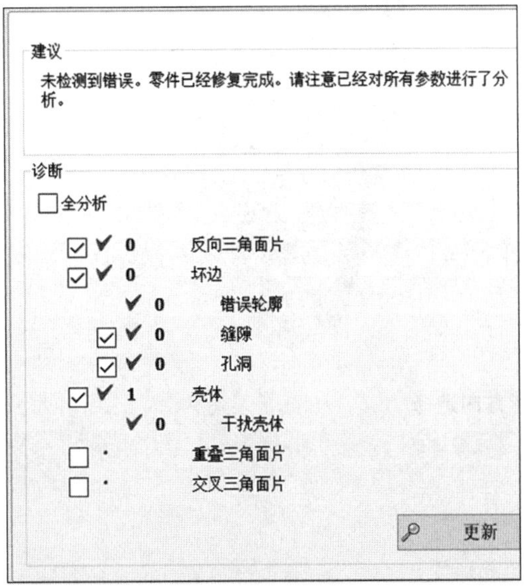

a)

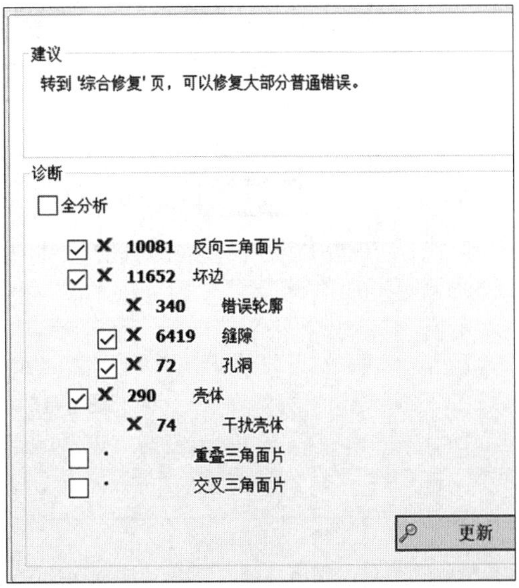

b)

图 6-14　检查信息对比

a）正常数据　b）问题数据

三、工艺支撑添加

（一）成形方向选择

单击“位置”菜单栏，选择“底 / 顶平面”命令，在平面里选择“底平面”，然后单击“指定面”按钮，移动鼠标到模型的最大面，单击“应用”按钮，具体操作如图 6-15 所示。当单击“应用”按钮后，选择的面会自动转向底面。

成形方向的选择也可使用“位置”菜单栏内的“旋转”命令来实现，如图 6-16 所示。这个命令允许用户直接输入旋转角度，也可以使用鼠标直接拖拽对应的某一方向的线框。

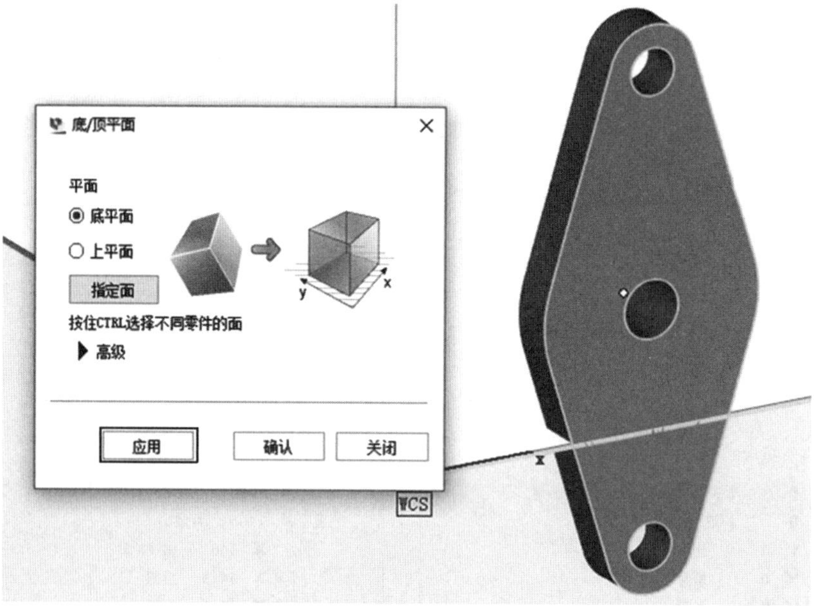

图 6–15　成形方向选择

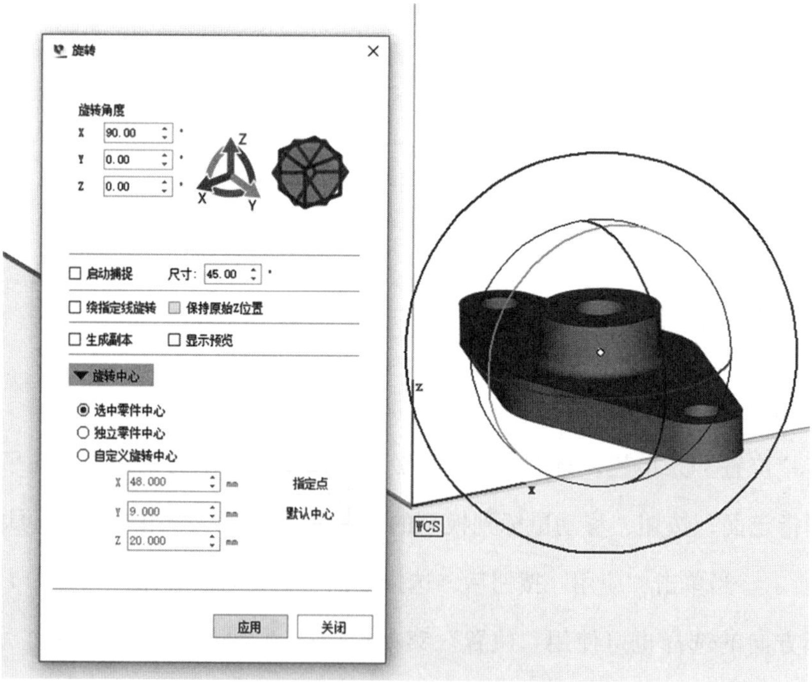

图 6–16　通过“旋转”命令选择成形方向

（二）生成支撑

单击“生成支撑”菜单栏，选择“生成支撑”命令，软件会跳转为添加支撑界面，如图 6–17 所示。由于该模型需要支撑的区域只有一个，所以自动生成的支撑也只有一个区域。有些模型可能同时会有很多个支撑区域，需要对每个区域进行检查。

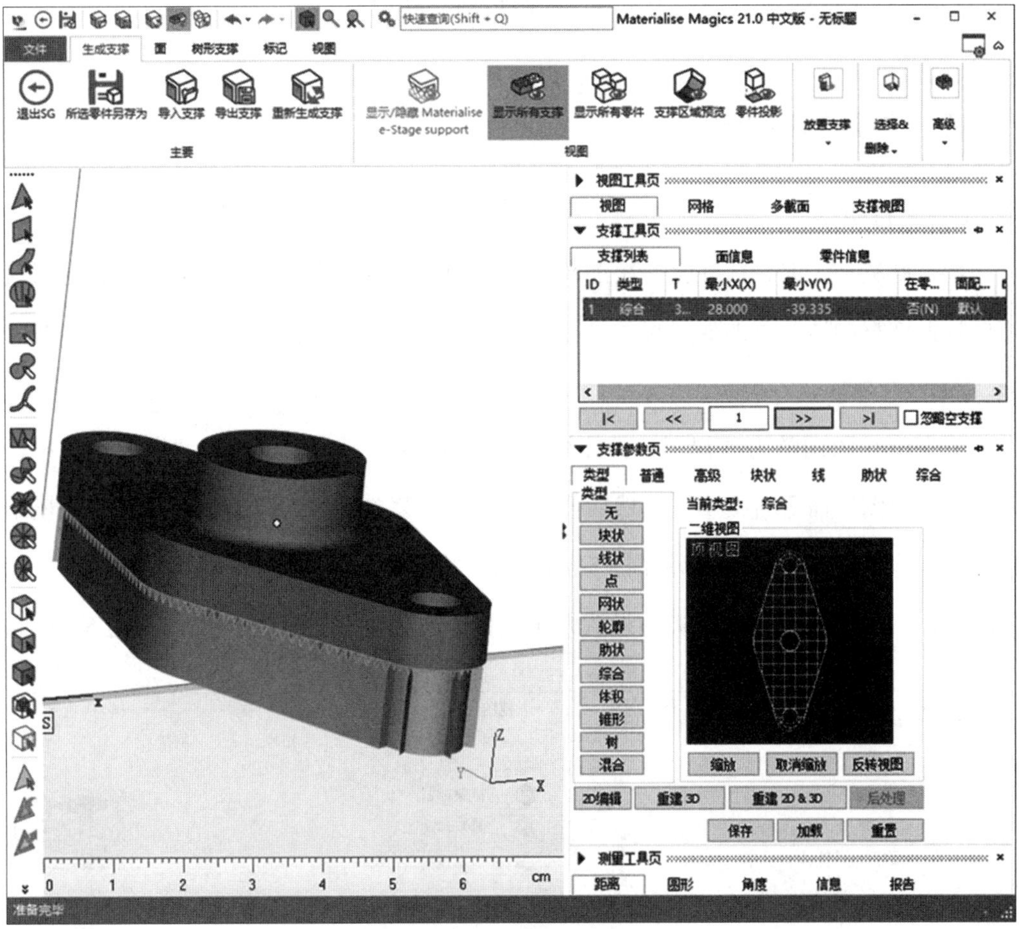

图 6–17　添加支撑界面

支撑添加完成之后，选择“退出 SG”命令，在弹出的“平台文件”对话框中单击“No”按钮，即不用保存已生成的支撑，如图 6–18 所示。当然如果支撑没有处理完成，中途需要关闭计算机，可以选择保存当前支撑，下次需要继续处理时，可以打开保存的文件沿用以前的数据进行处理。

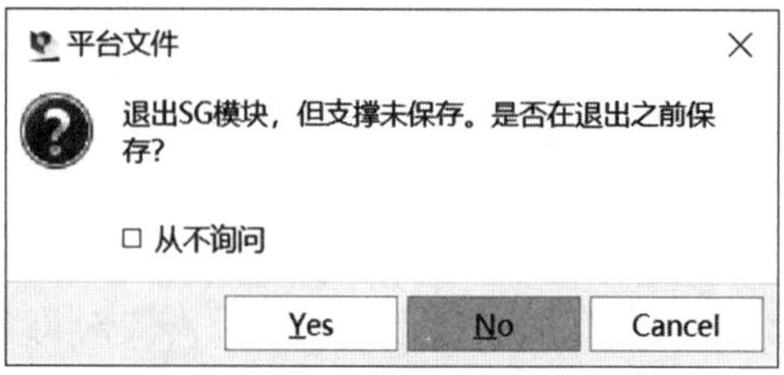

图 6–18 “平台文件”对话框

四、排版和切片处理

（一）打印排版

增材制造加工时，往往会一次加载多个模型或者复制多个模型同时制作，这时就需要根据增材制造装备的成形尺寸进行布局安排，排版一定要避免模型数据重叠在一起。

首先将视图调整为顶视图，具体操作如图 6–19 所示，也可通过“视图”菜单栏中的“顶视图”命令直接实现。然后使用“位置”菜单栏内的“平移”命令，将模型移动至工作台内，一般离边界保持 5 mm 左右。另外需要注意的是模型底面和工作台的距离，一般不同工艺该距离的设置是不同的，立体光固化工艺一般设置为 5 mm 左

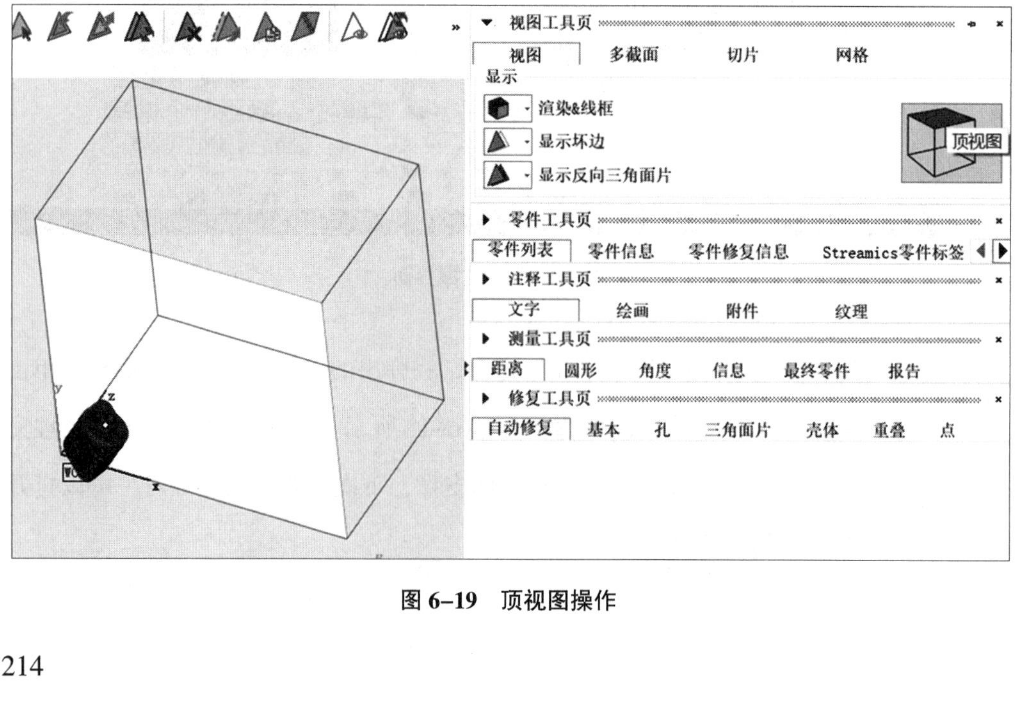

图 6–19 顶视图操作

右，粉末床熔融工艺一般设置为 3 mm 左右。该距离大时，成形件和工作台分离方便，但成形时间会加长，也会浪费材料；该距离过小时，成形件和工作台较难分离。

当有较多模型同时成形时，需要使用移动命令将所有模型在顶视图下移动至工作台以内，并且要避免模型数据重叠在一起，也可使用软件自带的“分析 & 报告”菜单中的碰撞检测进行检查。一次成形多个相同模型时，可以通过复制命令对添加过支撑的模型进行复制，如图 6–20 所示。

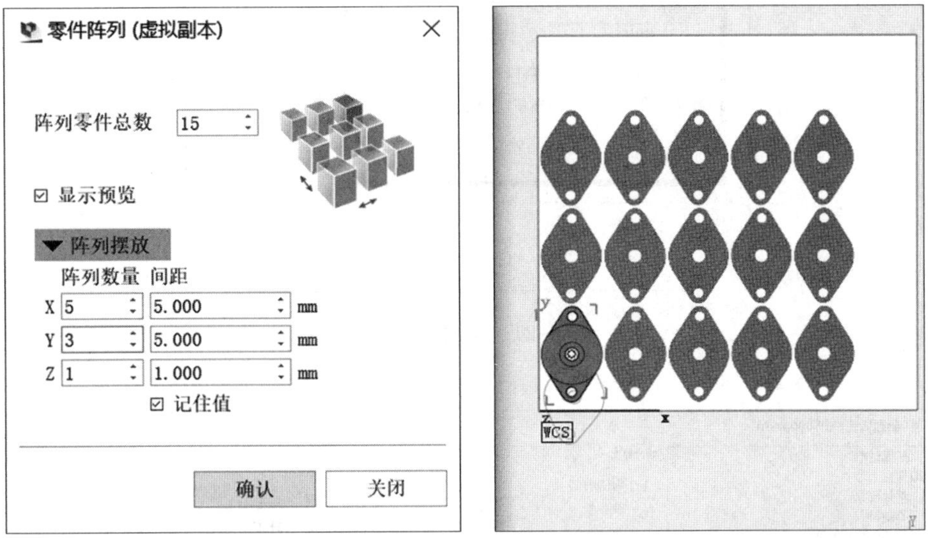

图 6–20　复制命令

（二）数据切片

Magics 21.0 将切片命令集成到导出命令内，所以数据处理完成之后可直接将数据导出，软件会对模型数据以及生成的支撑自动进行切片处理，但需要提前设置好切片的参数。单击“加工准备”菜单栏，选择“机器属性”命令，选择“导出平台”命令，并在对话框中指定文件保存路径，如图 6–21 所示。

根据切片层厚和数据格式设定导出结果，如图 6–22 所示。这些参数也可以在“我的机器”里进行默认修改，具体修改参考“虚拟平台设置”的内容，需要注意模型和支撑的层厚必须相同。设定完成后单击“导出”按钮，软件会自动将模型及其支撑数据进行切片，并保存至指定文件夹内。

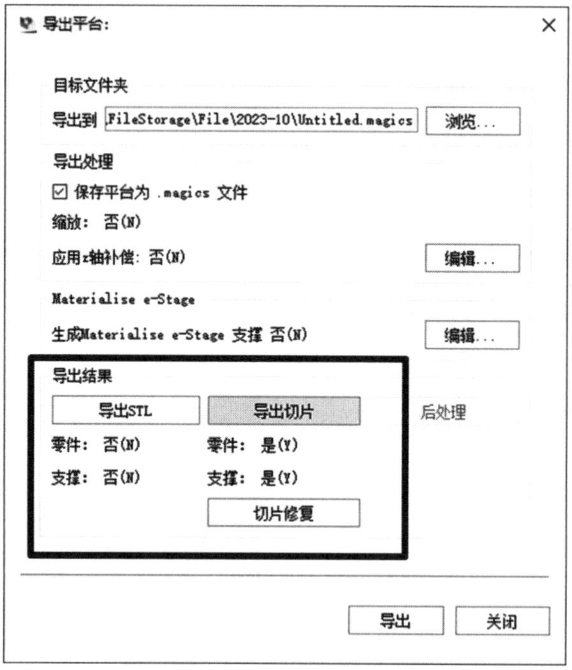

图 6–21　导出平台操作

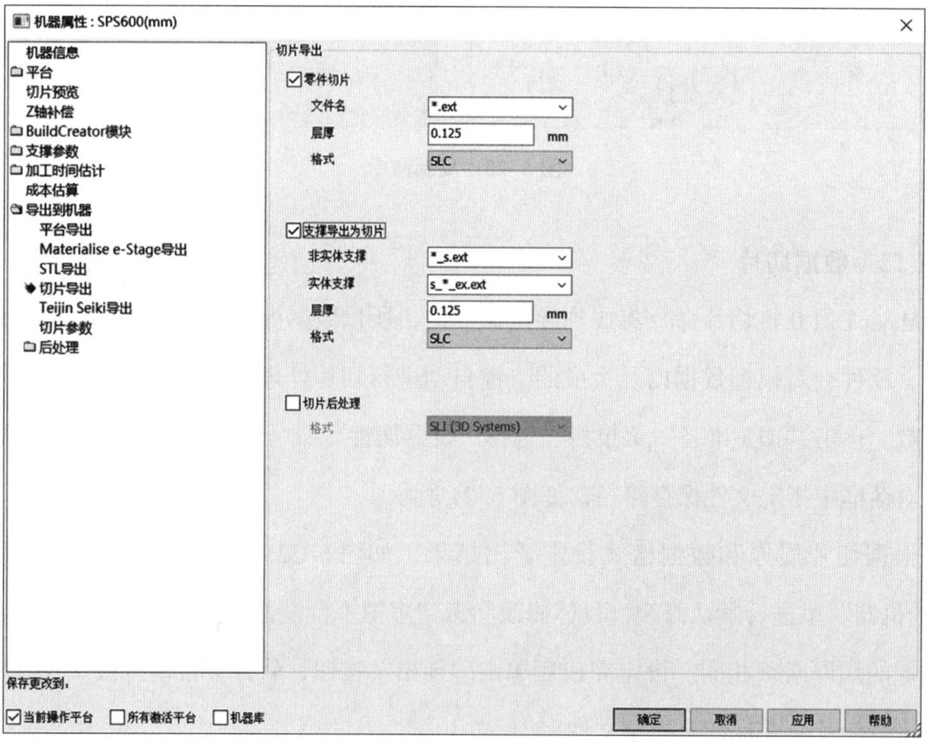

图 6–22　切片设置

第二节　金属增材制造工艺应用实训

实训目的：完成一款金属零件的增材制造。

激光粉末床熔融技术不仅能够成形结构复杂的工业零件，在各类精细化特征的工艺品及文创类产品成形方面也具有很大的优势。其成形尺寸精度高、表面质量好、无须后续加工，让设计更自由、制造更简单，实现艺术与科技的完美碰撞，带给人畅想艺术的无限可能。

下面以两组产品实例来了解 SLM 制造的全过程。

一、回转体工业件——旋流器

零件名称：旋流器。

材料：高温合金。

零件尺寸：32 mm × 32 mm × 20 mm。

零件特征：回转体零件，内部围绕分布一圈壁厚为 1.37 mm 的叶片（见图 6–23）。

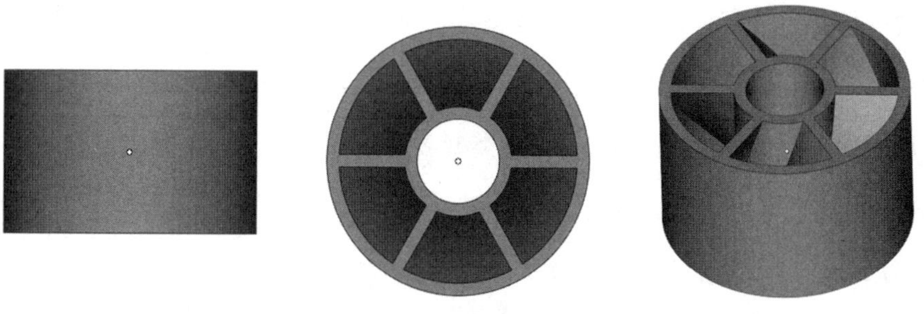

图 6–23　零件整体形貌图

（一）模型分析及工艺准备

旋流器为回转体零件，整体外形呈圆柱状。从俯视图看，零件有内、外一大一小壁厚为 1.5 mm 的圆环，两个圆环中间分布一圈壁厚为 1.37 mm 的叶片，整体结构较为简单。

1. 零件摆放

零件摆放对于打印过程和打印结果至关重要，合适的摆放可起到保证产品质量、提高生产率、降低成本等效果，不合理的摆放则会导致零件成形效率降低或者成形失败。

本节以 Magics 27.01 版本为例进行操作演示。

激光粉末床熔融成形零件摆放的基本原则是打印过程稳定且少加支撑。旋流器整体为回转体零件，除一大一小两个圆环及之间相连的叶片外无其他特征，因此在确定其摆放方式时主要根据零件内部特征的成形性来考虑。基于上述原则，最终确定零件摆放方式如图 6–24 所示。

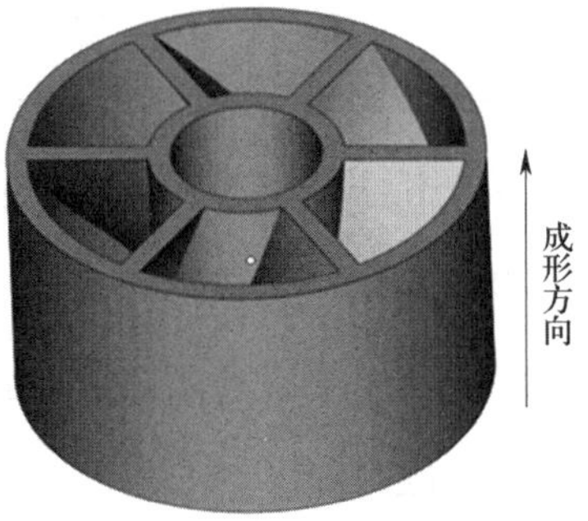

图 6–24　零件摆放

2. 支撑添加

根据激光粉末床熔融成形层层堆积的制造原理，零件在成形过程中某些结构一旦超过零件自支撑范围，极易导致零件成形失败，因此需要对部分区域添加支撑辅助其成形。

零件摆放确定后，依靠软件中“生成支撑”模块下的“支撑区域预览”功能，查看零件中不能自成形的区域。通常情况下，面角度不足 45° 的区域都需要添加支撑辅助其成形。依照旋流器的摆放方式，零件除底面因成形角度不足需添加支撑外，其他区域均可自成形。（注：LPBF 自成形范围可以根据设备、粉末、工艺参数调试以及打印路径规划等多个方面进行优化。）支撑类型多种多样，本实训案例中以块状支撑和锥形支撑来进行支撑添加的操作演示。

支撑添加的具体操作方法如下。

（1）零件抬高。首先将零件距成形平台抬高一定高度，为后期的线切割留有一定的切割余量，避免切伤零件。线切割余量依据零件特征和设备类型进行设置，在本案例中我们建议将零件抬高 2.5 mm，即采用软件中的“零件平移”命令将零件 Z 值的最小值设置为 2.5 mm，如图 6–25 所示。

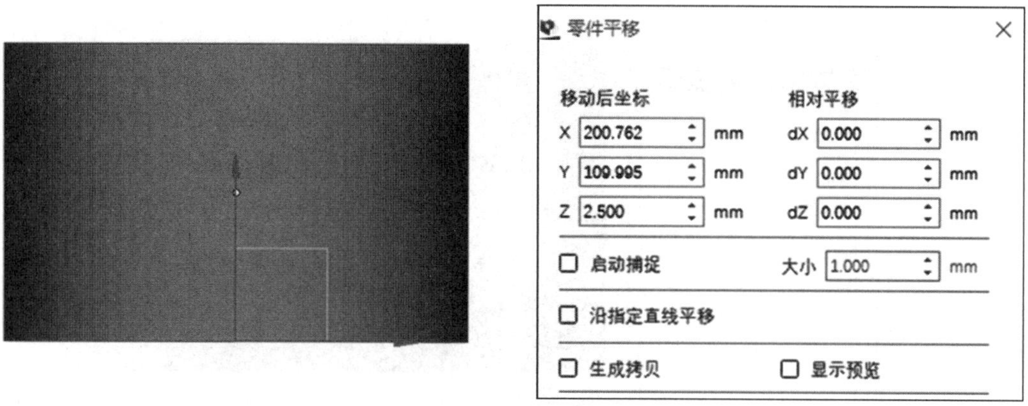

图 6–25　零件距成形平台抬高操作

（2）标记支撑区域，生成支撑面。进入软件中“生成支撑”模块下的“手动支撑”界面，利用标记工具选取并标记需要添加支撑的区域，如图 6–26 所示。注意选取标记支撑面时尽量让边界整齐，以免边界出现细小支撑在零件打印过程中被刮板刮坏，造成掉渣，进而影响零件成形。支撑区域标记好后，单击“创建新的面”，从而在支撑列表生成支撑面，如图 6–27 所示。

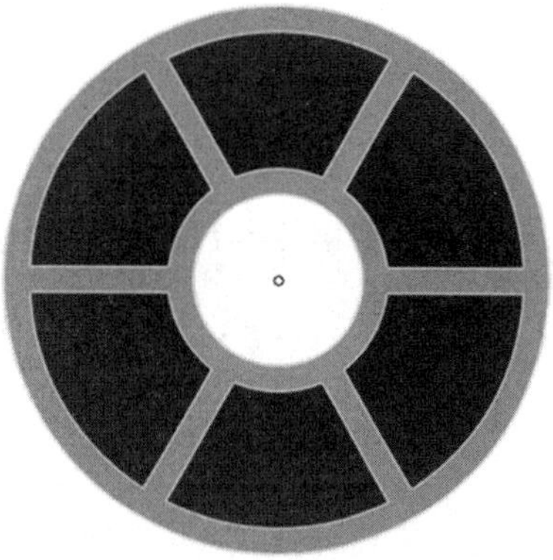

图 6–26　标记支撑区域

图 6–27　生成支撑面

（3）选择支撑类型。在右侧“类型”中选择“块状”支撑类型，如图 6–28 所示。

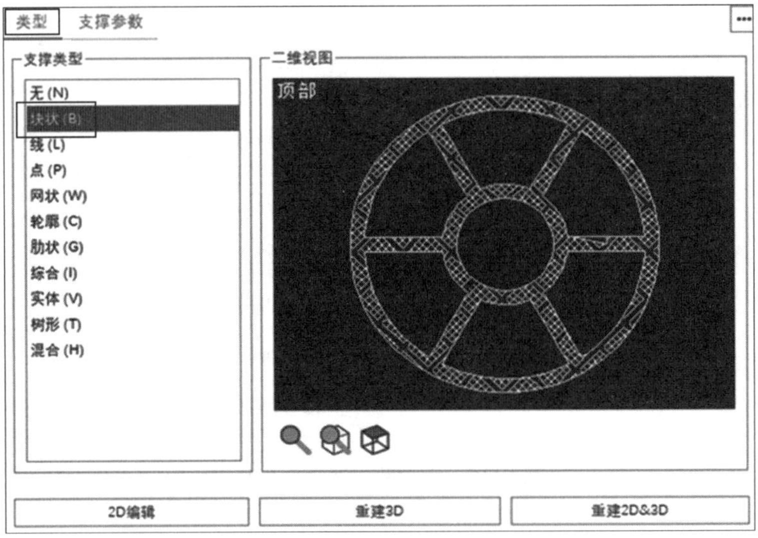

图 6–28　选择块状支撑类型

（4）设置块状支撑参数。在“支撑参数”页中单击“块状”，根据需要设置填充线、边界齿等相关参数，软件会根据填入的数据生成对应的块状支撑，如图 6–29 所示。块状支撑生成后，单击“保存”并对其进行命名，软件会将其保存在支撑参数系数库中，后期再使用时可直接从系数库中调用。

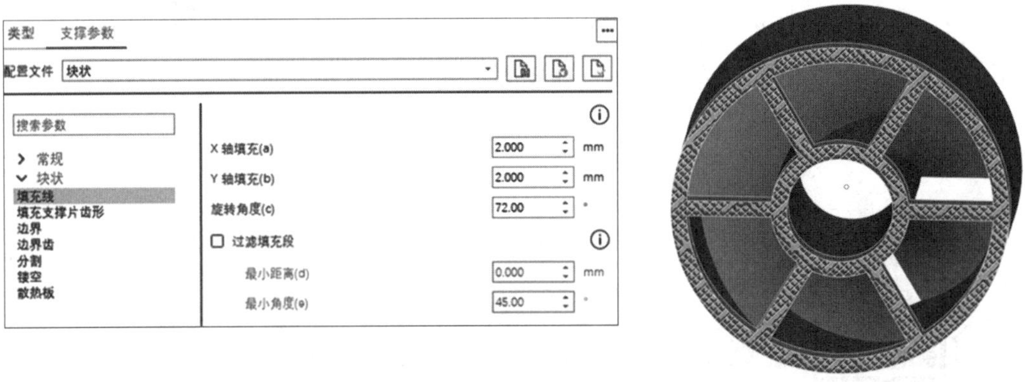

a)　　b)

图 6–29　块状支撑

a）块状支撑参数设置　b）生成的块状支撑

（5）生成锥形支撑。若零件仅添加块状支撑，则很有可能因支撑强度不足而使成形失败，此时需要配合锥形支撑一同使用。锥形支撑的支撑强度较高，一般嵌套在块状支撑内使用，可提高整体支撑的强度。对于锥形支撑的规格一般不作硬性规定，具体情况具体对待。若零件尺寸较大或零件材料应力较大，一般会将锥形支撑密度加大，尺寸加大；若零件尺寸较小或零件材料应力一般，则会适当减弱锥形支撑的强度。

锥形支撑的生成方法为：在支撑列表中复制面→选择“树形”支撑类型→将“每个树干上树枝数量的最大值”设置为 1→修改相关尺寸→创建锥形支撑，如图 6-30 所示。

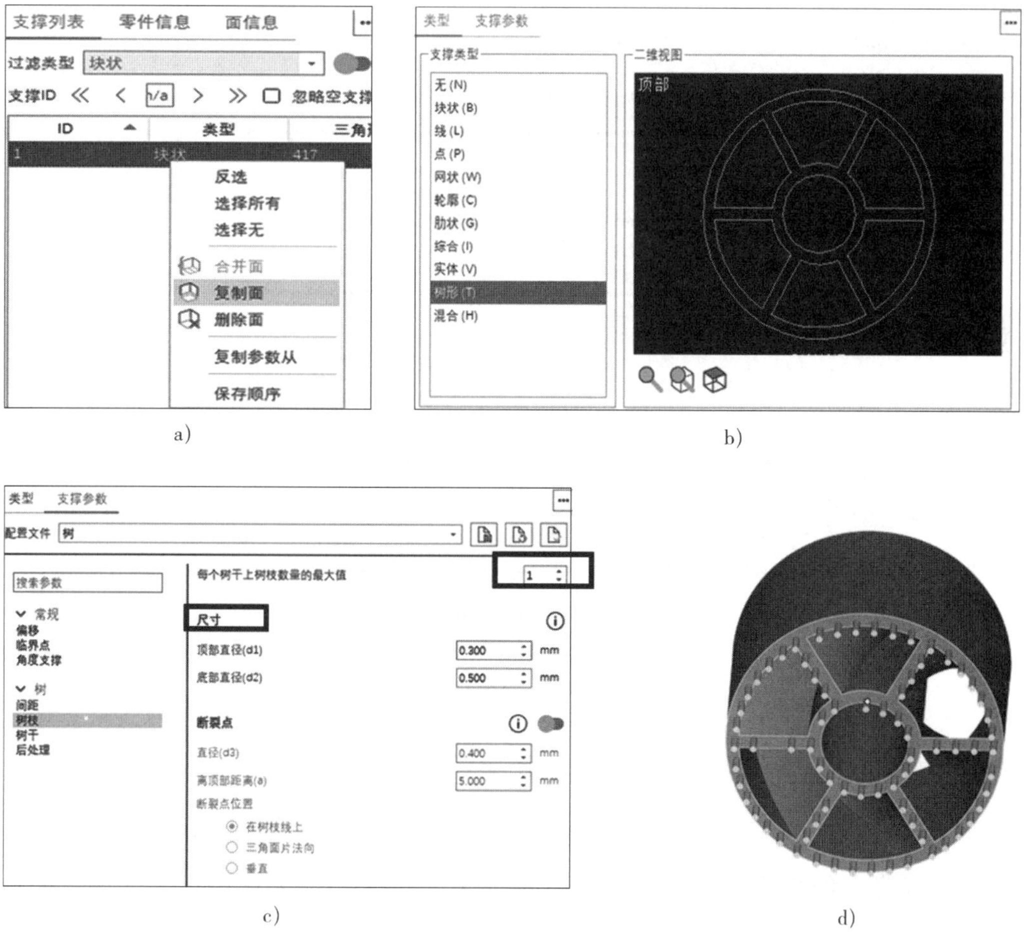

图 6-30　锥形支撑生成过程

a）复制支撑面　b）选择树形支撑　c）支撑参数设置　d）生成的锥形支撑

3. 支撑导出及修复

支撑添加完成后，需将支撑分类导出为 STL 格式，再导入进行检查修复，方便后期程序剖分。具体操作过程如下。

（1）支撑导出。所有支撑添加完成后，对支撑进行分类并导出。单击“导出支撑”，分别将各类型支撑导出并保存在自己建立的文件夹中，如图 6-31 所示。

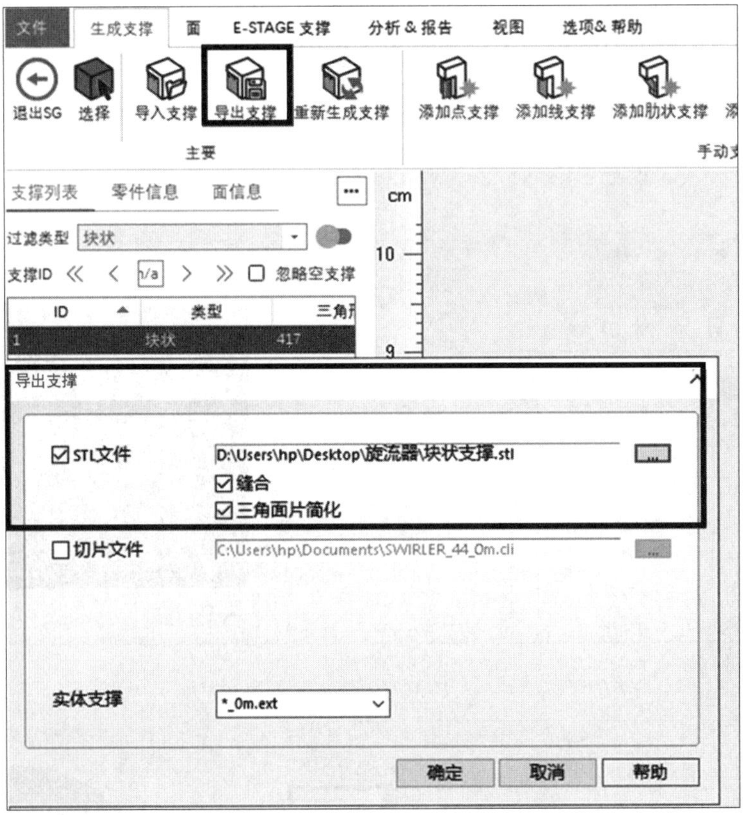

图 6-31　块状支撑导出为 STL 文件

（2）支撑导入修复。在主界面的上方单击“导入零件”，将刚才保存的全部支撑导入软件中进行检查修复，如图 6-32 所示。

单击“零件修复信息”，对所有支撑及零件进行检查修复（块状支撑除外）。确保检查修复的零件与支撑无反向三角面片、无坏边、无缝隙、无孔洞、无干扰壳体且 Z 值最小值为 0，否则后期将影响模型切片及打印成形，如图 6-33 所示。

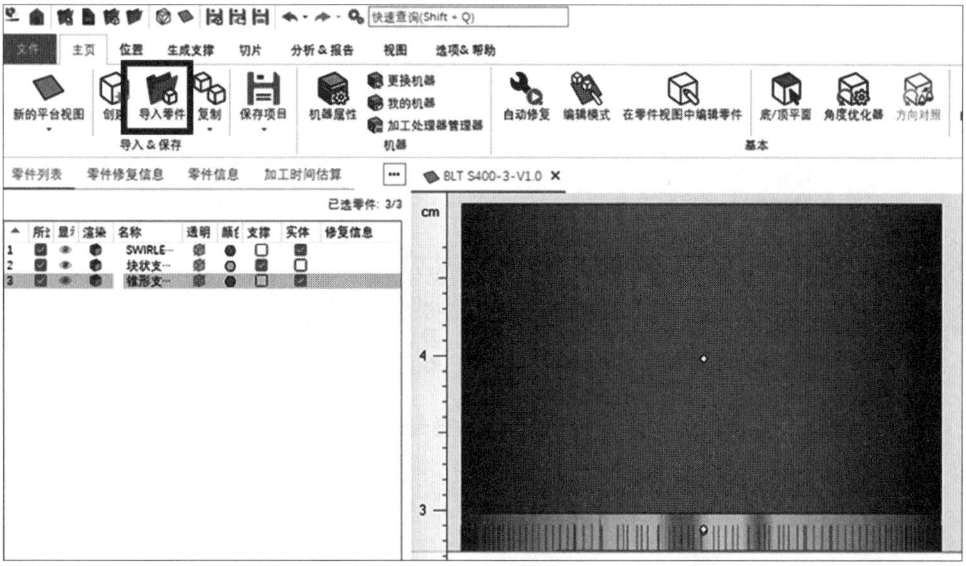

图 6–32　支撑导入

图 6–33　支撑检查修复

（3）类型勾选。在“零件列表”界面，将块状支撑勾选为“支撑”，其余全部勾选为“实体”，如图 6-34 所示。

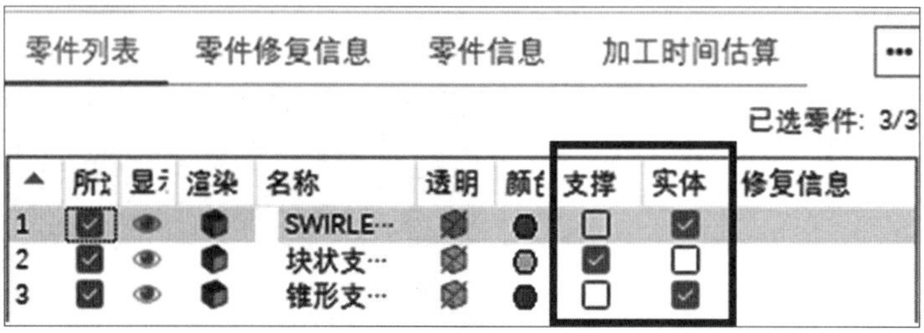

图 6-34　类型勾选

4. 零件排版

单击“更换机器”选择相应的设备平台，如图 6-35 所示，并在“视图”中将加工平台的“非加工区域”和“重叠区域”显示出来，如图 6-36 所示。将所有零件及支撑移动到平台中合适的位置。注意不要超出边界，不要放置在平台中的非加工区域。上述操作完成后，单击“所选零件另存为”，将所有的零件及支撑以 STL 格式保存在一个文件夹中。

图 6-35　更换机器

5. 模型切片

零件在成形前，需要通过专业的切片软件对 STL 模型按照一定的层厚进行切片处理，然后按照一定的扫描策略规划出每层打印时的扫描路径，生成相关数据文件即零件打印程序。本实训采用 BLT-Build Planner 切片软件来进行数据处理，用于在激光选区熔化成形过程中对模型进行剖分和路径填充，操作界面如图 6-37 所示。

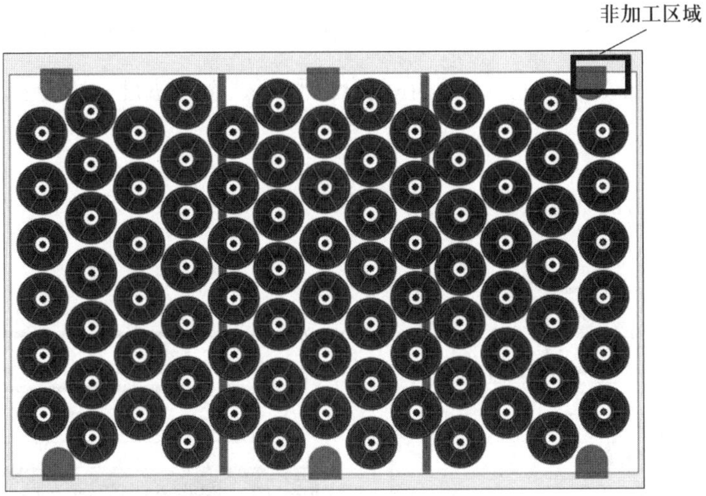

图 6–36　旋流器整版排版

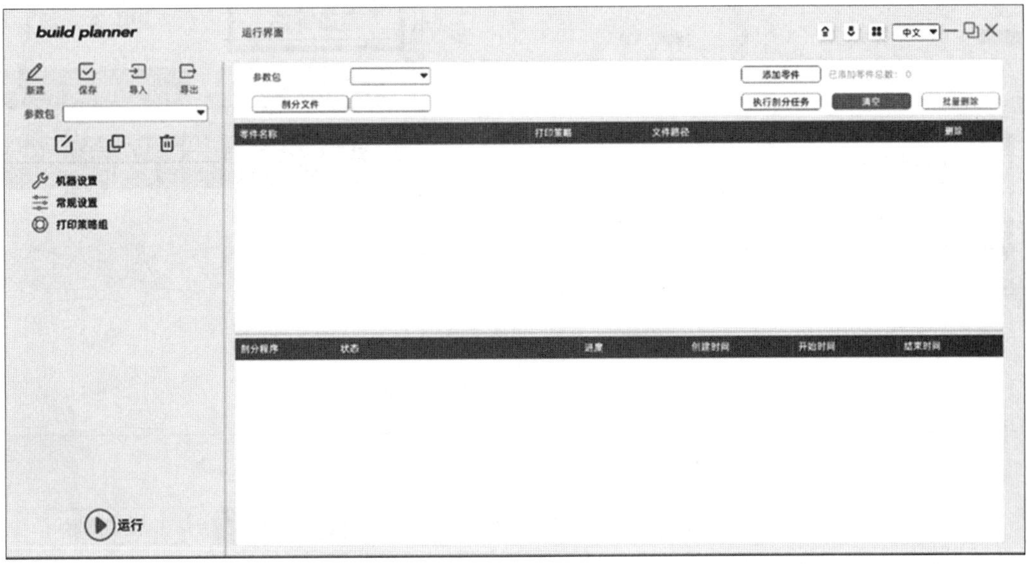

图 6–37　旋流器 BLT–Build Planner 切片软件操作界面

打开软件界面，单击“导入”，将零件成形参数包导入切片软件并保存，如图 6–38a 所示。单击左下方的“运行”按钮，在右侧的运行界面中“参数包”一栏选取已导入的剖分参数包，如图 6–38b 所示。单击“添加零件”，将前面已导出的 STL 文件导入进来，如图 6–38c 所示。导入后，选取对应的打印策略，如

图 6–38d 所示。打印策略选择完成后，单击“剖分文件”按钮，指定剖分文件保存的路径并给剖分文件命名，最后单击“执行剖分任务”按钮即可，如图 6–38e 所示。在界面下方的任务栏中可查看正在剖分的程序状态及进度，剖分完成后会有弹框提醒。

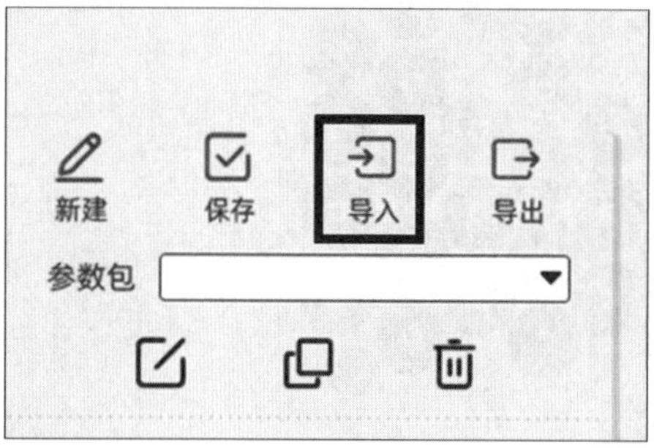

a）

b）

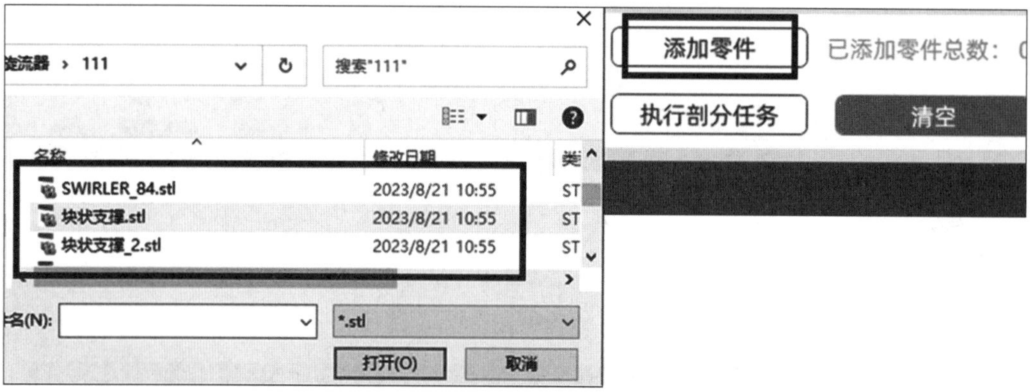

c）

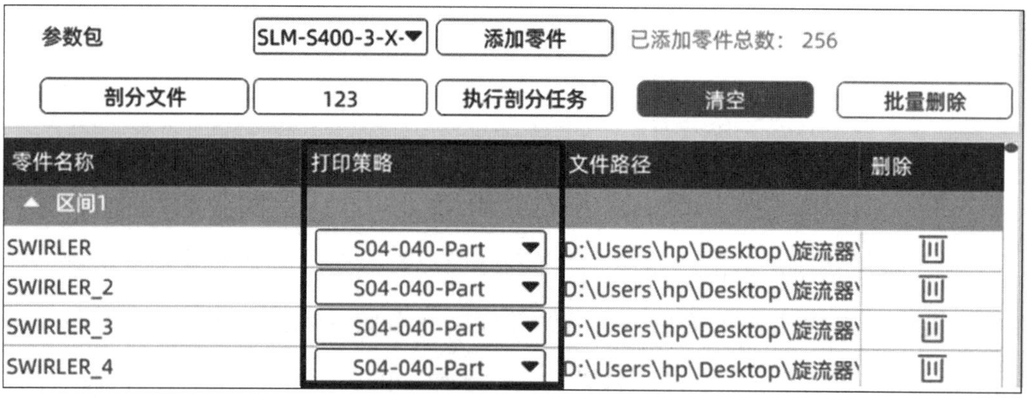

d）

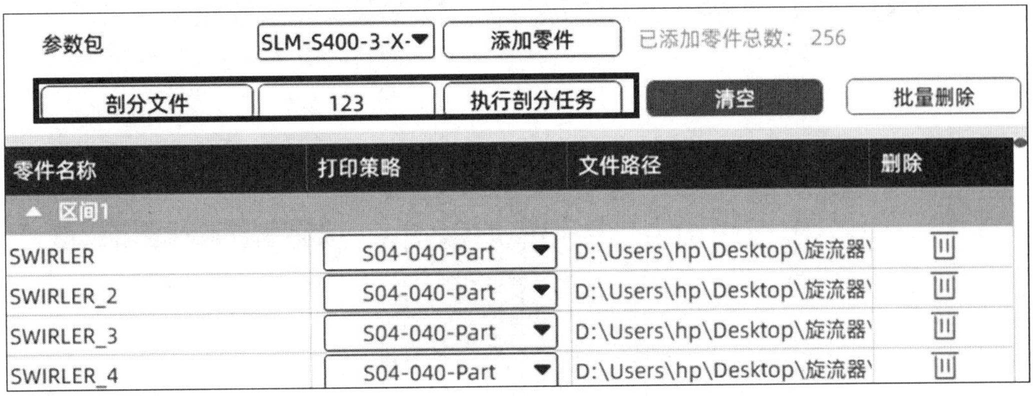

e）

图 6–38　软件切片过程

a）导入参数包　b）选择所需参数包　c）导入 STL 文件　d）选择打印策略
e）指定剖分路径，执行剖分任务

6. 程序预览

剖分完成后，利用 MCS.SLM.SliceViewer 软件可对待打印程序进行预览。首先打开该软件，在界面上单击“选择文件”按钮，将已剖分出来的程序导入，在上方的“设备类型”中选择对应的设备，勾选“显示基材”后，单击“开始”按钮，即可查看整个打印模拟过程，如图 6–39 所示。

（二）零件成形制备

旋流器整体可采用商业化激光粉末床熔融设备打印成形，该设备搭配三激光器，并可实现双向铺粉，打印效率获得大幅提升，设备最大成形效率可达 75 cm^3/h，大幅度缩减了零件的打印时间。

零件整个成形过程主要有设备前期准备、程序调用、打印执行、取件等过程。重点介绍以下方面。

1. 基材准备

挑选合适厚度的基材，要求基材表面光滑、平整、无伤痕。用蘸有酒精的擦手纸将基材所有表面的污渍擦拭干净，螺钉孔处理干净。将加工平台上升至可操作高度，将加热板表面和螺钉孔的粉末使用吸尘器清理干净。将基材放置到加热板上，紧固螺钉。

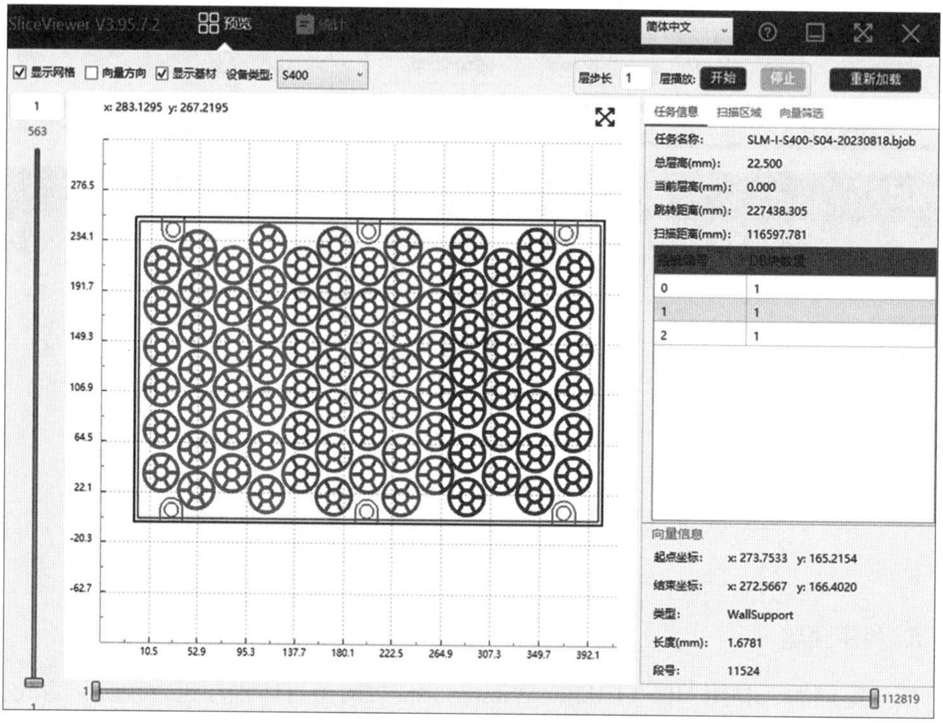

图 6–39　旋流器打印程序预览

2. 刮刀安装

选取合适的刮刀，并用蘸有酒精的擦手纸擦拭干净。将刮刀装入刮刀架中，开始调平。用塞规测刮刀和基材之间的间隙，验证刮刀和基材之间的间隙是否一致，如不一致，重新调平，直至一致为止。

3. 防护镜擦拭

用擦镜纸蘸酒精将防护镜由内向外旋转轻柔擦拭，同时施加轻微的压力，每张擦镜纸只能使用一次，多次擦拭直到擦拭纸上无任何痕迹，确保加工时的光束质量。

4. 洗气

利用 99.99% 的纯氩作为交换气体和保护气体，通过气体循环系统不断交换成形室内的空气，降低氧含量直至成形室内氧含量 <0.02%。（注：不同设备不同状况下对氧含量的要求不同，实际操作时请根据设备操作手册要求执行。）

5. 调取程序开始成形

调取剖分好的待打印程序，将风速设置到合适大小开始打印成形。开始成形后，密切观察零件打印状态以及打印风速、粉量是否合适。SLM 成形设备按照铺粉—激光扫描—成形缸下降的方式循环往复，直至零件成形。

6. 取件

零件打印完成后，成形效果如图 6–40 所示。待成形室内温度冷却下来后，打开成形室舱门进行取件操作。

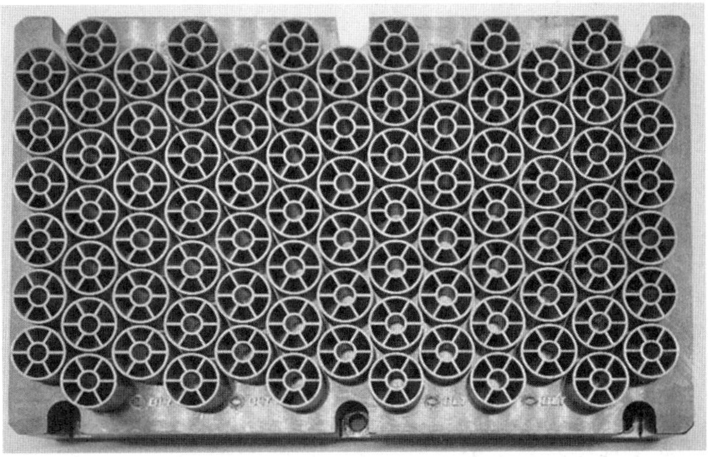

图 6–40　旋流器成形效果

（三）产品后处理

旋流器后处理过程包括清粉、热处理、线切割、去支撑、打磨、喷砂、检验、入库等工序。

1. 清粉

零件成形完成后，需要对零件进行清粉操作，将零件及支撑表面和内部残余的粉末清理干净。将零件带基材装夹到清粉设备上，紧固螺钉，防止掉落。随后通过敲打清粉设备中的圆盘，将零件和支撑表面及内部粉末振出，直至无粉末流出。

2. 热处理

将零件带基材按相关工艺要求进行热等静压和固溶处理，以提升零件综合性能，消除残余应力。

3. 线切割

将零件带基材在切割设备上装夹好后，距基材抬高 2 mm 处进行线切割操作，将零件与基材分离。

4. 去支撑、打磨

零件与基材分离后，流转至去支撑打磨工序，手工去除旋流器底部的支撑。因零件部分区域壁厚较薄，故去除支撑时注意保护零件，防止零件变形。

支撑去除完成后，对零件底部进行打磨抛光。打磨时注意保护零件，防止零件损伤。

5. 喷砂

对零件表面进行喷砂处理，要求表面颜色均匀一致。喷砂时注意喷砂距离，防止零件变形。

6. 检验

按照检验规程，对零件外观、尺寸、表面粗糙度等进行检测。若某项检验结果不符合要求，须返回至相应工序进行处理，直至检验合格。

7. 入库

将检验合格的零件按要求入库。

二、细小结构特征工艺品——羽毛球

零件名称：羽毛球工艺品（见图 6–41）。

图 6–41　羽毛球工艺品

材料：钛合金。

零件尺寸：68 mm × 68 mm × 78 mm。

零件特征：细小特征及轻量化设计。

（一）模型分析及工艺准备

羽毛球工艺品 1∶1 还原了普通羽毛球尺寸特征，在此基础上结合 3D 打印技术特征，自主设计腰间异形仿绳结构，将其同周向 16 根羽毛的羽轴及羽枝，还有球头集成设计一体成形。羽枝特征厚度仅为 0.1 mm，每两片羽枝之间距离仅为 0.4 mm。球头设计为六边形蜂窝结构，最小连接处仅 0.2 mm 宽。羽毛球模型如图 6–42 所示。

1. 零件摆放

如此细小的特征成形，需尽可能少地添加支撑，以防止后续去支撑伤及零件特征。为了保证羽毛球成形的均匀性，将羽毛球球头朝下竖直摆放，如图 6–43 所示。

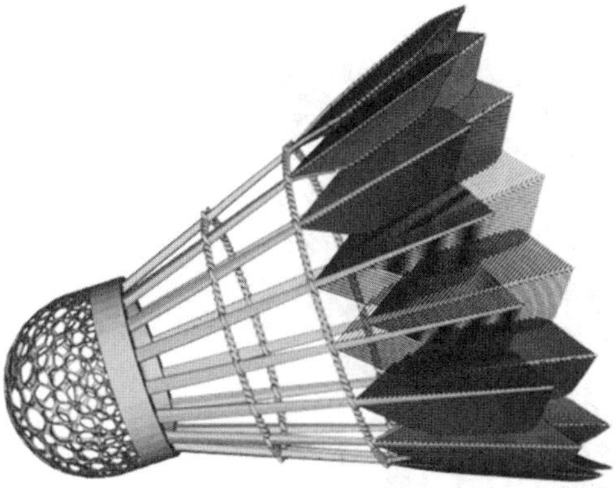

图 6–42　羽毛球模型

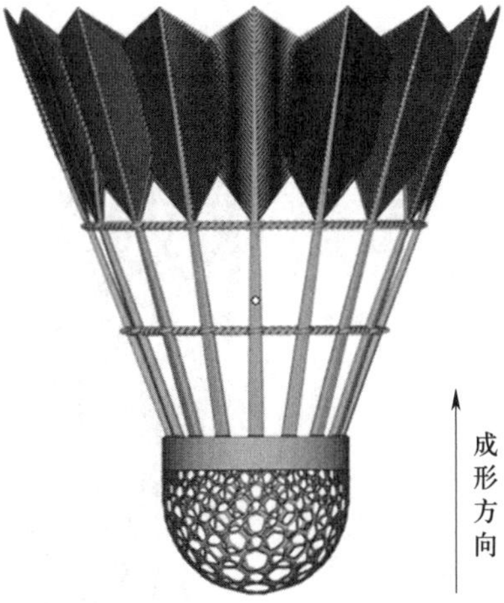

图 6–43　羽毛球摆放

此摆放状态下只需给悬空跨度较长的仿绳结构及底部球头角度不够 45° 的区域添加支撑，以实现在支撑量最少的情况下制备零件的最佳效果。球头整体壁厚仅为 0.15 mm，考虑支撑接触面后续会有支撑残根需要打磨，给支撑面添加一定打磨余量，以保证球头壁厚均匀性可实现。

2. 添加辅助支撑

竖直状态摆放下，羽毛球整体结构成形均匀，相邻羽轴之间仿绳结构悬空跨度较长，斜向添加锥形支撑连接至仿绳结构及羽轴较粗部位，将悬空部分分为较小区域，利用激光熔池搭接及表皮参数差异性实现仿绳结构成形。与羽轴交会处的仿绳结构悬伸区域可用肋状支撑简单处理。确保支撑去除时不易致羽轴变形，如图 6–44 所示。球头部分成形角度不够区域同样使用锥形支撑，将其设计为连接基板端较粗，零件端较细，在保证成形稳定性的同时降低支撑去除难度，减少支撑残根，如图 6–45 所示。

图 6–44　支撑辅助成形仿绳结构效果

图 6–45　锥形支撑辅助成形球头结构效果

零件辅助支撑添加过程需要在专业数据处理软件中进行操作，具体步骤为：将零件在平台上摆放好→进入“手动支撑”模块→选择需要添加的支撑面→创建新的面→选择树形支撑类型→修改支撑参数→创建锥形支撑→导出支撑为 STL 格式。图 6–46 所示为球头底部锥形支撑添加过程。

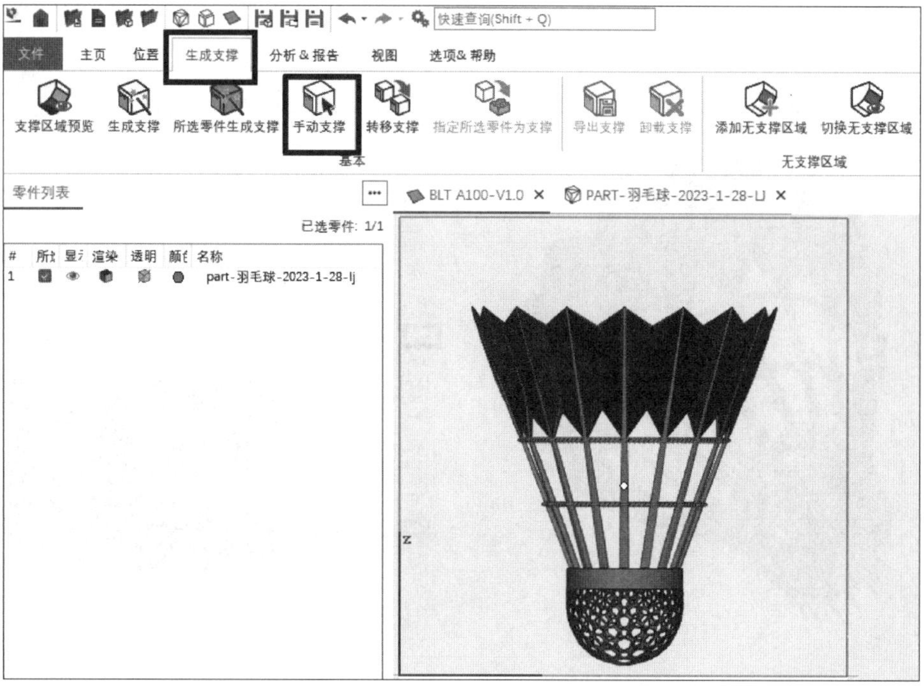
快速查询(Shift + Q)
文件
主页
位置
生成支撑
分析 & 报告
视图
选项& 帮助
支撑区域预览
生成支撑
所选零件生成支撑
手动支撑
转移支撑
指定所选零件为支撑
导出支撑
卸载支撑
添加无支撑区域
切换无支撑区域
基本
无支撑区域
零件列表
已选零件: 1/1
名称
part-羽毛球-2023-1-28-lj
BLT A100-V1.0
PART-羽毛球-2023-1-28-LJ

a)

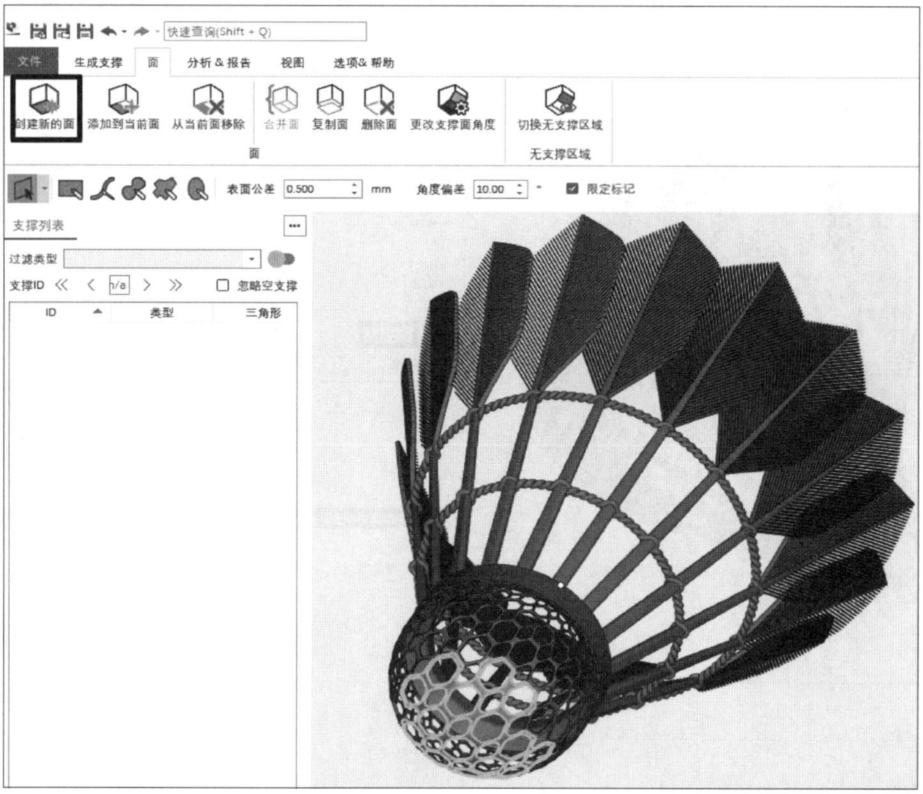
快速查询(Shift + Q)
文件
生成支撑
面
分析 & 报告
视图
选项& 帮助
创建新的面
添加到当前面
从当前面移除
合并面
复制面
删除面
更改支撑面角度
切换无支撑区域
无支撑区域
表面公差
0.500
mm
角度偏差
10.00
限定标记
支撑列表
过滤类型
支撑ID
忽略空支撑
ID
类型
三角形

b)

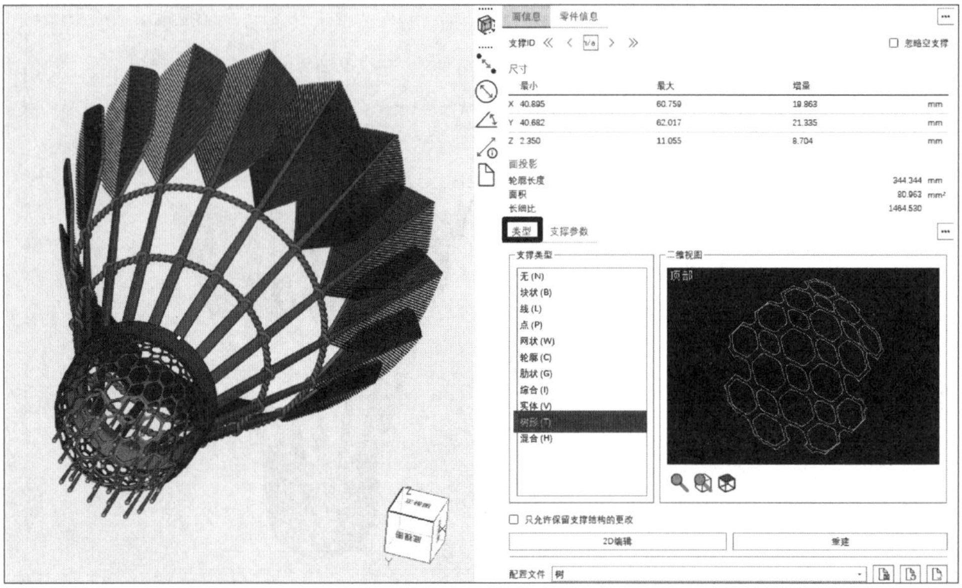
面信息
零件信息
支撑ID
忽略空支撑
尺寸
最小
最大
增量
X 40.895
60.759
19.863
mm
Y 40.682
62.017
21.335
mm
Z 2.350
11.055
8.704
mm
面投影
轮廓长度
344.344 mm
面积
80.963 mm²
长细比
1464.530
类型
支撑参数
支撑类型
无 (N)
块状 (B)
线 (L)
点 (P)
网状 (W)
轮廓 (C)
肋状 (G)
综合 (I)
实体 (V)
树形 (T)
混合 (H)
二维视图
顶部
只允许保留支撑结构的更改
2D编辑
重建
配置文件
树

c)

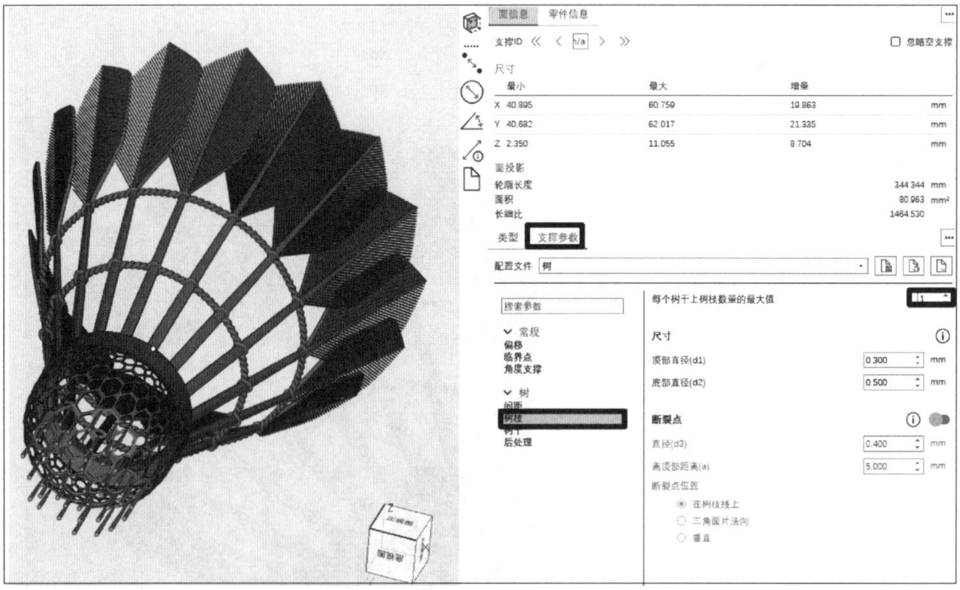
面信息
零件信息
支撑ID
忽略空支撑
尺寸
最小
最大
增量
X 40.895
60.759
19.863
mm
Y 40.682
62.017
21.335
mm
Z 2.350
11.055
8.704
mm
面投影
轮廓长度
344.344 mm
面积
80.963 mm²
长细比
1464.530
类型
支撑参数
配置文件
树
搜索参数
常规
偏移
临界点
角度支撑
树
间距
树枝
树干
后处理
每个树干上树枝数量的最大值
尺寸
顶部直径(d1)
0.300
mm
底部直径(d2)
0.500
mm
断裂点
直径(d3)
0.400
mm
离顶部距离(a)
5.000
mm
断裂点位置
在树枝线上
三角面片法向
垂直

d)

e）

图 6–46　球头底部锥形支撑添加过程

a）摆放零件，进入“手动支撑”模块　b）选择并创建支撑面　c）选择树形支撑类型
d）修改支撑参数，创建锥形支撑　e）导出支撑为 STL 格式

3. STL 文件检查与模型切片

零件在成形前需用切片软件对 STL 模型进行分层切片处理，即程序准备。本实训采用 BLT–Build Planner 切片软件对羽毛球零件及其辅助支撑模型进行切片。图 6–47 所示为 BLT–Build Planner 切片软件操作界面，界面功能清晰齐全，使用方便快捷。

（1）STL 文件检查

由于需要对所有 STL 模型进行切片处理，因此必须保证所有实体 STL 模型为完整的封闭壳体。若有孔洞、缝隙、反向三角面片等模型错误，则需要在 Magics 软件里面进行修复，直至所有实体 STL 模型为完整的封闭壳体即达到剖分条件，如图 6–48 所示，其中肋状支撑无须进行修复。可将所有 STL 文件导入一起进行支撑方案检查。最终将零件及所有辅助支撑的 STL 格式文件导出。注意肋状支撑导出时需要勾选零件类型为“支撑”，如图 6–49 所示。

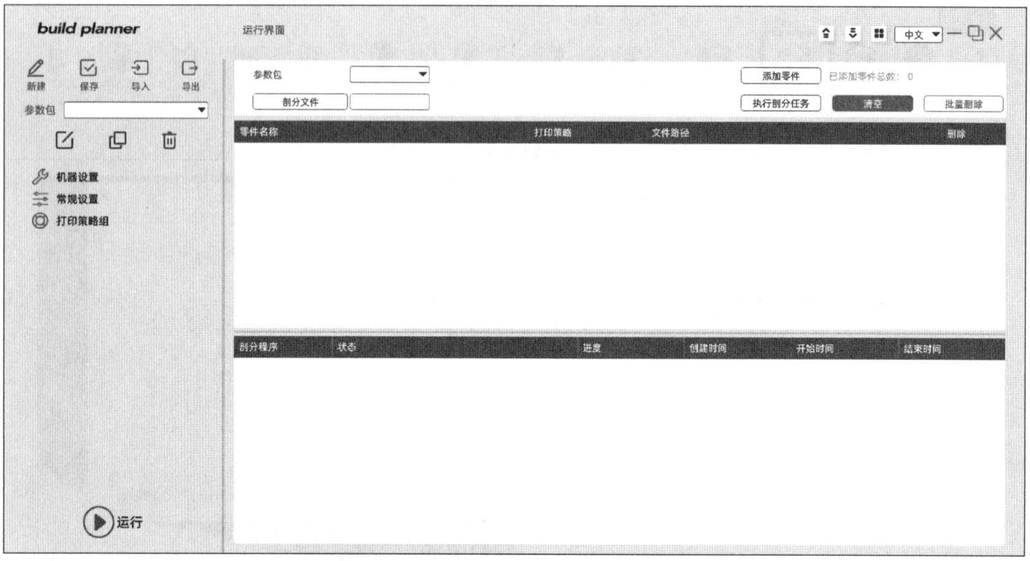

图 6–47　羽毛球零件 BLT–Build Planner 切片软件操作界面

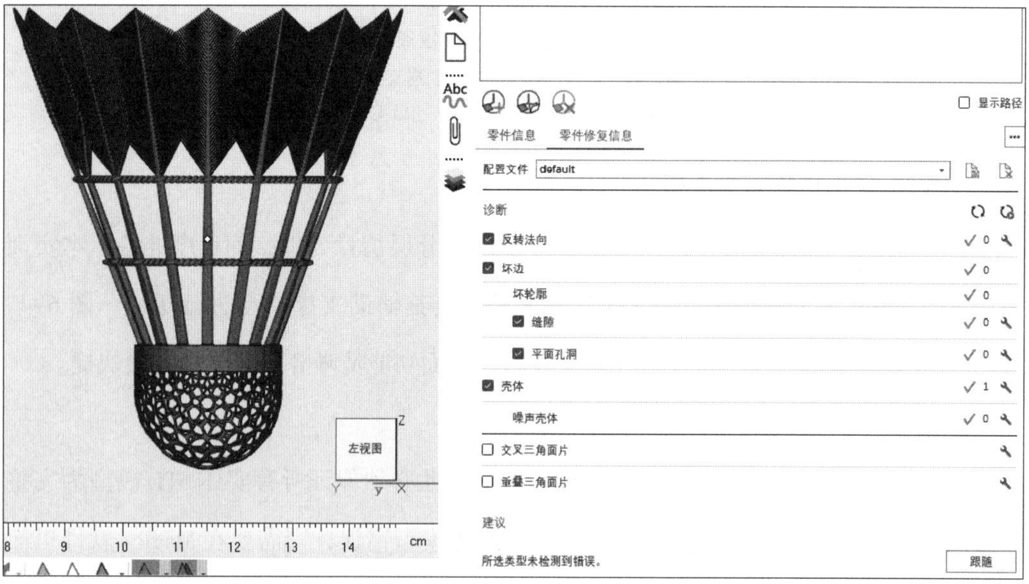

图 6–48　可剖分零件状态

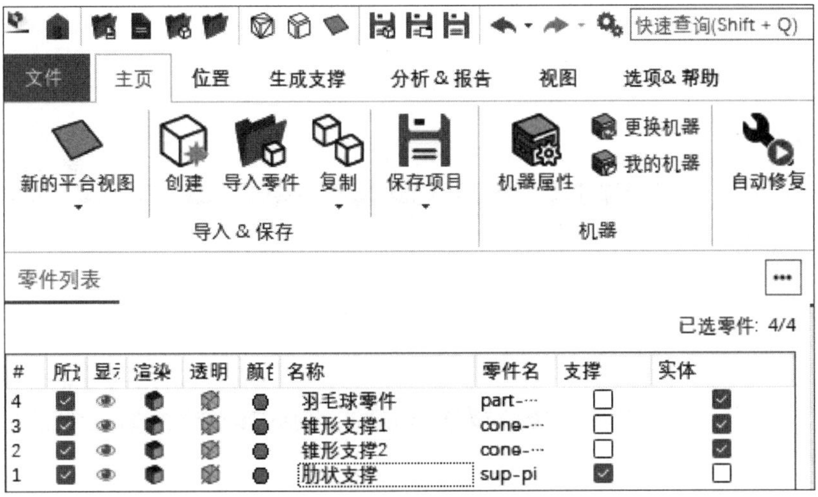

图 6–49　肋状支撑零件类型勾选

（2）模型切片

打开软件界面，首先将零件成形参数包导入软件，单击“运行”按钮，选择所需应用的参数包，然后单击“添加零件”按钮导入上述步骤中准备好的 STL 文件，分别选择相应的成形参数，单击“剖分文件”按钮选择想要保存程序的文件夹，最后单击“执行剖分任务”按钮即开始程序任务剖分。剖分完成后会有弹框提醒，整个剖分过程如图 6–50 所示。

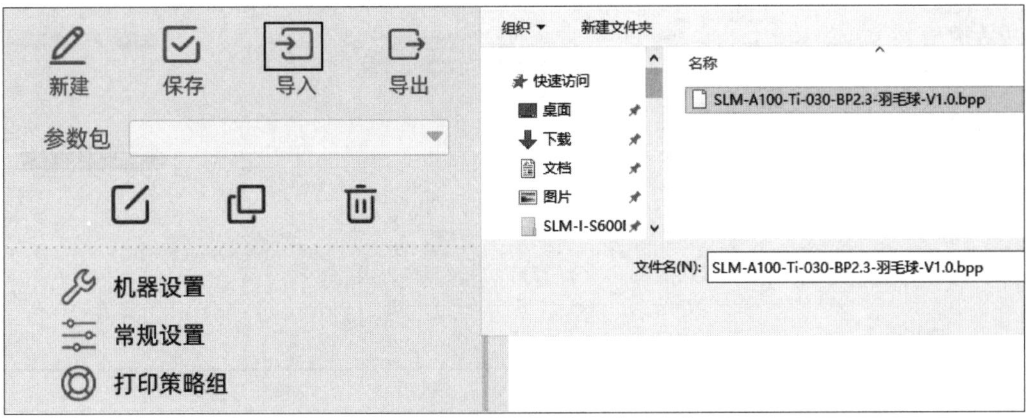

a）

build planner
运行界面
中文
新建
保存
导入
导出
参数包
机器设置
常规设置
打印策略组
运行
参数包
SLM-A100-Ti-030-BP2.3-羽毛球-V1.0
剖分文件
添加零件
已添加零件总数：0
执行剖分任务
清空
批量删除
零件名称
打印策略
文件路径
删除
剖分程序
状态
进度
创建时间
开始时间
结束时间

b）

build planner
运行界面
中文
新建
保存
导入
导出
参数包
SLM-A100-Ti-030-BP2.3-羽毛
机器设置
常规设置
打印策略组
区间1
Ti-030-Part-羽毛
Ti-030-Cone-0.3
Ti-030-Part-羽毛(1)
Ti-030-Part-主体
Ti-030-Solidsupport
Ti-030-Support
运行
参数包
剖分文件
羽毛球
添加零件
已添加零件总数：4
执行剖分任务
清空
批量删除
零件名称
打印策略
文件路径
删除
打开
结束时间
2023/7/12 15:06:57

c）

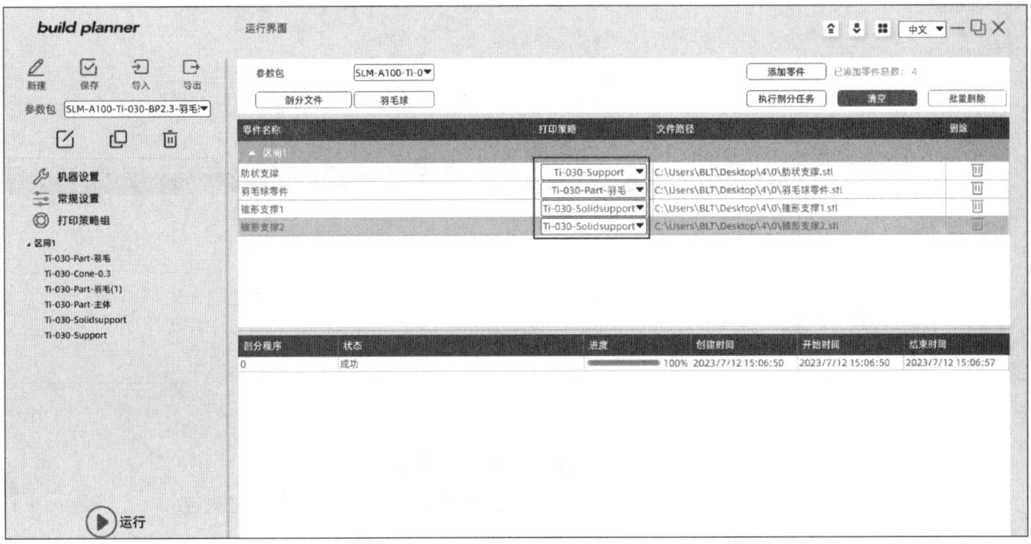
build planner
运行界面
中文
新建
保存
导入
导出
参数包 SLM-A100-Ti-030-BP2.3-羽毛
机器设置
常规设置
打印策略组
区间1
Ti-030-Part-羽毛
Ti-030-Cone-0.3
Ti-030-Part-羽毛(1)
Ti-030-Part-主体
Ti-030-Solidsupport
Ti-030-Support
运行
参数包 SLM-A100-Ti-0
添加零件
已添加零件总数：4
剖分文件
羽毛球
执行剖分任务
清空
批量删除
零件名称
打印策略
文件路径
删除
区间1
肋状支撑 Ti-030-Support C:\Users\BLT\Desktop\4\0\肋状支撑.stl
羽毛球零件 Ti-030-Part-羽毛 C:\Users\BLT\Desktop\4\0\羽毛球零件.stl
锥形支撑1 Ti-030-Solidsupport C:\Users\BLT\Desktop\4\0\锥形支撑1.stl
锥形支撑2 Ti-030-Solidsupport C:\Users\BLT\Desktop\4\0\锥形支撑2.stl
剖分程序
状态
进度
创建时间
开始时间
结束时间
0 成功 100% 2023/7/12 15:06:50 2023/7/12 15:06:50 2023/7/12 15:06:57

d)

build planner
运行界面
中文
新建
保存
导入
导出
参数包 SLM-A100-Ti-030-BP2.3-羽毛
机器设置
常规设置
打印策略组
区间1
Ti-030-Part-羽毛
Ti-030-Cone-0.3
Ti-030-Part-羽毛(1)
Ti-030-Part-主体
Ti-030-Solidsupport
Ti-030-Support
运行
参数包 SLM-A100-Ti-0
添加零件
已添加零件总数：4
剖分文件
1
羽毛球
执行剖分任务
2
清空
批量删除
零件名称
打印策略
文件路径
删除
区间1
肋状支撑 Ti-030-Support C:\Users\BLT\Desktop\4\0\肋状支撑.stl
羽毛球零件 Ti-030-Part-羽毛 C:\Users\BLT\Desktop\4\0\羽毛球零件.stl
锥形支撑1 Ti-030-Solidsupport C:\Users\BLT\Desktop\4\0\锥形支撑1.stl
锥形支撑2 Ti-030-Solidsupport C:\Users\BLT\Desktop\4\0\锥形支撑2.stl
剖分程序
状态
进度
创建时间
开始时间
结束时间
0 成功 100% 2023/7/12 15:06:50 2023/7/12 15:06:50 2023/7/12 15:06:57

e)

f）

图 6–50　软件剖分过程

a）导入参数包　b）选择所需参数包　c）导入 STL 文件　d）选择成形参数
e）执行任务剖分　f）剖分成功弹框提醒

切片完成后，利用 MCS.SLM.SliceViewer 软件进行预览，图 6–51 所示为该软件中程序预览效果图展示，确认无误后将最终程序传递给设备进行打印。

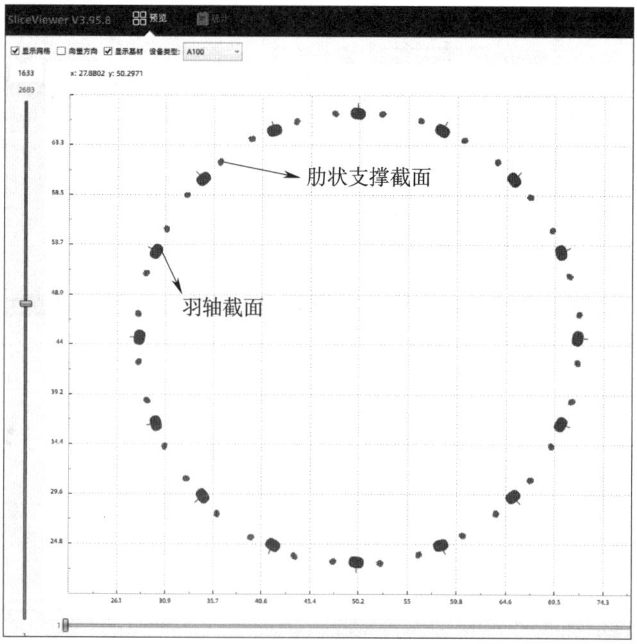

a）

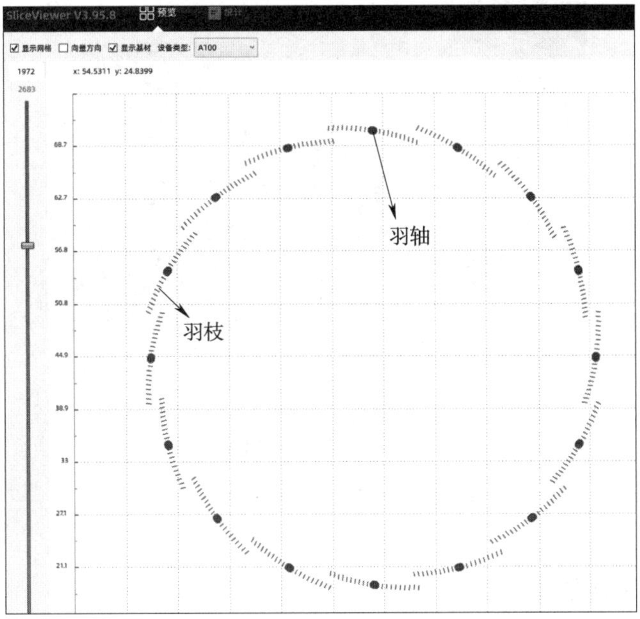

b）

图 6–51　程序预览效果图

a）程序预览效果图 1　b）程序预览效果图 2

（二）零件成形制备

零件成形前需要对设备进行前期准备，包括设备激光调试、基板调平、刮刀安装、粉末准备等工作。根据零件尺寸（68 mm × 68 mm × 78 mm）选用铂力特 A100 设备。该类型设备能够对加载程序进行快速激光选区熔融，主要应用于齿科、珠宝首饰及模具等细分市场，打印精度高，成形稳定性好。打印材料选用铂力特自制钛合金粉末，其组织颗粒小、均匀细致、致密度高，可实现高强度、轻量化及较强的耐腐蚀性能。在增材制造时，成形仓严格控制氧含量及水含量，最大限度阻止钛合金氧化，产品光泽度高，具备工艺品美观及可欣赏性的制备条件。

打印开始后，利用铺粉装置将粉末均匀铺设在基板上，计算机控制激光对程序预设当前层轮廓进行选择性激光熔化。之后被熔化的区域凝固，成形缸下降一个层厚，重新铺粉进行下一层程序烧结，如此层层堆积，层层烧结，直至整个零件成形完成。图 6–52 所示为羽毛球工艺品成形完成效果。

图 6–52　羽毛球工艺品成形完成效果

（三）产品后处理

1. 清粉

零件成形完成后，需要将零件及支撑表面和内部未熔化的粉末清理回收，一方面可用于下次成形其他零件时循环利用，另一方面可防止后续工序导致粉末粘连在零件上造成零件损伤。

2. 线切割

清粉完成后，需要利用线切割机将零件与基板分离，基板进行铣削抛光后循环使用，切下来的零件转入后续操作工序。

3. 去支撑、打磨

将切下来的零件所带的支撑进行清除。羽毛球零件特征细小薄弱，去支撑时需要用专用工具进行操作，操作过程需谨慎小心，要能够准确识别到支撑所在位置及范围，去除过程切勿伤及零件本身。去除完支撑后，需要将带有支撑残根的零件区域进行打磨，保证完全没有支撑残留。

4. 喷砂

打磨完成后，为了清除零件表面污物，提升零件表面光洁度，需要对零件进行陶瓷喷砂处理。图 6–53 所示为喷砂后最终零件效果。

图 6–53　羽毛球喷砂后最终零件效果

5. 检验

按照检验规程，对零件外观进行检验。确保零件表面无挂渣、无污渍特征、无缺损。

6. 入库

将检验合格的零件按要求入库。

第三节　聚合物增材制造工艺应用及后处理实训

实训目的：完成一款零件的立体光固化成形及后处理。

立体光固化成形是目前应用最为广泛的聚合物增材制造工艺。该工艺采用特定波长的光源将液态光敏树脂固化（光聚合反应）成形，逐层累加完成整个增材制造过程。根据光源扫描方式，又可分为点光源扫描和面光源扫描两种方式。本节主要以点光源扫描为例详细介绍电机罩的增材制造过程及后处理。电机罩三维模型如图 6–54 所示。

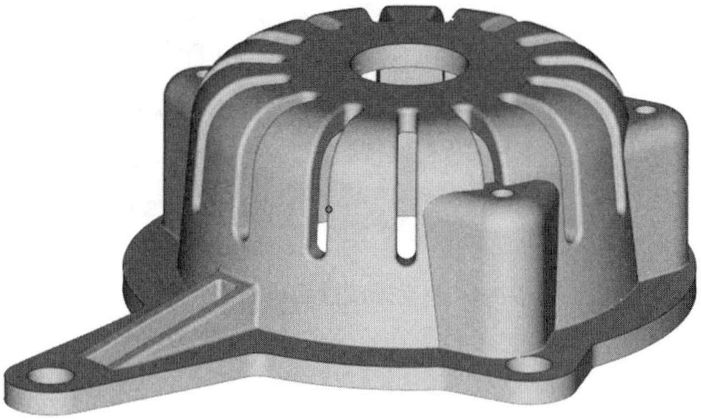

图 6–54 电机罩三维模型

一、模型分析及数据处理

电机罩属于壳体类零件，内部中空并有许多散热孔，模型尺寸为 170 mm × 132.5 mm × 52 mm，最薄壁厚为 2.5 mm。本次数据处理使用的是 Magics 21.0 软件，使用的设备成形最大空间为 600 mm × 600 mm × 400 mm。

（一）成形方向选择

成形方向，也称为打印方向或造型方向，是指成形件由下到上的堆积方向，大多数增材制造都会面临成形方向的选择问题。成形方向决定了工艺支撑的结构，也决定了模型的制造方向，合理的成形方向不仅可以提高成形件的制造效率，还可以提高成形件的表面质量及材料的利用率，而不合适的成形方向甚至可能导致成形件制作失败。成形方向的选择没有标准，主要是根据 CAD 模型的几何结构以及模型上的特征，并考虑制造时间等因素最终权衡的结果。根据经验，目前立体光固化的成形方向主要有以下几点原则：大面积平面向下，细小特征向上，装配面尽量向上，回转轴垂直放置，重心靠下等。图 6–55 列举了几种成形方向下的模型和添加支撑后的状态。

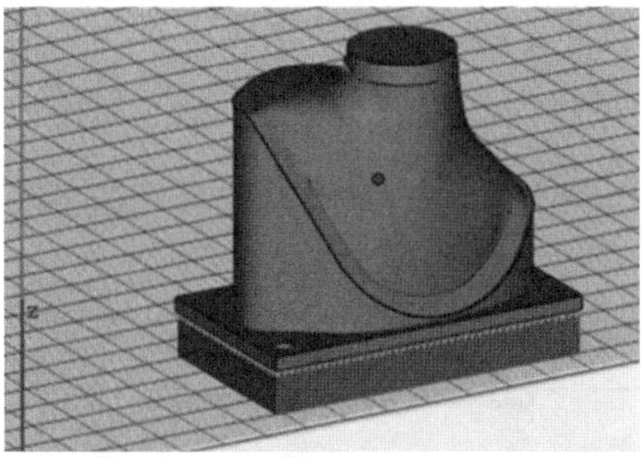

a)

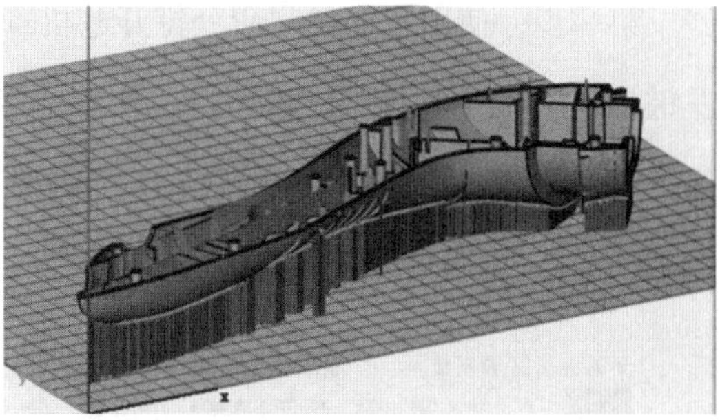

b)

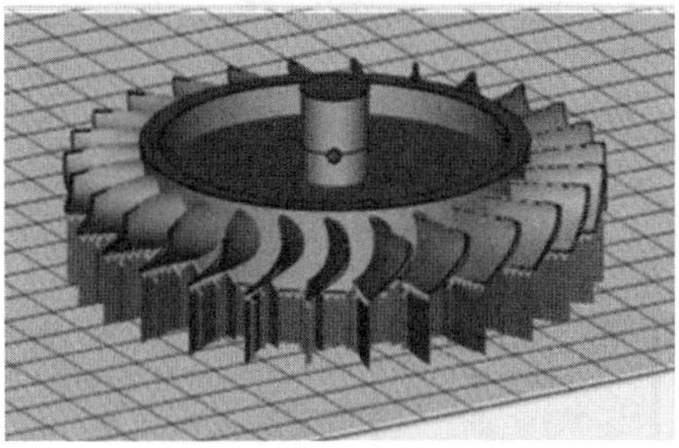

c)

d)

图 6-55　零件摆放方向

a）大面积平面向下　b）细小特征向上　c）回转轴垂直放置　d）重心靠下

电机罩模型由于内部是中空的，外部结构特征较多，可以选择将模型倒扣的方式进行制造，如图 6-56 所示，这样的制造方式不仅可减少支撑的使用量，同时也能提高成形件的表面光洁度。成形方向确定之后，就可以使用 Magics 21.0 进行数据处理了。

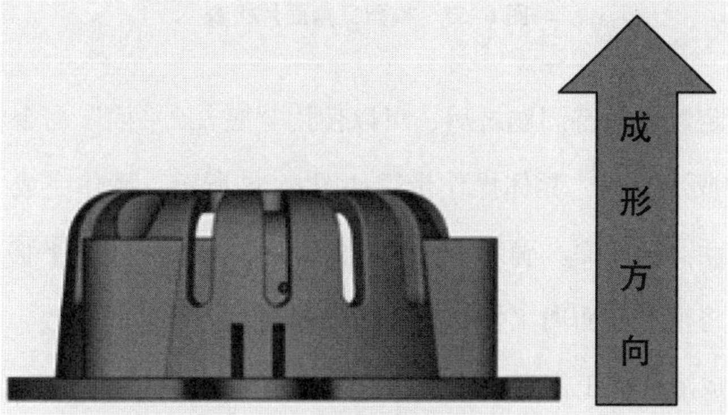

图 6-56　电机罩成形方向选择

（二）支撑添加

第一步，使用“加载”命令打开电机罩的 STL 文件，或者直接将 STL 文件用鼠标左键拖入 Magics 软件的主视图内。使用“修复”菜单栏内的“修复向导”命令对模型数据进行检查，操作步骤如图 6–57 所示，当方框内除壳体为“1”，其他各项结果都为“0”时，说明模型三角面片没有问题。

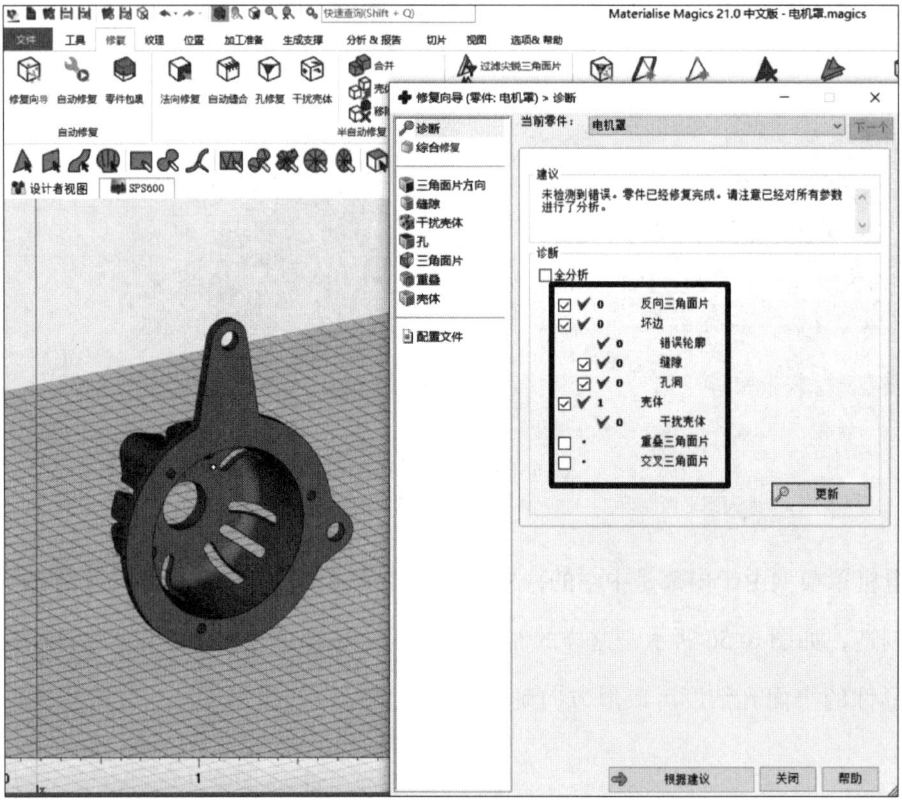

图 6–57　模型三角面片检查

第二步，确定数据没有问题之后，可以使用“底 / 顶平面”命令将模型自动旋转为之前分析过的成形方向，具体操作步骤如图 6–58 所示，操作完成之后模型被标记为绿色的面会自动面向底面。确定好成形方向之后，可以使用“平移”命令里的“至默认位置”命令将模型底面离工作台之间的间隙调整为合适的参数。立体光固化工艺为了方便后期将成形件从工作台上铲下，一般使用 4 ~ 6 mm 的间距，此值过小可能铲件时工具会碰到成形件，过大比较浪费材料和增加制造时间。一般工厂会默认设定一个固定值，可提高数据处理的效率。该值可以在“我的机器”命令里的“编辑参数”进行默认值的设定，本节不再进行讲解。

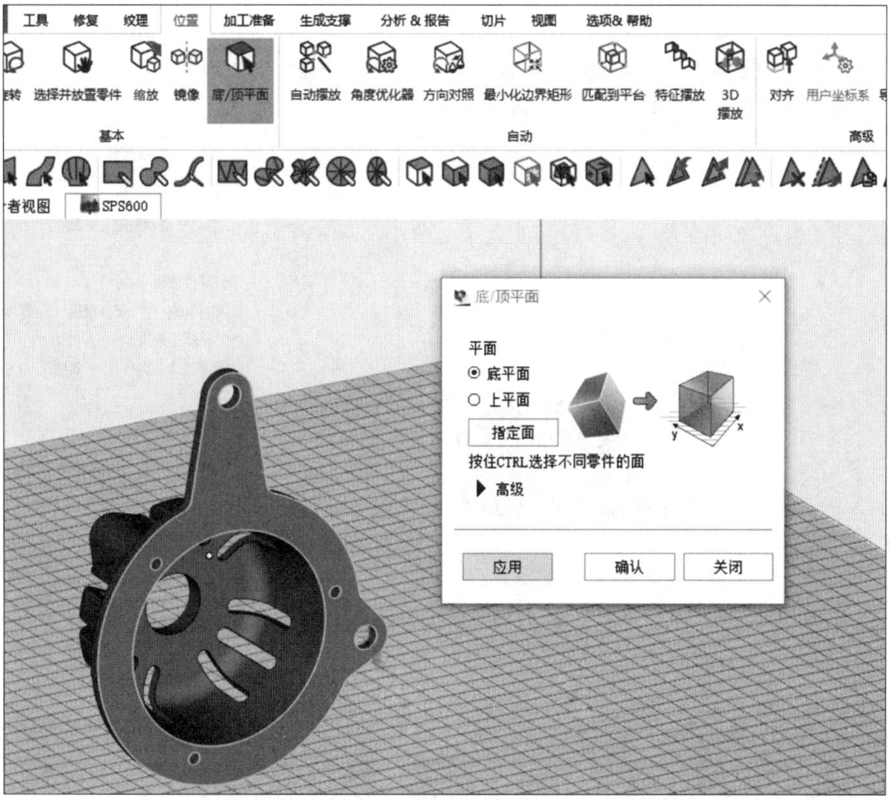

图 6–58　造型面旋转操作

第三步，使用软件的支撑模块为模型添加支撑。支撑生成一般使用自动模式，但需要对生成的支撑进行人工检查，必要时也需要进行修改。修改的目的主要是提高支撑的强度并使支撑更加合理化。当然目前该软件也有完全自动生成支撑的模块，生成的支撑是靠软件的内部算法优化过的，完全不需要人工干预。目前我们使用的版本没有此功能，所以按照图 6–59 所示进入支撑模块。

进入支撑编辑界面之后，整个软件界面也会发生变化，如图 6–60 所示，主界面除了显示 CAD 模型以外，还会将自动生成的支撑显示出来。支撑生成的规则是按照悬垂面区域进行划分，在成形方向上的悬垂面越多，生成的支撑区域越多，反之则支撑区域越少。支撑编辑的难度和工作量主要和 CAD 模型的复杂程度有关，电机罩模型较为简单。

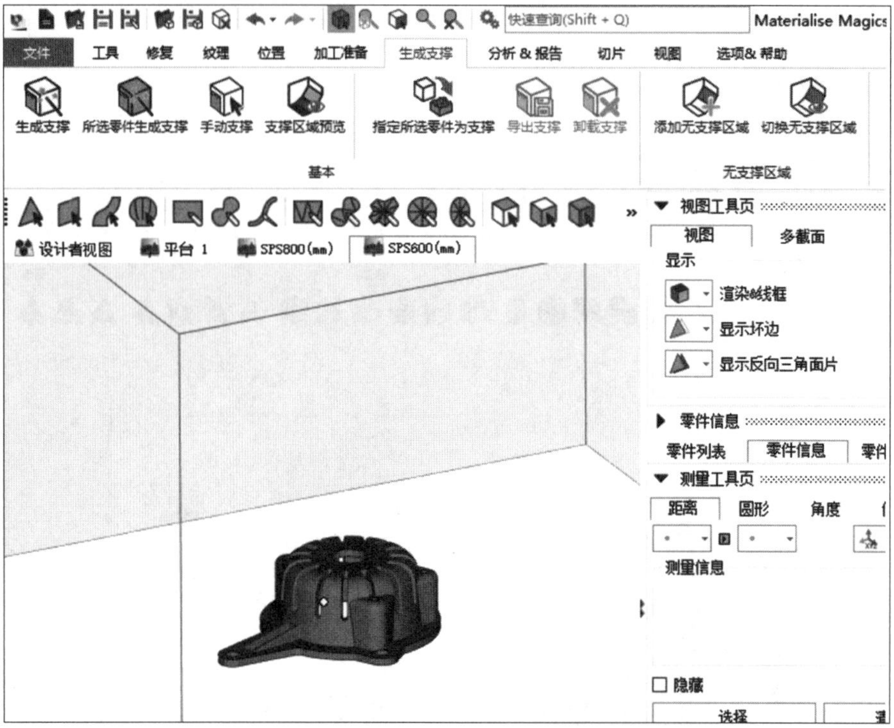

图 6–59　进入支撑模块

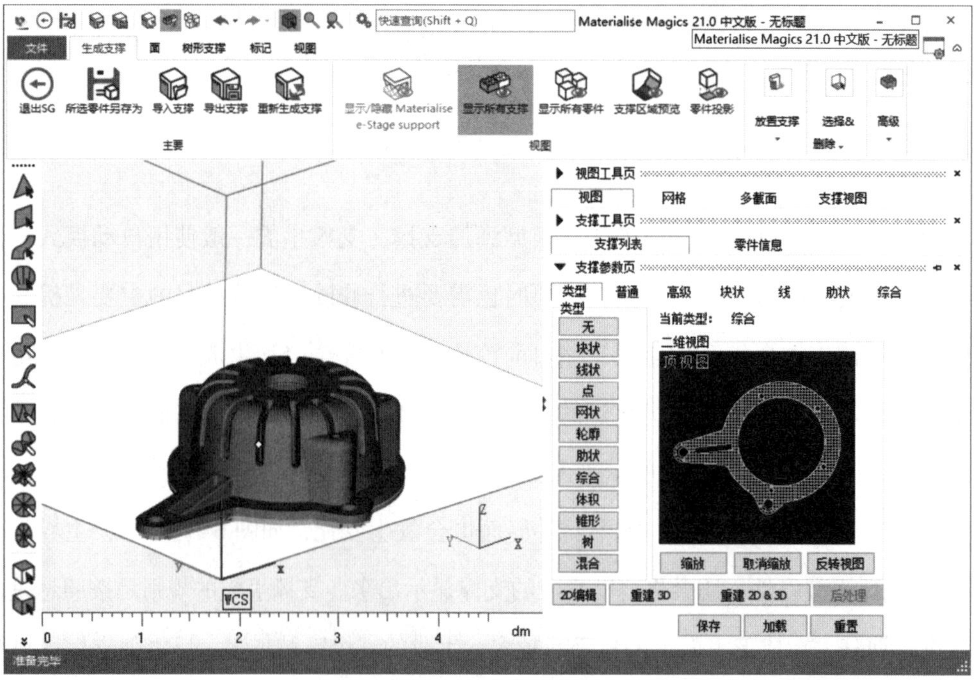

图 6–60　支撑编辑界面

从右侧的“支撑工具页”可以看到，电机罩只有2个支撑区域，属于非常简单的，主要也是因为选择了合理的成形方向。图6–61给出了电机罩在不同成形方向的支撑情况。

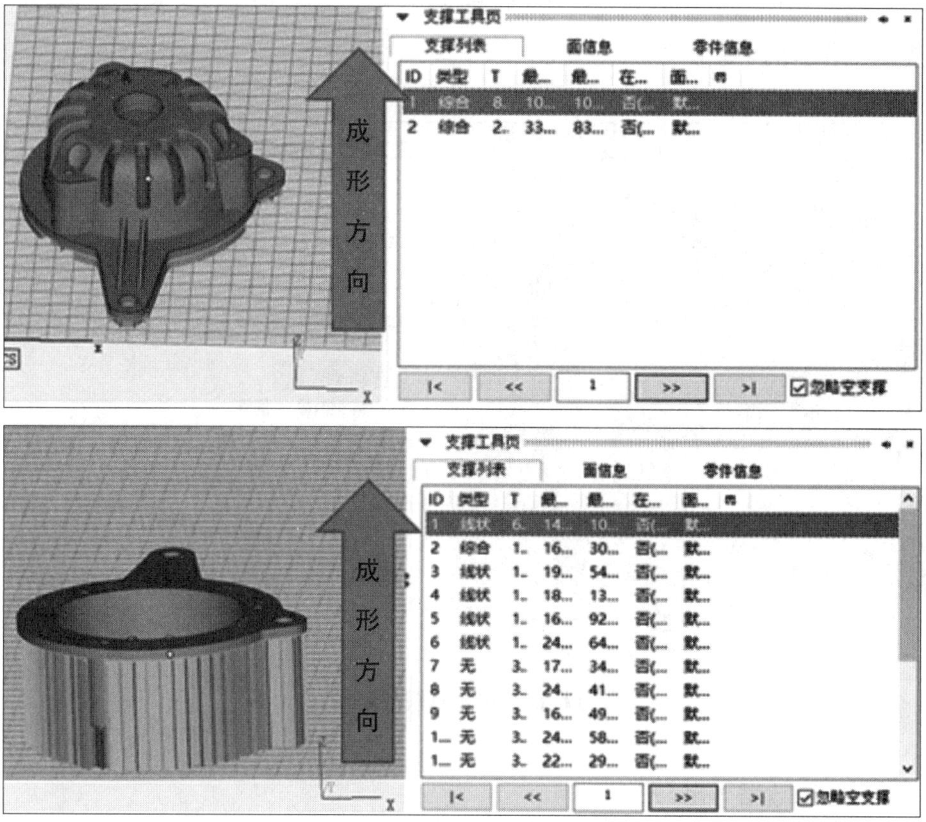

图6–61 不同成形方向的支撑

另外，在右侧“支撑参数页”工具栏里也可以对支撑的类型进行编辑，立体光固化工艺一般使用到的类型有块状、线状和点，其他类型基本不使用。块状支撑的强度最好，但只能在较大的区域生成，较小的区域一般只能生成线状或点状支撑。电机罩模型自动生成的是块状支撑，不用做修改。如果遇到自动生成为点状或者线状支撑时，可尝试能否修改为块状支撑，如果不能就保持原支撑类型。确定支撑没有问题之后就可以单击“退出SG”按钮，软件将会退出该界面。

另外，Magics还提供了手动编辑支撑功能，可以在二维状态下任意设计支撑。单击“支撑参数页”工具栏里的“2D编辑”按钮就可以进入，本节不做讲解。

第四步，如果打印模型比较多，我们需要在顶视图下对模型进行排版。排版时一定注意不能出现模型重叠或者超出工作台边界的情况。本次打印我们计划一次打印 12 个模型，使用“复制”命令，具体操作如图 6–62 所示。之后可以使用“平移”命令，用鼠标左键框选所有模型，将光标放置到其中一个模型的中心点上，然后拖动所有模型至工作台的中心位置。

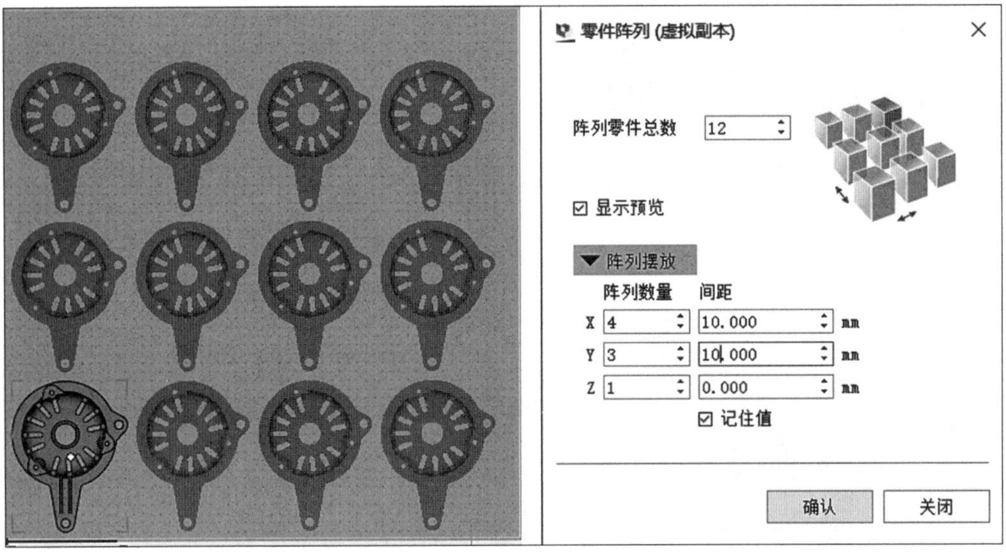

图 6–62　电机罩模型复制

（三）切片数据导出

数据排版完成之后，需要将数据导出为立体光固化设备能够识别的切片数据，具体操作步骤如图 6–63 所示，在标记的方框内也可以对导出结果进行修改，一般将“导出 STL”设置为“否”，这样可提高导出速度，也会减少占用磁盘空间。

“切片导出”的设置如图 6–64 所示，立体光固化设备打印厚度为 0.05 ~ 0.2 mm，考虑到打印精度和加工时间，一般选用 0.1 mm，数据格式采用 SLC。Magics 也提供 CLI 切层格式，不同厂家的光固化成形设备可能会使用不用的数据格式，但零件和支撑的数据格式以及层厚必须一致。

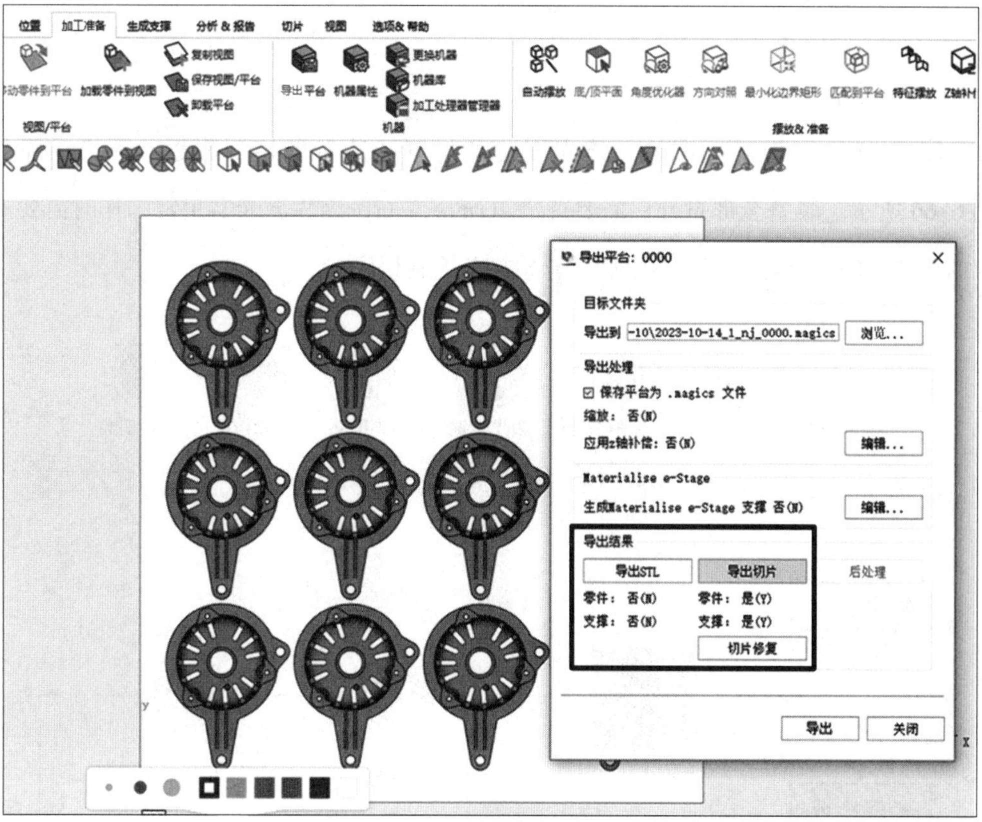

图 6–63　数据导出操作

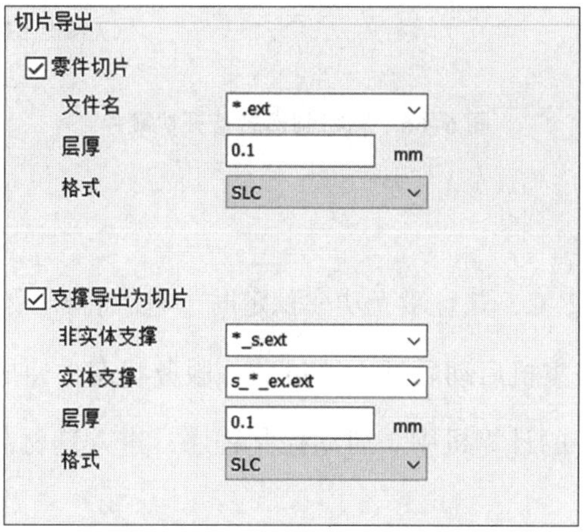

图 6–64　切片导出设置

二、成形件加工

（一）设备开机

图 6-65 所示为某厂家的立体光固化增材制造装备的控制面板。开机顺序如图 6-66 所示。装备全部打开后需要待机 10 min 左右，因为激光器正常工作时需要一定的预热时间，预热时间到达之后就开始打开控制程序。

图 6–65　增材制造装备控制面板

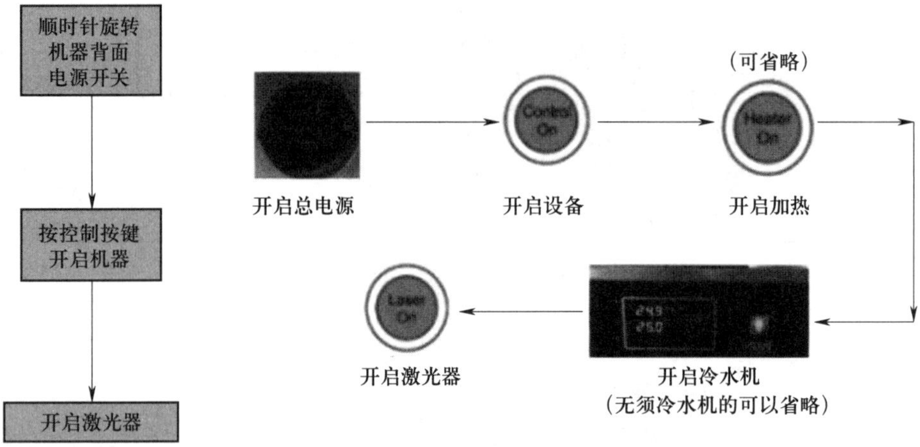

图 6–66　增材制造装备开机顺序

（二）成形操作

待树脂温度达到 32 ℃，并且激光功率稳定时（电源打开后约需 10 min 稳定），即可开始下一步的操作。主机启动后进入 Windows 服务状态，使用 U 盘将处理好的电机罩切片数据复制到装备的计算机中。启动控制程序，进入增材制造装备的控制软件主界面，如图 6–67 所示。

单击主菜单“文件”工具选项，在弹出的菜单中选择“添加 SLC 文件”命令，软件会弹出数据加载对话框，如图 6–68 所示。选择复制到计算机上的全部 SLC 数据文

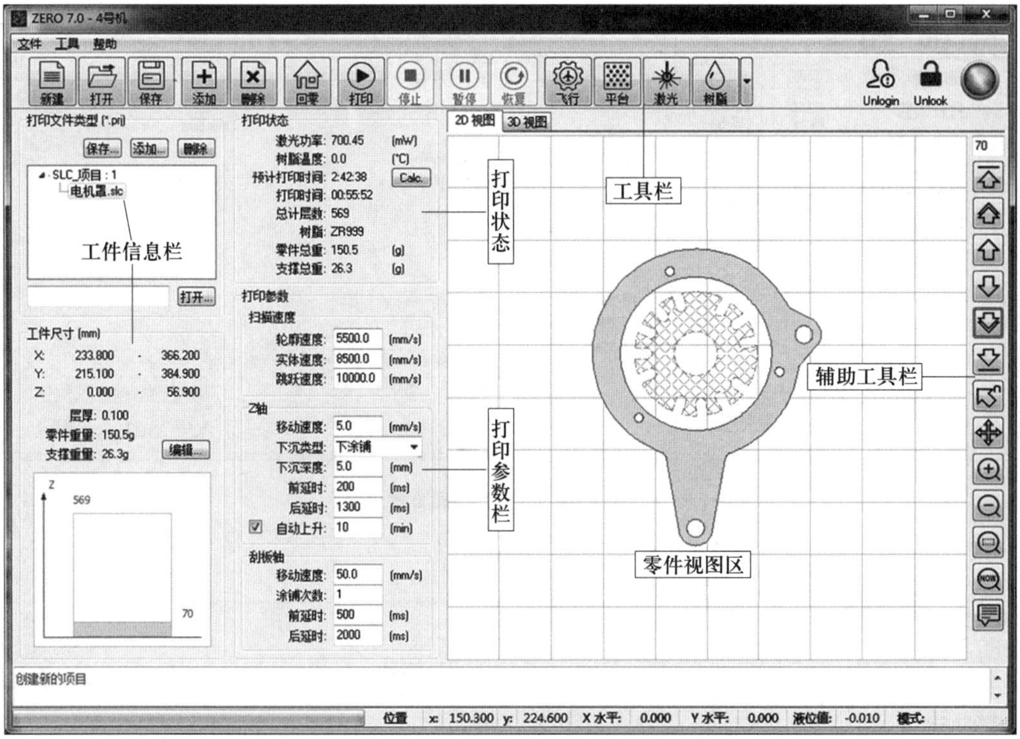

图 6–67　增材制造装备控制软件主界面

件，并单击“打开”，软件会自动完成数据加载。文件加载完毕后，在零件制作进程监控区和零件成形监控区内可以看到零件的外形和轮廓。

模型加载完成之后，就可以开始制作了。单击工具栏中的“打印”按钮，在弹出的提示对话框中单击“确定”按钮，如图 6–69 所示，装备就开始电机罩的制作了，可以观察到工作台的升降以及激光光点在树脂槽内液面的扫描，如图 6–70 所示。

（三）完成制作

成形件的制作由计算机监控完成，扫描过程中单击“暂停”按钮即可暂停制作。模型制作完成后，蜂鸣器会间断鸣 10 s，然后弹出等待上升提示框，如图 6–71 所示，倒计时结束后工作台会自动升出液面。

图 6–68　切片数据加载

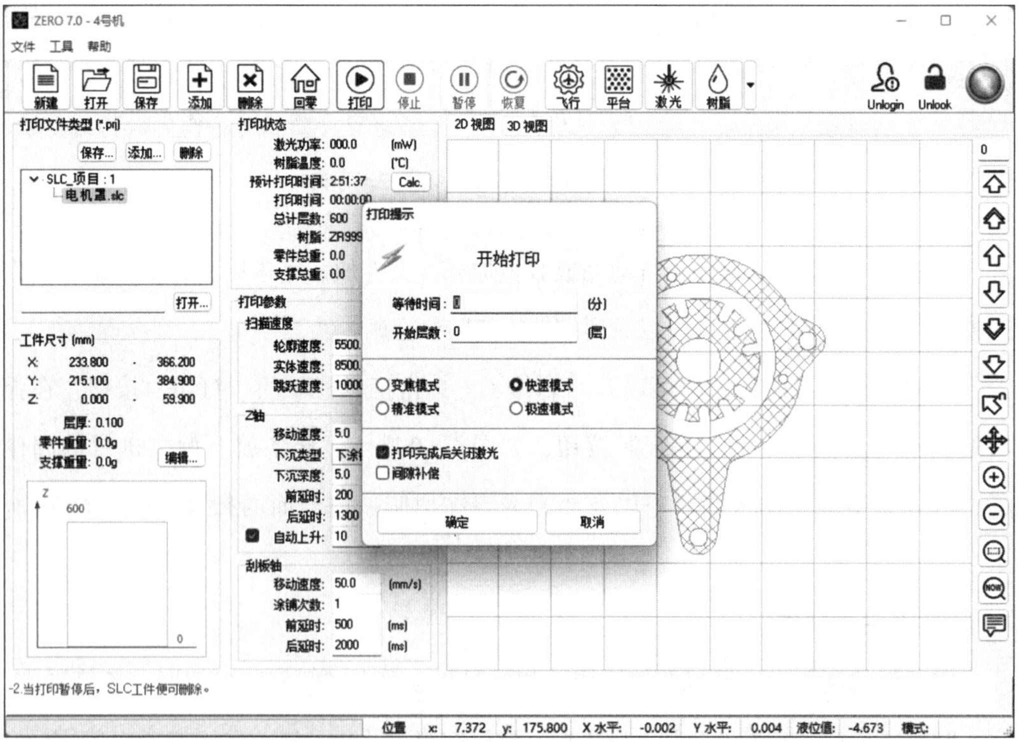

图 6–69　启动制作

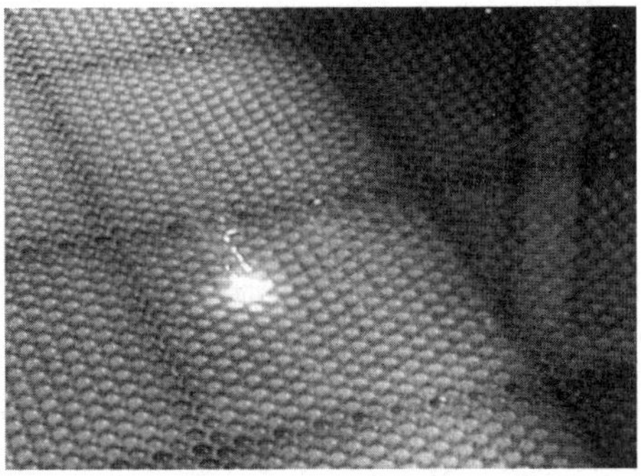

图 6-70　激光扫描

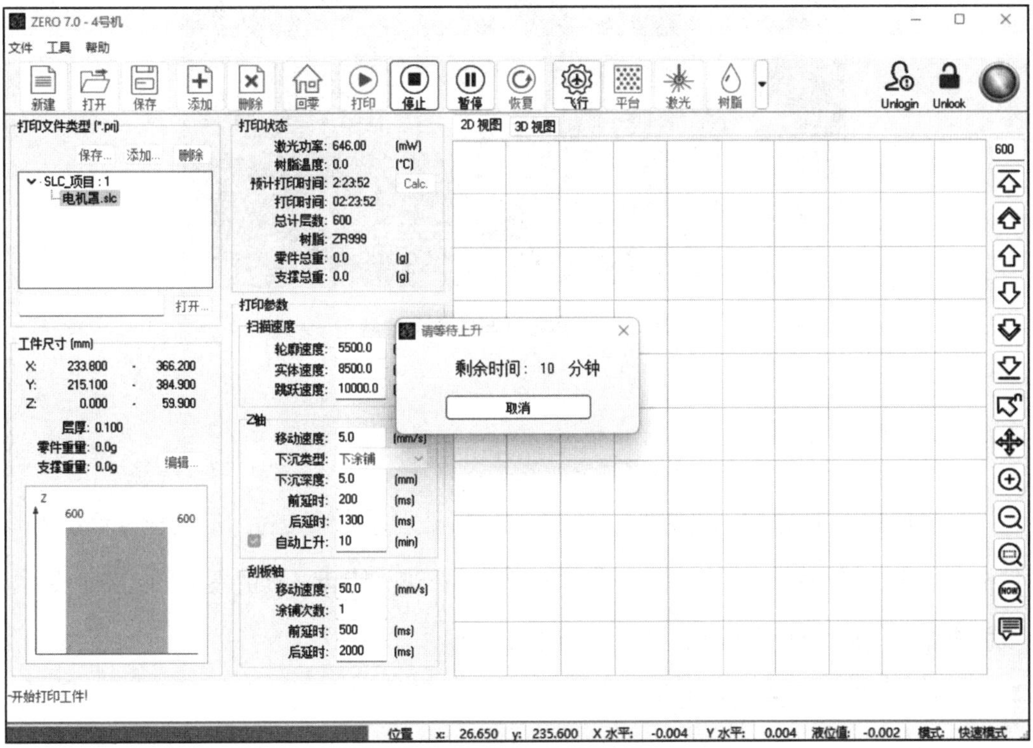

图 6-71　模型制作完成提示

为了更方便地取出成形件，还可以单击工具栏中的“平台”按钮，手动控制工作台将零件升至更高位置，工作平台参数设置如图 6-72 所示。使用铲刀等工具将支撑和工作台分离，控干成形件表面树脂后将其取出，如图 6-73 所示。清理工作台表面支撑碎片，将工作台回零，此项目制作完成。

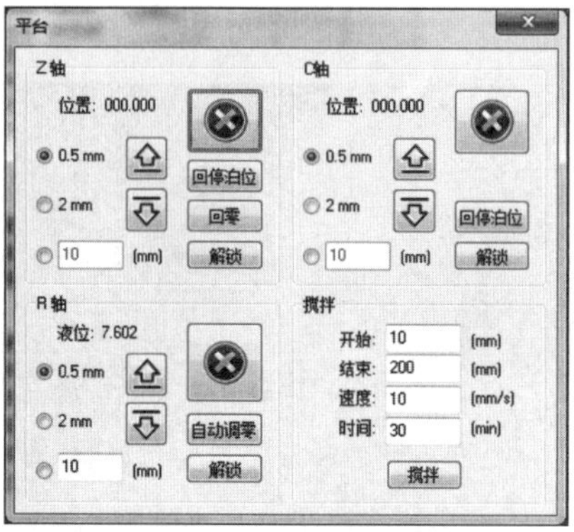

图 6–72　工作平台参数设置

图 6–73　成形件与工作台分离

三、成形件后处理

电机罩制作完成之后，需要进行一系列的后处理才能够交付。后处理过程：成形件清洗→去支撑→后固化及粗磨→喷砂→喷漆→补缺→精磨→质量检验→包装→交付。下面重点介绍成形件清洗及去支撑、后固化及打磨。

（一）成形件清洗及去支撑

拿到成形件后，先进行酒精清洗（使用纯度在 90% 以上的工业酒精或异丙醇等），如图 6–74 所示。模型清洗的过程中手工去除支撑，如图 6–75 所示。

（二）后固化

清洗完之后，使用压缩空气将成形件表面残留的酒精快速吹干，如图 6–76 所示。然后将成形件放置于 UV（紫外线光）固化箱内二次固化，一般固化 10 min，如图 6–77 所示。

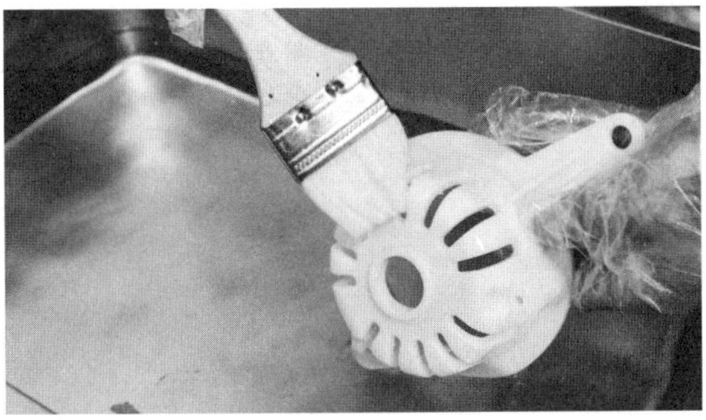

图 6–74　使用酒精清洗成形件

图 6–75　手工去除支撑

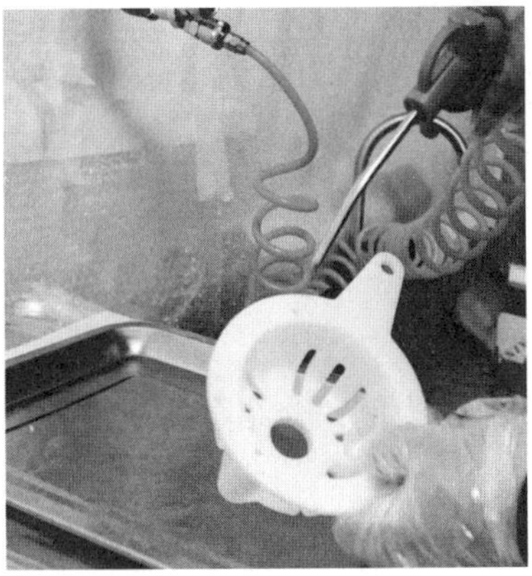

图 6–76　吹干成形件

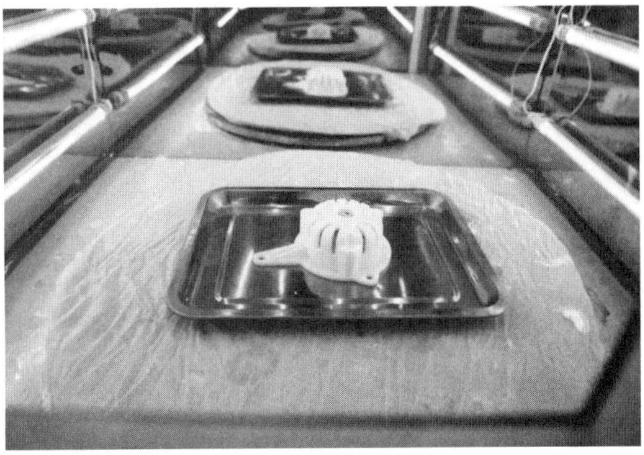

图 6–77　二次固化

（三）打磨

成形件二次固化之后，表面强度会提高，然后使用水砂纸由粗到细对表面进行打磨，一般主要打磨的区域是支撑面和台阶纹。光敏树脂固化后的强度并不是很高，一般粗磨使用 600# 的砂纸就可以了，轻轻打磨掉支撑留下的接触点即可，然后使用 1000# 以上的砂纸进行精细打磨，如图 6–78 所示。

图 6–78　用砂纸打磨

如果成形件精度要求较高或者需要进行装配，那么打磨的同时还需要使用游标卡尺进行测量，并与 CAD 模型尺寸进行比对。可以先用游标卡尺和记号笔对精度要求高的区域进行标记，然后边打磨边测量。打磨时一定注意观察成形件，避免将细小特征过度打磨。

第四节　增材制造产品后处理实训

实训目的：完成典型增材制造成形件的后处理。

本节以金属增材（激光粉末床熔融）制造叶轮成形件为例，介绍金属成形件的后处理项目及工程中使用到的工具、注意事项等。

一、成形件清理

成形件制造完成后，需要对零件进行清粉操作，将成形件、支撑及内部特殊结构内的残余粉末清理干净。一方面，清理干净多余粉末，可取出最终成形件，便于后期支撑去除，避免在后续工序中因粉末残余导致零件损伤、报废；另一方面，可收集粉末，用于下次成形其他零件时循环利用。

当成形件制造完成时，设备工作状态灯熄灭，设备工作界面提示成形完成。此时成形室及成形件温度过高，为防止高温危险，需等成形室温度降为室温后，再开始成形件清理工作。

（1）待成形件打印完成后，成形室内温度降为室温后，穿戴好防护用品，打开成形室舱门，用防爆吸尘器将吹风口及平台四周大颗粒废料清理干净，如图 6–79 所示。

注意：成形室温度必须降低到室温，防止高温危险；防爆吸尘器使用过程中必须接好接地线，防止清理过程产生静电，造成安全事故。

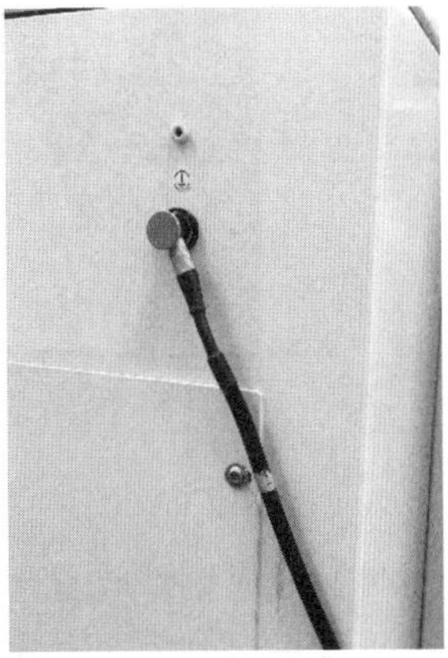

图 6–79 清理大颗粒废料

（2）利用毛刷清理覆盖成形件的粉末，如图 6–80 所示。清理一段后，关闭舱门，提升工作平台高度，再打开舱门继续清理粉末，如此循环，直至将成形件完全清理出来。注意：清理过程中，毛刷清理动作要轻缓，防止粉末扬尘；每次升高不要过高，防止粉末溢出。

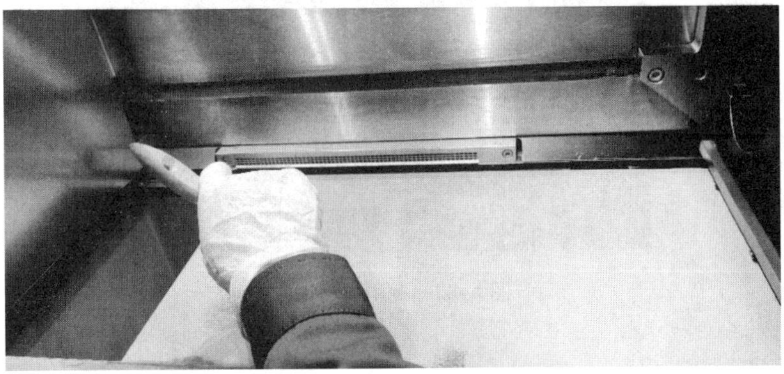

图 6–80 粉末清理

（3）当基板露出后，选择合适的内六角扳手，拧开安装基材的螺钉，对角逐步松取，防止成形件应力太大造成设备损伤，将基材与工作平台分离，如图 6–81 所示。

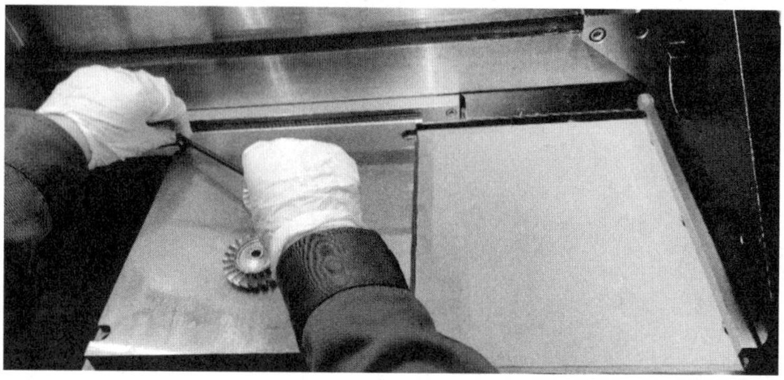

图 6–81　将基材与工作平台分离

（4）将成形件放置于专用清粉平台或清粉设备中（清粉平台必须置于通风良好区域，清粉设备需填充惰性气体保护），如图 6–82 所示，对照成形件打印方案，调换成形件方向，利用铜棒敲击、压缩空气吹扫等多种清理方式，充分清理成形件支撑、流道或其他特殊位置的粉末。

图 6–82　专用清粉设备

（5）成形件确认清理完成后，称重记录并及时流转下一步；清理出的粉末做好保存（铝粉等粉末需要真空包装保存）。

（6）清理成形室平台，将平台四周残余粉末扫入收粉仓，最后用酒精将成形室钣金等擦拭干净。

二、热处理

（一）工艺确认

金属增材制造过程是一个快速加热和快速冷却的过程，成形件会产生大量残余应力。因此对于成形件应及时做热处理，消除成形件残余应力。常规热处理工艺选择原则如下。

（1）消除成形件残余应力，对成形件进行退火热处理。

（2）针对成形件工况及使用需求，选择特定热处理工艺，改变材料的化学组成和微观结构，提升零件综合性能。

（二）叶轮热处理实例

本次叶轮成形件材料为镍基高温合金。为消除成形件残余应力、改善成形件性能、方便后续加工，选择固溶热处理方式（固溶可消除成形件残余应力，细化晶粒，提高材料塑性和韧性）。成形件热处理温度较高，为防止成形件氧化，采用真空炉进行热处理，工艺见表 6–1。

表 6–1　　叶轮固溶热处理工艺

工序内容	入炉温度	升温速度	保温温度	保温时间	出炉温度	冷却方式
退火处理	≤ 250 ℃	350 ℃ /h	980 ℃	1 h	室温	气冷

（1）做热处理前，对成形件进行检测，确保成形件无残余粉末、油污、水渍等，防止因油污水渍造成无法抽真空或者残余物质对炉膛造成污染。

（2）打开炉门（操作人员不要面对炉门，要站在护体侧面），检查炉内设备是否正常，做好炉膛清理，防止对成形件造成污染，如图 6–83 所示。

图 6–83　炉体检测

（3）用叉车将热处理的成形件按规定放在有效加热区内，如图 6–84 所示，不得紧靠炉胆两侧，避免物料过烧（输送工件时，注意控制叉车运行速度及叉车高度，以免损坏炉膛及炉内的成形件；热电偶均布零件之上，保证温度监测准确）。

图 6–84　成形件放入加热区

（4）按照热处理工艺卡片，编写热处理程序，如图 6–85 所示；运行热处理程序，如图 6–86 所示，开始进行热处理（充气时炉门前严禁站人）。

图 6–85　编写热处理程序

（5）热处理完成后，待成形件冷却到室温后，取出成形件；放置于待流转区域，同时保存好热处理曲线图，如图 6–87 所示。

（6）成形件出炉后停炉断电，清理作业现场，操作人员负责做好相关记录。

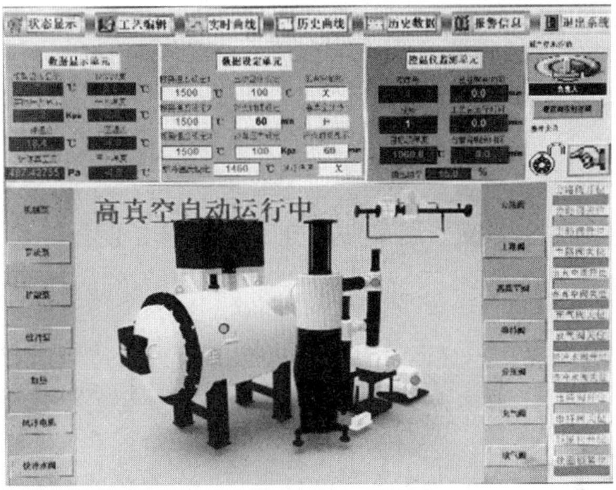

图 6-86　热处理程序运行

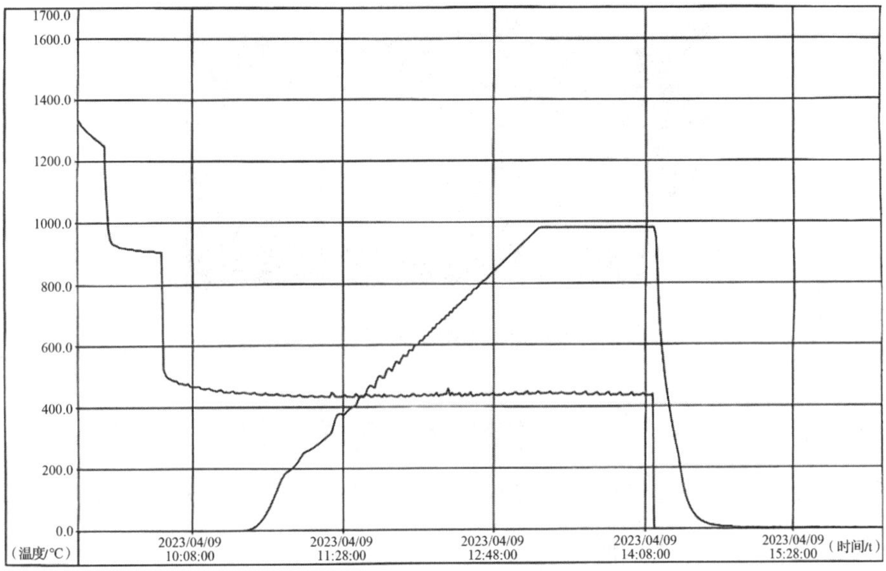

图 6-87　热处理曲线图

三、线切割

（一）切割方案确认

成形件完成热处理后，内部应力已释放，此时可将成形件与基板分割开。一方面，便于成形件的后续处理工作；另一方面，可将基材铣磨，留待后期循环使用。

本次叶轮成形件结构简单，尺寸较小，成形件及基材无变形，直接利用机床装夹切割。当切割大型复杂成形件时，需考虑成形件在切割过程中的残余应力释放、添加余量、随炉成形件掉落等问题，制定合理的线切割方案，设计辅助工装。

（二）切割过程控制

（1）本次叶轮成形件直接采用工装找正；切割开始前，检查工件是否卡紧，如图 6–88 所示。

图 6–88　线切割成形件装夹检查

（2）成形件试切。在不开启工作液的状态下，启动走丝并开启脉冲电源，将电极丝移动到接缝位置，电极丝与工件接触后会产生明显火花，如图 6–89 所示。注意观察火花情况，实时微调，使整个接触面都有火花（若只有一边有火花，说明零件切割不平，会损伤零件，应及时调整）。

（3）上传切割程序，设置好加工参数后，先开启走丝，再启动工作液，接通脉冲电源开始运行程序进行加工；切割过程中根据切割状态，实时关注打火情况，实时调整切割参数。

（4）在成形件即将切割完成时，对成形件做好接取工作；对于特征成形件，做好标记记录；防止成形件自由掉落造成成形件损伤或设备断丝等问题。

图 6–89　线切割成形件试切

（5）切割完成后，对成形件进行冲洗，清理油污、杂屑。

四、成形件清洗

叶轮成形件线切割完成后，成形件表面通常附着有切削液、油污等杂质，此时为方便后续成形件处理，利用超声波清洗机进行清洗，进一步去除叶轮表面的切削液以及支撑中残存的粉末。

（1）将叶轮放在清洗篮中，避免直接放在槽底，如图 6–90 所示，以免影响清洗效果或成形件丢失，再根据成形件状态及清洗效果加入去污剂。

（2）设置清洗加工程序，启动清洗。

（3）超声清洗完成后，及时取出成形件（若清洗时开启了加热功能，需等待一段时间，等清洗液降为室温后，再取件），将清洗篮提出，放置于指定位置，静置待水分晾干（见图 6–91）或利用烘干设备烘干之后，流转至下一步。

（4）清洗完成后，清理设备，更换清洗液；若清洗后，短期不再使用，及时清理清洗机内浑浊清洗液，清理清洗机内部，防止设备腐蚀损伤。

图 6–90　清洗成形件的放置

图 6–91　清洗成形件晾干

五、支撑去除

在成形件制造时，为了零件顺利打印及保证成形质量，一般会在零件底部添加部分支撑，用于辅助零件成形。当制造完成后，需要将这些多余支撑去除，得到最终的成形件。

本次叶轮零件支撑主要分为两部分。一部分为轮盘部分支撑，支撑面大，集中强度相对较强；另一部分为叶片支撑，叶片较小，支撑强度相对较低，需要小心去除。

（1）模型支撑确认。去除支撑之前，工艺人员与后处理人员做好沟通，对照模型的三维图样，区分模型与支撑结构（见图 6–92），确认支撑去除内容，防止破坏成形件或支撑去除不完全。

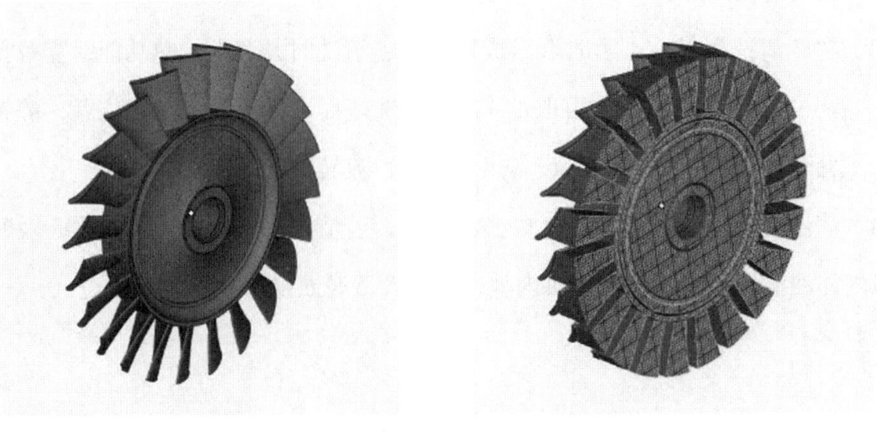

图 6–92　叶轮与添加支撑后的叶轮

（2）规划去除方案。对照三维模型，区分模型与支撑后，再考虑去除支撑的顺序。本次叶轮成形件，先去除叶片支撑，再去除叶轮底部支撑。对于大型成形件、有实体辅助支撑的成形件而言，可利用角磨机、气铲等工具，先对成形件的实体辅助支撑进行去除，必要时也可利用线切割、机床加工去除，再去除其他支撑。

（3）成形件装夹。叶轮成形件较小，但整体支撑位置规则，可直接利用虎钳等夹具装夹，如图 6–93 所示。注意夹持力度不要过大，防止损伤成形件。装夹时应在零件与夹具间用木头或胶条缓冲，防止零件损伤；若成形件形状复杂或者支撑难以去除，则需要设计对应工装进行装夹。

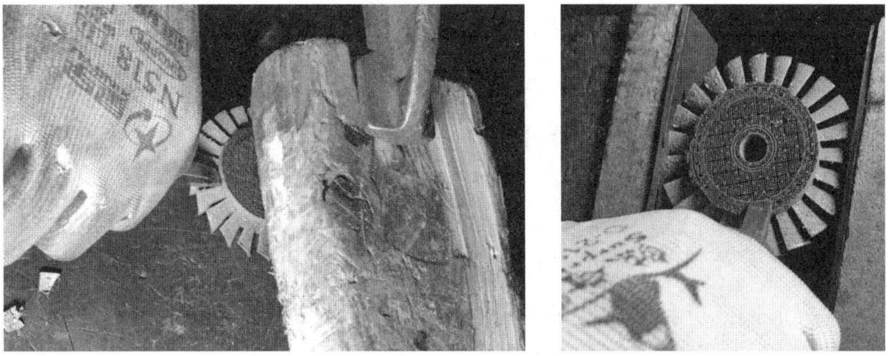

图 6–93　叶轮装夹

（4）支撑去除。由于叶片较小，壁厚较薄，为防止支撑去除时造成叶片变形，可采用钳子钳断叶片支撑，如图 6–94 所示；叶轮轮盘底部支撑区域相对较大、集中，直接利用锤子、錾子等敲击去除。

图 6–94　叶片支撑去除

（5）残余支撑去除。支撑去除过程中，可能存在支撑断裂、去除不完全等情况，使得支撑面有少量残余。在支撑去除完成后，整体检查一遍，对大块残余支撑进行清理，便于后续打磨。

六、打磨抛光

成形件支撑去除后，支撑区域还会有支撑残根、氧化皮等缺陷，需要对成形件进行全面打磨、整形、抛光，进一步提高成形件表面质量及精度。

（一）叶轮成形件粗打磨

（1）调取成形件的加工图纸或三维模型，了解叶轮几何尺寸、技术要求，针对性选择合适的打磨工具，制定打磨方案，先用铣刀头粗磨，再用磨头精修。

（2）成形件装夹。手持打磨叶片，用虎钳装夹打磨轮盘区域，虎钳夹持力不能过大，防止成形件变形或损坏。

（3）利用风磨笔和锉刀做局部的修整和大幅面的磨削，能大大提高工作效率。针对此次叶轮成形件，可利用风磨笔装备铣刀头对成形件底部、叶片等有支撑残余区域进行粗打磨，去除成形件表面的支撑残余、制作余量及氧化皮等，如图 6–95 所示。成形件初始磨削的深度不能过大，操作者应控制住磨削压力，掌控磨削深度，以免过度磨削造成成形件损伤、尺寸不足。

（4）当成形件表面缺陷过多时，可选择不同规格打磨头，进行多次打磨。

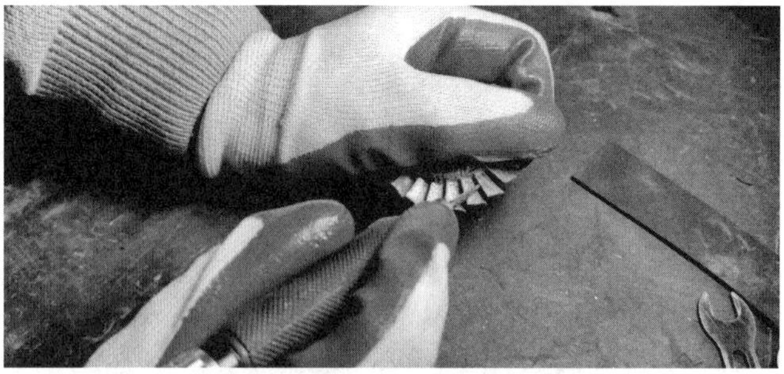

图 6–95　成形件打磨

（二）精细打磨

粗磨后还需要对叶轮成形件进行精磨，以满足叶轮成形件所需要的形状精度、尺寸精度及表面粗糙度。

（1）叶轮成形件粗打磨完成后，继续利用风磨笔打磨，不过需要转换细磨头（见图 6–96），挑选打磨磨头或抛光头，对成形件较粗糙区域进行打磨（见图 6–97），使表面光顺、降低粗糙度。

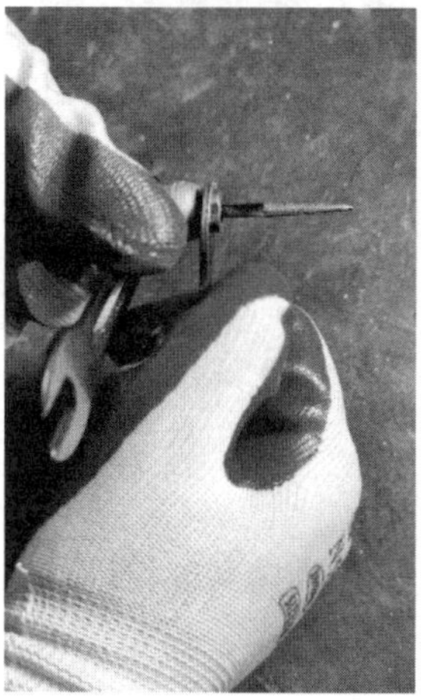

图 6–96　铣刀换磨头

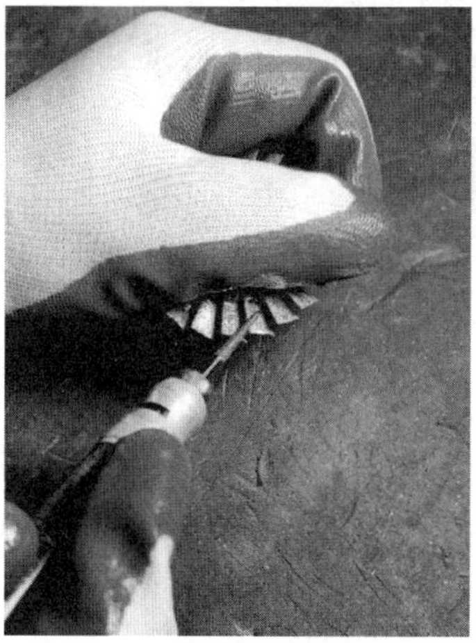

图 6–97　磨头打磨

（2）砂纸打磨。对于叶片根部等工具不好打磨区域，可利用砂纸进行手工抛磨；先用低目数粗砂纸打磨，再逐步提高，慢慢抛磨。

（3）精细打磨一定要边打磨边观察、测量，对照图纸，控制叶轮的关键尺寸；保证细节尺寸准确及粗糙度达到图纸要求。

（三）喷砂

叶轮成形件打磨后，表面存在一些打磨痕迹及汗液等污渍，利用喷砂机对成形件整体进行喷砂，去除表面附着物，消除打磨痕迹，提高表面光洁度。

（1）将零件放入喷砂机中，加砂粒后开始喷砂（见图 6–98），喷砂应根据成形件材料，添加对应砂粒。

（2）根据成形件材料及喷砂情况，实时调节喷砂压力。喷砂压力由小慢慢调大，防止损坏零件或未达到喷砂效果。若喷砂成形件存在细小流道，喷砂前需要堵塞流道；

防止砂粒阻塞流道，无法清除，造成成形件报废。

（3）喷砂完成后，利用压缩空气，清理零件表面及内部残存砂粒，防止影响零件使用，如图 6–99 所示。

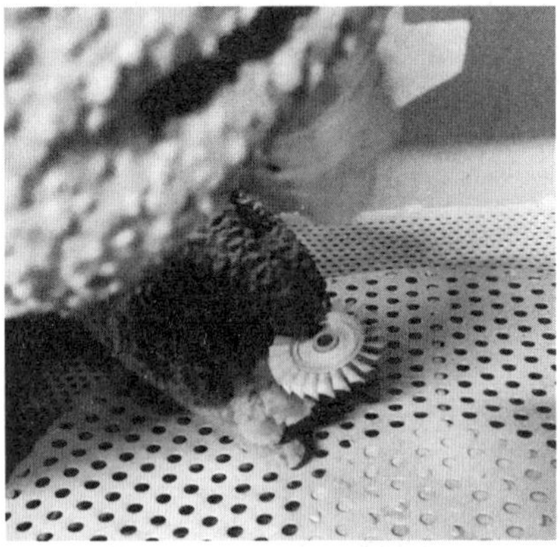

图 6–98　叶轮喷砂

图 6–99　吹除残余砂粒

（四）抛光

叶轮成形件的使用对于表面粗糙度有明确要求，因此需要对叶轮进行抛光处理。抛光一方面能去除打磨留下的痕迹，另一方面能使成形件表面粗糙度达到最终技术要求。

目前常用抛光方法有手工抛光、流体抛光、电解抛光、化学抛光、机械抛光等。本次叶轮成形件先采用人工抛磨、喷砂，初步去除打磨痕迹（见图 6–100），再利用磨粒流进行最终抛光，使其满足粗糙度要求。本实训采用磨粒流抛光工艺为例进行讲解。

（1）先根据叶轮模型结构，制定对应的工装夹具，如图 6–101 所示。

图 6–100　叶轮喷砂后效果

图 6–101　叶轮工装夹具

（2）利用磨粒流设备，设置对应参数，进行抛光处理。当没有成熟参数时，首次抛光时应采用小的加压压力，根据抛光效果，逐步优化参数，避免压力过大损伤叶片。

（3）磨粒流完成后，需要检查抛光效果（见图 6–102），若不满足最终要求，需重新抛光；当磨粒流完成后，需要对成形件表面磨料进行清理。

图 6–102　抛光后成形件

七、精加工

本次的叶轮成形件是发动机中一个部件，后续需要与其他部件装配，所以对于装配面需要进行精加工。本次选用数控加工，通过铣削特定区域以获得较高的尺寸精度。

（1）机加工时避免"一步到位"，首次编程在图纸要求的基础上预留 0.2 mm 左右余量，进行初次加工；完成后测量加工尺寸，再根据最终尺寸进行二次加工，使成形件达到图纸要求。

（2）加工完成后，除尺寸检测外，还需要同其他部件进行装配试配，查看其装配效果。

八、检测

参照制件图纸，对成形件外观、尺寸、表面粗糙度等进行检测。若某项检验结果不符合要求，需返回相应工序进行返工处理，直至检验合格。

九、入库 / 发货

将检验合格后的成形件按要求入库、打包发货。

为避免出现磕、碰、划伤，成形件发货时要进行单独防护包装，放置在包装箱中，箱中应使用缓冲材料将零件固定以防止移动，包装箱应具有足够的强度以保证在运输过程中不被损坏。

第五节　增材制造产品质量检验实训

实训目的：掌握增材制造产品的一般质量检验方法。

增材制造在成形过程中可能出现气孔、未熔合、裂纹、翘曲变形等缺陷，因此，产品质量检测手段对于增材制造就显得尤为重要。通常要求对增材制造成形件的尺寸和内外部质量进行检测，对于尺寸检测，可使用三坐标测量机、量具和结构光扫描仪。对于外部表面的检测，可选择目视检测、渗透检测、表面粗糙度检测等方法；内部检测则可以使用超声波检测、射线检测和计算机断层扫描检测等。一般来说，增材制造产品的质量检验流程如图 6–103 所示。

本次实训以激光粉末床熔融金属增材制造叶轮零件为例，介绍金属增材制造产品的质量检验方法，该零件检测内容有：目视检测、尺寸检测、表面质量检测、装配检测。

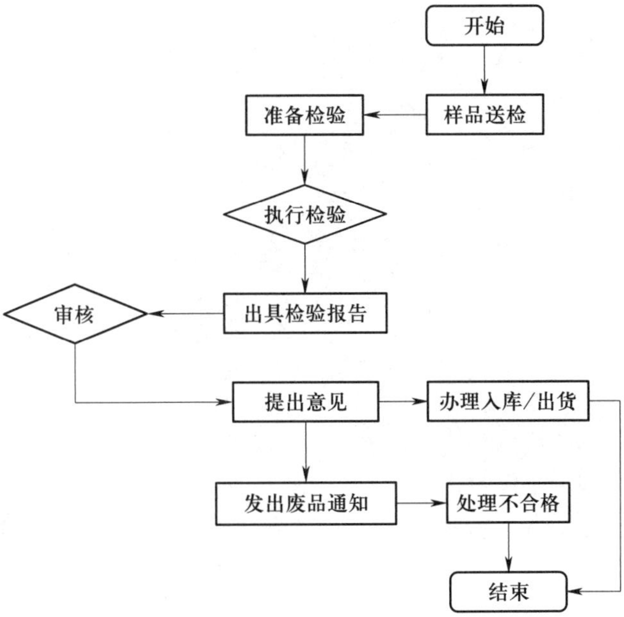

图 6–103　增材制造产品的质量检验流程

一、目视检测

（一）取件后检测

零件成形并取件后，检验人员第一时间对零件表面进行目视检测，该步骤主要是确认零件打印及取件过程中是否合格。目视检测环境为室温常压，零件表面温度低于 35 ℃，光源为自然光，检测符合《无损检测　目视检测　总则》（GB/T 20967—2007）相关要求。针对该叶轮零件检测步骤如下。

1. 零件表面质量检测

观察该零件表面（见图 6–104），未出现明显打印缺陷，无毛刺、未融合、凹坑、夹杂、气孔等，零件表面质量无异常。

若零件表面出现层纹或表面粘粉现象，后续通过打磨、机加工等方法解决，仍然可满足产品的尺寸与装配要求，那么该步骤即可视为检验合格；反之，则需要按照不合格品处理。

图 6–104　观察零件表面

2. 零件结构完整性检测

观察零件整体结构（见图 6–105），未发现局部坍塌、刮刀破损刮坏造成工件不完整等现象，同时无肉眼可见明显变形。

图 6–105　观察零件整体结构

3. 支撑与零件结合处检测

观察零件支撑结构打印情况（见图 6–106），发现支撑结构完整，未发生变形或打印缺失；检查支撑与零件结合处，两者结合紧密，未发生开裂或者结合处内凹、错位等现象。

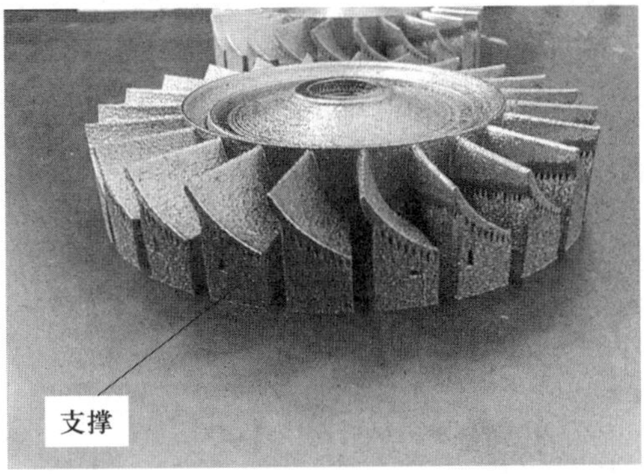

图 6–106　观察零件支撑结构

4. 零件表面颜色检测

观察零件表面颜色为金属光泽（见图 6–107），无发蓝、发黄等氧化现象，零件整体颜色几乎一致。

经过以上多项检测，若零件成形结构无肉眼可见明显异常，则该零件通过成形后目视检测并判定合格，可以继续向下一步流转。

（二）后处理后检测

等待零件后处理完成后，再次对零件进行目视检测。在此次检测过程中，需要增加对零件支撑面处理情况的目视检测，以此来判断后处理过程是否合格。

1. 零件整体结构检测

检查零件整体结构，如图 6–108 所示，未发现因后处理造成零件整体变形或者损坏，同时零件表面顺滑，无凹坑、毛刺、划痕等，零件表面为金属色，颜色一致。

图 6–107　零件表面颜色

图 6–108　零件整体结构

2. 零件特征结构检测

该零件主要特征结构为围绕中间芯体一周叶片及零件中部凸台等。观察零件叶片部位，叶片结构完整，表面无支撑残留，同时未发现因后处理造成叶片结构破坏；其他零件特征部位如端面台阶处、中部圆孔同样无明显异常，如图 6–109 所示。

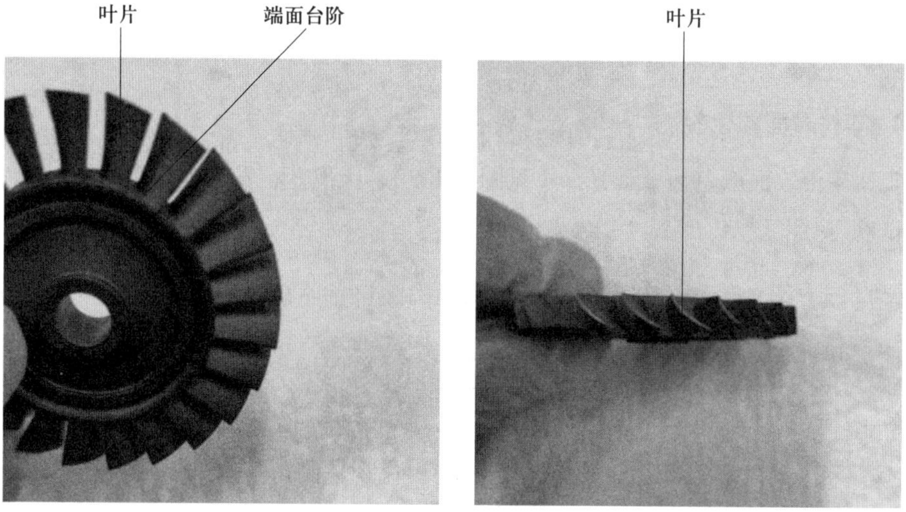

图 6–109　零件特征结构

3. 支撑面处理情况检测

观察零件支撑面处理情况，如图 6–110 所示，支撑去除干净无残留，支撑面打磨顺滑、过渡均匀，未发现因去除支撑造成零件表面损坏。

图 6–110　零件支撑面

经过以上多项检测，零件后处理完成后结构保持完整，打磨、抛光面均匀无色差，零件表面无划痕或肉眼可见明显缺陷，零件通过目视检测并判定合格，继续向下一步流转。

（三）成品检验

零件完成全部加工项目后，对成品零件进行最终目视检测，主要检测项目如表 6–2 所示。

表 6–2 目视检测项目

序号	检测项目	是否合格
1	零件结构特征完整	合格
2	零件表面无毛刺、飞边	合格
3	零件加工表面没有划痕	合格
4	零件表面清理干净，无油污、氧化、灰尘	合格
5	零件支撑打磨干净，过渡顺滑	合格

经过以上多项检测，零件目视检测合格。

二、尺寸检测

零件通过目视检测后，进行下一步尺寸检测。分析叶轮零件图纸，结合零件尺寸精度要求，尺寸检测可分两部分进行。第一是零件厚度、直径、外径等一般尺寸检测，该部分检测结构特征并不复杂，拟采用直接测量方法，工具可选用游标卡尺、深度尺、千分尺等。第二是特殊面尺寸检测，由于零件表面及叶片存在较多弧面，叶片之间间隙较小，一般检测工具无法测量，因此选用三维扫描技术完成该部分尺寸检测。

（一）一般尺寸检测

根据零件外形尺寸及结构，一般尺寸检测工具选用游标卡尺，检测条件及方法符合《游标、带表和数显卡尺》（GB/T 21389—2008）相关要求。检测过程中做好数据记录，根据测量结果及公差判定检测零件是否合格。

检测内容及测量结果如表 6–3 所示。

表 6–3　　尺寸检测

序号	检测尺寸 /mm	公差 /mm	测量尺寸 /mm	量具型号	备注
1	ϕ8	±0.1	8.02	游标卡尺 0.02 mm	
2	ϕ58	±0.3	58.10		
3	9	±0.1	9.04		
4	13	±0.1	13.02		

在使用游标卡尺检测零件尺寸时，需先对游标卡尺进行检查。

（1）测量前应把卡尺表面清理干净，不应有油污、砂砾等，以免影响测量结果。检查卡尺的两个测量面和测量刃口是否平直无损，把两个量爪紧密贴合时，应无明显的间隙，同时游标和主尺的零位刻线要相互对准。这个过程称为校对游标卡尺的零位。

（2）移动尺框时，活动要自如，不应过松或过紧，更不能有晃动现象。

（3）当测量零件的外尺寸时，卡尺两测量面的连线应垂直于被测量表面，不能歪斜。

（二）特殊面尺寸检测

零件叶片及弧面等特殊面尺寸精度采用激光三维扫描技术检测，由检测员在室温环境下对零件进行扫描，检测的具体步骤如下。

1. 准备工作

在进行三维扫描之前，首先需要准备一些必要的工具和设备，包括 3D 扫描仪、支架、扫描工作台等。同时需要对扫描场景进行清理和准备（见图 6–111），最后对工作台和扫描仪进行平面校准（见图 6–112），确保扫描仪能够准确获取零件表面的数据。

2. 扫描零件

将叶轮零件放置在扫描工作台上，根据物体的尺寸和形状选择手持式激光扫描仪，将其连接到计算机上。启动扫描仪软件后，按照指示开始进行扫描操作，如图 6–113 所示。当一部分零件扫描完成后，保持零件不动，将扫描仪围绕零件多次重复扫描，以获取零件不同角度的数据。

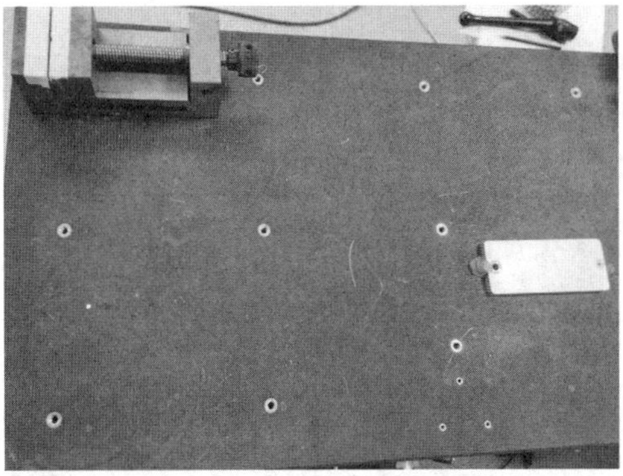

图 6-111　清理扫描平台及设备

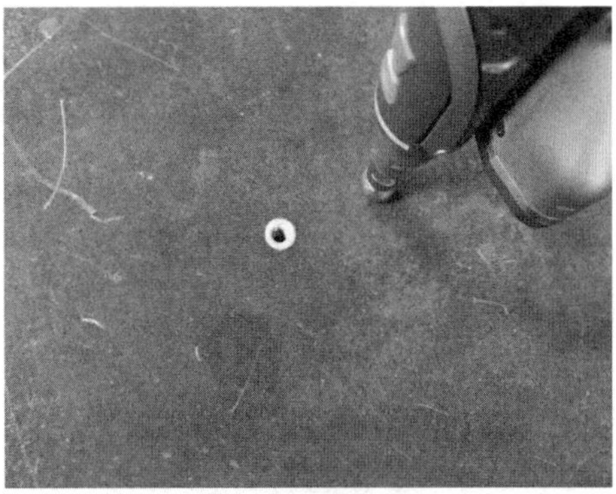

图 6-112　平面校准

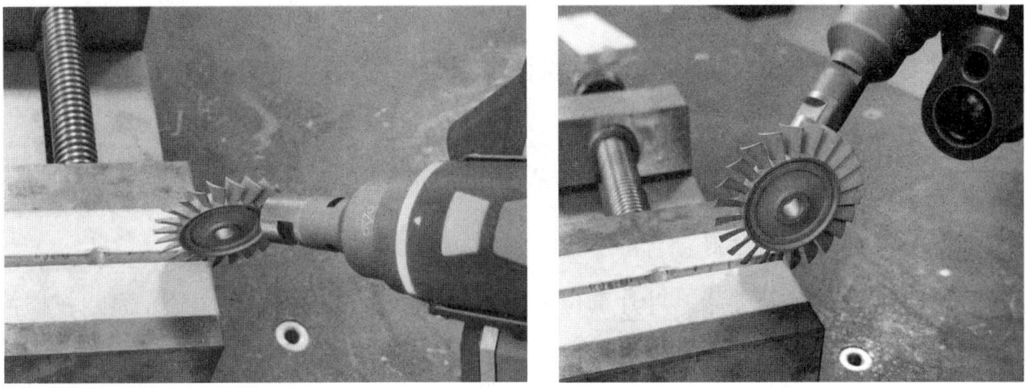

图 6-113　扫描零件

3. 数据处理

扫描完成后，将获取到的扫描数据导入计算机中进行处理。首先进行数据的清理和过滤，去除噪点和无效数据，然后使用软件对数据进行配准和对齐，以确保不同角度的扫描数据能够拼接成完整的物体表面。

4. 建立模型并分析

在数据处理完成后，将得到的点云数据转化为三维模型，通过曲面重建算法，将离散的点云数据连接起来，生成光滑的曲面模型。在建立模型的过程中，可以根据需要对模型进行修复和编辑，以达到设计要求。

5. 模型对比

完成零件三维扫描后，对比扫描获取的实物模型与设计模型的数据（见图 6-114），获取特殊面检测结果并出具检测报告。

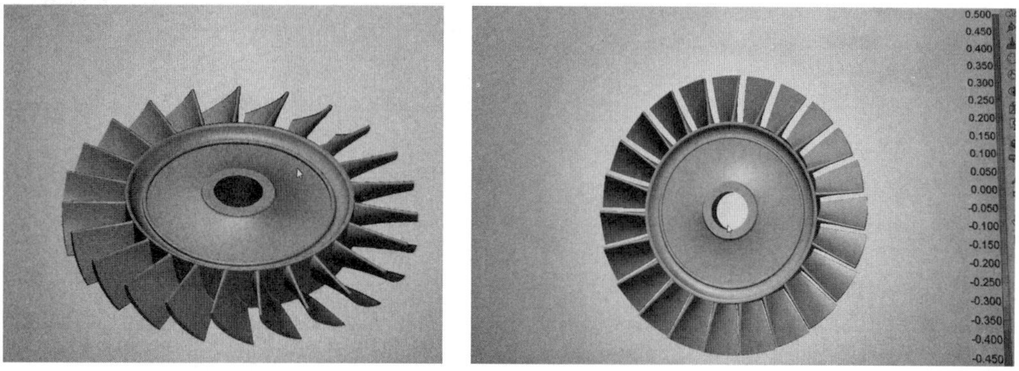

图 6–114　建立模型并对比分析

零件经过以上两项尺寸检测，满足设计公差要求，零件尺寸检测合格。

三、表面质量检测

（一）表面粗糙度检测

根据零件表面质量要求，叶片部位表面粗糙度要求 $Ra \leqslant 6.3\ \mu m$，观察零件叶片位置，选用接触式测量仪检测零件叶片表面粗糙度，检测环境为常温、常压。检测的具体步骤如下。

1. 零件装夹

将零件放置并固定在粗糙度测量仪工作台的夹具内，调整传感器与零件测量面平行且保证传感器导头及测针与被测面接触良好，如图 6–115 所示。

图 6–115　零件装夹

2. 基础参数检查

根据零件检测部位要求，检查基础参数，如图 6–116 所示。

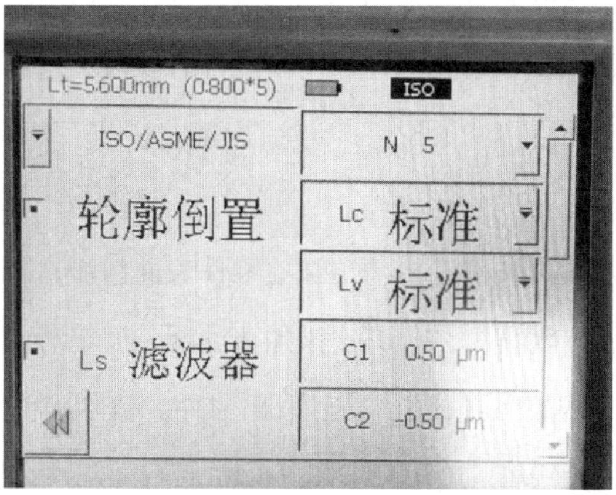

图 6–116　基础参数检查

3. 检测

按下设备的“START”按钮，仪器自动进行测量并获得检测数据，如图 6–117 所示。

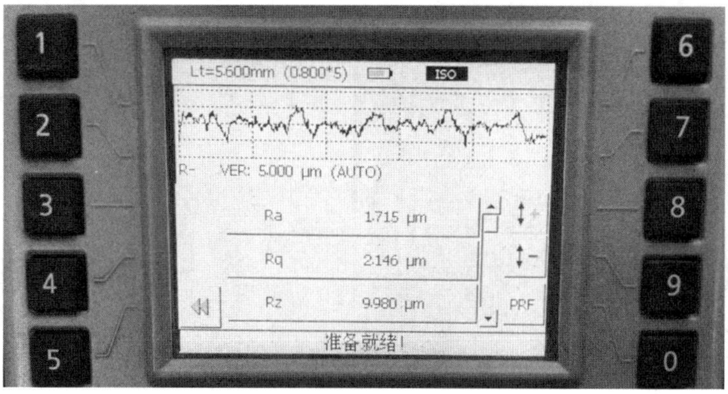

图 6–117　获得检测数据

4. 参数记录

零件表面粗糙度测量完成后，测量结果（零件名称、测量人、测量日期、截止波长、测量长度、测量结果等）自动保存到当前测量日历时间。

经过检测，零件表面粗糙度满足要求（$Ra \leqslant 6.3$ μm），零件表面粗糙度检测合格。

（二）渗透检测

荧光渗透是渗透检测比较常用的一种，可一次性检测形状复杂零件，无须额外设备，便于现场使用。本次叶轮零件采用荧光渗透检测其表面质量，检测条件及方法符合相关要求，零件表面质量要求为零件表面不允许有裂纹、未熔合缺陷。检测操作的具体步骤如下。

1. 清洗

渗透检测前，采用超声波清洗机清洗被检零件表面污渍，防止污染物影响检测结果。首先将零件完全浸入清洗槽内，其次添加清洗剂，设定清洗时间为 30 min，将零件表面完全清洗干净（见图 6–118），最后取出零件。清除表面污渍也可采用机械方法、化学方法及溶剂去除法等。

2. 渗透

基于零件特征结构较为复杂，同时结合零件尺寸，渗透施加方法采用浸透的方式（见图 6–119），渗透过程中需检验人员进行操作，同时渗透过程环境温度为室温 25 ℃，湿度为 60%，渗透时间为 15 min。

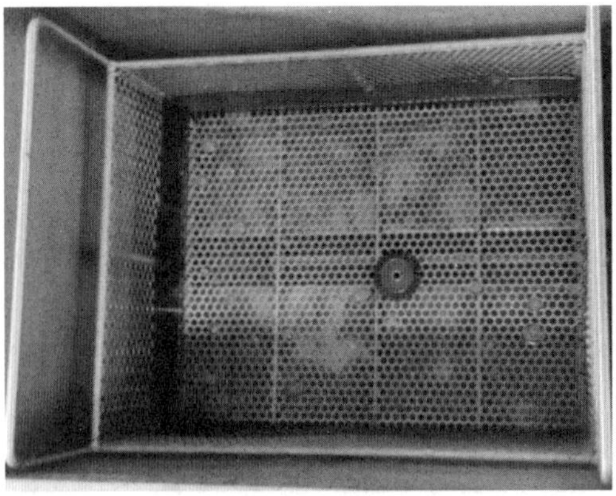

图 6–118 清洗

图 6–119 渗透

3. 渗透剂去除

采用清洗、擦洗、喷洗结合的方法去除零件表面的渗透剂（见图 6–120），清洗及喷洗过程中水压不超过 0.27 MPa，等待零件表面渗透剂冲洗完成后，再使用压缩空气清理表面多余水分，其压力为 0.15 MPa。

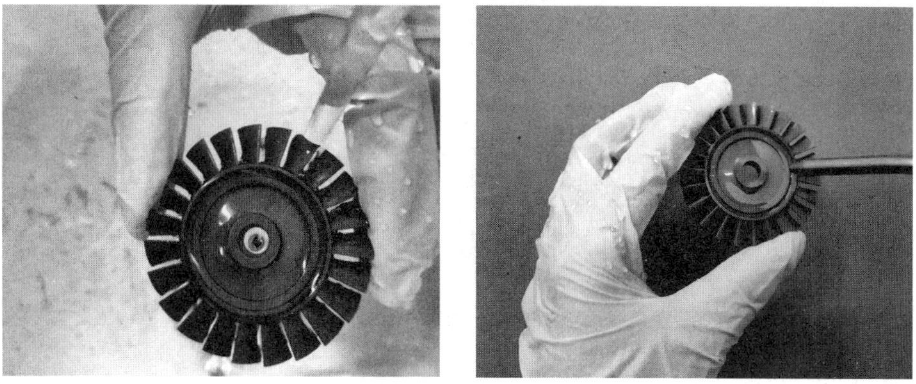

图 6–120 渗透剂去除

4. 干燥

使用热空气循环烘箱对零件表面进行干燥（见图 6–121），烘箱温度设定为 60 ℃，检查零件充分干燥后即可取出。

图 6–121 干燥

5. 显像

显像的过程是用显像剂将缺陷处的渗透液吸附至零件表面，产生清晰可见的缺陷图像，如图 6–122 所示。采用干粉显像剂施加到零件表面，通过轻轻敲打的方式去除多余的显像剂，注意施加显像剂至零件表面时应薄而均匀。

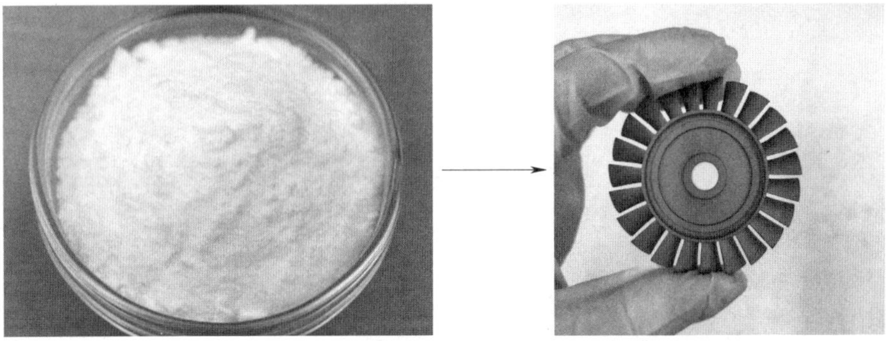

图 6–122　显像

6. 检验

在显像剂施加 10 min 后，由检验人员佩戴防护装置在暗光环境下进行检验。首先打开紫外线荧光探伤灯，待 15 s 左右，等紫外线荧光探伤灯光点稳定后，将零件置于灯光下，根据荧光的形状、位置及大小来判断零件的缺陷，如图 6–123 所示。经检查零件表面无裂纹、未熔合等缺陷。

若零件表面出现裂纹等缺陷（见图 6–124），则需要重新检查零件表面，判断是否可以修复并再次检测。

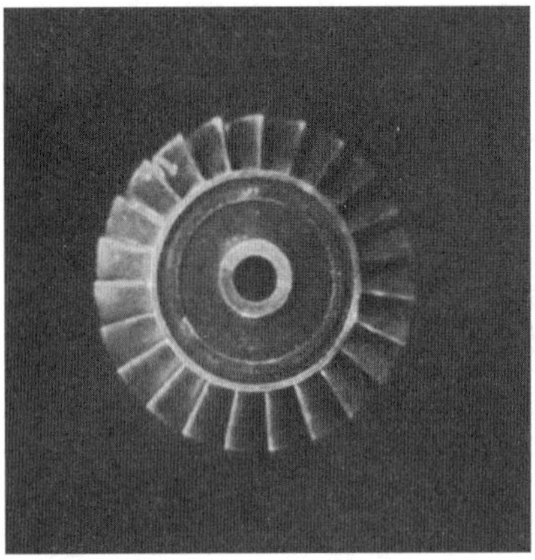

图 6–123　检验

图 6–124　缺陷示意图

7. 后清理

检验结束后，使用刷洗和压缩空气吹扫的方法，去除对后续工序和零件性能有损害的残留物，如图 6–125 所示。

a）

b）

图 6–125 后清理
a）刷洗 b）吹气

8. 记录

记录渗透检测结果，按规定存档以供追溯查阅，记录内容包括：检测日期、零件名称、材料、牌号、检验结论等。

根据荧光渗透检测结果，零件表面质量满足要求，检测合格。

四、装配检测

叶轮零件为发动机其中一部件，待零件通过质量检验后，还需要与其他部件完成配合和连接，继续完成装配，并进行动作功能验证。

（一）零件装配

零件装配前检查所需的零部件，主要有叶轮、轴承、连接杆。使用清洗剂清洗所需零部件表面油污，清洗完成后吹干，防止影响检测结果。零件安装时，首先将轴承安装至连接杆一端，然后安装过渡零件和叶轮零件，最后使用反牙螺母锁紧，调整力矩扳手至合适的扭矩将螺母紧固，零件整体装配达到紧固状态。安装完成后，零件装配如图 6–126 所示。

（二）零件动作功能验证

零件完后装配并检查无误后，开展零件动作功能验证。该叶轮零件在使用过程中为回转零件，因此采用动平衡测试完成动作功能验证，具体操作步骤如下。

图 6–126　装配示意图

1. 部件安装

将装配好的部件安装至动平衡试验机上，检查安装方向正确并完成固定，如图 6–127 所示。

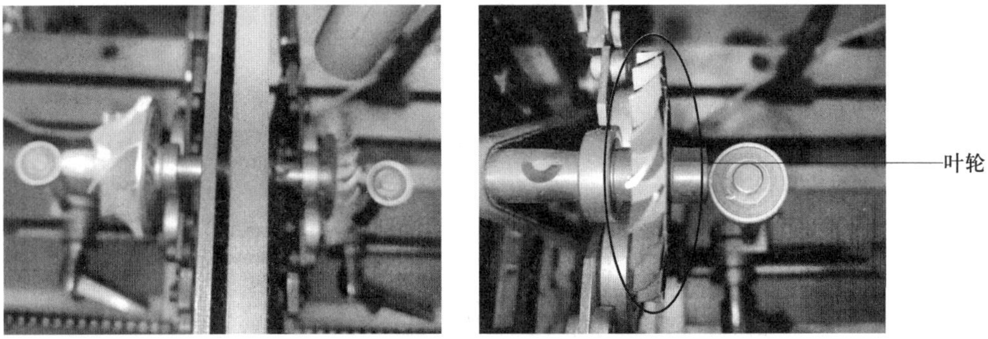

图 6–127　部件安装示意图

2. 动平衡测量

打开动平衡测量设备，设备运行时间设定为 3 min，按下“开始运行”按钮（见图 6–128），设备所带电动机开始运转，同时通过皮带轮带动叶轮旋转，观察零件旋转状态，等待设备运转输出测量结果。

3. 不平衡量修正

根据设备测量结果，采用磨削的方式去除零件表面一侧多余量，确保零件残余不平衡量满足要求，如图 6–129 所示。

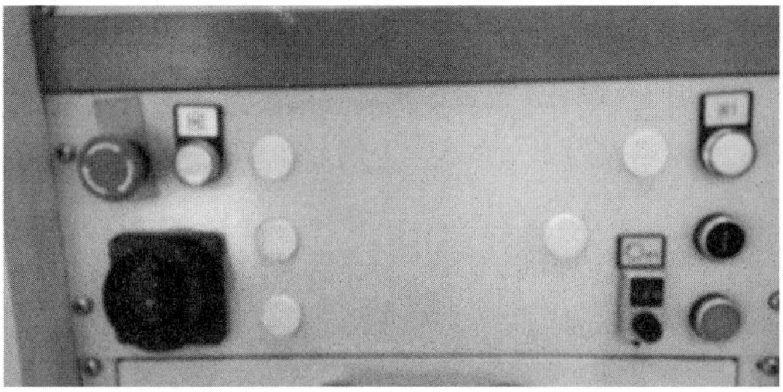

图 6-128　动平衡测量面板

图 6-129　不平衡量修正

4. 复检

再次安装零件至动平衡试验机，设定运行时间后启动设备，等待设备运转输出测量结果。

5. 记录

等待设备运转结束，记录零件测量相关数据并存档，同时输出检测数据。经过零件动平衡检测验证，零件不平衡残余量满足零件设计要求，判定合格。

参考文献

[1] 李涤尘 . 增材制造技术 [M]. 北京：科学出版社，2024.

[2] 史玉升 . 增材制造技术 [M]. 北京：清华大学出版社，2022.

[3] 李涤尘，曹毅，连芩，等 . 光固化增材制造技术 [M]. 北京：国防工业出版社，2021.

[4] 魏青松，周燕，朱文志，等 . 粉末床激光选区熔化成形典型金属材料的组织与性能 [M]. 北京：国防工业出版社，2021.

[5] 田小永 . 纤维增强树脂基复合材料增材制造技术 [M]. 北京：国防工业出版社，2021.

[6] 史亦韦，杨平华，陈子木，等 . 增材制造材料与零件无损检测技术 [M]. 北京：国防工业出版社，2021.

[7] 魏青松，宋波，文世峰，等 . 金属粉床激光增材制造技术 [M]. 北京：化学工业出版社，2019.

[8] 修永明 . 实用增材制造技术 [M]. 西安：西安交通大学出版社，2018.

[9] 杨占尧，赵敬云 . 增材制造与 3D 打印技术及应用 [M]. 北京：清华大学出版社，2017.

[10] 李华雄，张志钢，王晖，等 . 3D 打印技术及应用 [M]. 重庆：重庆大学出版社，2021.

[11] 段虎明 . 3D 打印技术基础篇 [M]. 重庆：重庆大学出版社，2021.

［12］吴国庆 . 3D 打印技术基础及应用［M］. 北京：北京理工大学出版社，2021.

［13］卢秉恒，李涤尘，王磊 . 增材制造技术专利分析［M］. 北京：机械工业出版社，2021.

［14］赵吉宾，赵宇辉，杨光，等 . 激光沉积成形增材制造技术［M］. 武汉：华中科技大学出版社，2020.

［15］罗伟，肖罡，杨钦文 . 增材制造数据前处理软件教程［M］. 长沙：湖南大学出版社，2021.

［16］左世全 . 中国战略性新兴产业研究与发展：增材制造［M］. 北京：机械工业出版社，2021.

［17］王凌飞，张骜 . 增材制造技术基础［M］. 北京：机械工业出版社，2021.

［18］宁煜，任军辉 . 逆向设计与增材制造［M］. 北京：北京理工大学出版社，2023.

［19］蔡志楷，梁家辉 . 3D 打印和增材制造的原理及应用［M］. 4 版 . 北京：国防工业出版社，2017.

［20］增材制造　术语（GB/T 35351—2017）［S］. 北京：中国标准出版社，2017.

［21］增材制造　文件格式（GB/T 35352—2017）［S］. 北京：中国标准出版社，2017.

［22］增材制造　工艺分类及原材料（GB/T 35021—2018）［S］. 北京：中国标准出版社，2018.

［23］增材制造　金属制件热处理工艺规范（GB/T 39247—2020）［S］. 北京：中国标准出版社，2020.

［24］增材制造　测试方法　标准测试件精度检验（GB/T 39329—2020）［S］. 北京：中国标准出版社，2020.

［25］Gibson I，Rosen D W，Stucker B，et al. Additive manufacturing technologies［M］. Cham，Switzerland：Springer，2021.

［26］Askari M，Hutchins D A，Thomas P J，et al. Additive manufacturing of metamaterials：A review［J］. Additive Manufacturing，2020，36：101562.

［27］Maleki E，Bagherifard S，Bandini M，et al. Surface post-treatments for metal additive manufacturing：Progress，challenges，and opportunities［J］. Additive Manufacturing，2021，37：101619.

［28］Goh G D，Yap Y L，Agarwala S，et al. Recent progress in additive manufacturing of fiber reinforced polymer composite［J］. Advanced Materials Technologies，2019，4（1）：1800271.

［29］Awari K G，Thorat S C，Ambade V，et al. Additive Manufacturing and 3D Printing Technology：Principles and Applications［M］. Florida，USA：CRC Press，2021.

后　记

增材制造具有快速成形、个性化定制、实现接近任意复杂构型制造的技术优势，可成形金属、非金属、复合材料、生物材料甚至是生命材料，颠覆传统产品设计制造流程，有效缩短产品设计周期，强力支撑新一轮制造产业革命。目前，我国增材制造产业发展速度居于国际前列，有望成为我国构筑制造业国际领先优势、占据未来制造战略制高点的方向。

增材制造产业的快速发展迫切需要大量的专业人才提供支撑。以《人力资源社会保障部办公厅　工业和信息化部办公厅关于颁布机器人、增材制造工程技术人员国家职业标准的通知》为依据，在充分考虑科技进步、社会经济发展和产业结构变化对增材制造工程技术人员专业要求的基础上，以客观反映增材制造技术发展水平及其对从业人员的专业能力要求为目标，根据《增材制造工程技术人员国家职业标准（2023年版）》（以下简称《标准》）对增材制造工程技术人员职业功能、工作内容、专业能力要求和相关知识要求的描述，人力资源社会保障部专业技术人员管理司联合中国机械工程学会组织有关专家开展了增材制造工程技术人员培训教程（以下简称教程）的编写工作，用于全国新职业培训。

增材制造工程技术人员是从事增材制造技术、装备、产品研发、设计并指导应用的工程技术人员。其共分为三个专业技术等级，分别为初级、中级、高级；以及两个职业方向：增材制造技术开发、增材制造技术应用。

与此相对应，增材制造工程技术人员培训教程也分为初级、中级、高级培训教程，分别对应其专业能力考核要求。初级、中级、高级教程中分别有两本教程，对应增材制造技术开发、增材制造技术应用两个职业方向。

在初级、中级、高级增材制造工程技术人员培训中，可以根据培训目标与受众人员实际，选用增材制造技术开发、增材制造技术应用两个职业方向培训教程。培训考核合格后，获得相应证书。

初级教程包含《增材制造技术开发（初级）》《增材制造技术应用（初级）》，共 2 本。《增材制造技术开发（初级）》内容对应《标准》中增材制造初级工程技术人员增材制造技术开发职业方向应该具备的专业能力要求，《增材制造技术应用（初级）》内容对应《标准》中增材制造初级工程技术人员增材制造技术应用职业方向应该具备的专业能力要求。

本教程读者为大学专科学历（或高等职业学校毕业）以上，具有较强的学习能力、计算能力、表达能力及分析、推理和判断能力，参加新职业培训的人员。

增材制造工程技术人员需按照《标准》的职业培训要求参加有关课程培训完成规定学时，取得学时证明。初级 128 标准学时，中级 128 标准学时，高级 128 标准学时。

在本教程编写过程中，得到了人力资源社会保障部、工业和信息化部相关部门的正确领导，得到了有关高校、科研院所、企业等单位和专家学者的大力支持和指导帮助。同时参考了多方面的文献，吸取了许多专家学者的研究成果，在此表示由衷感谢。

受编者水平、经验与时间所限，本书的不足与疏漏之处在所难免，恳请广大读者批评与指正。

本书编委会

全国专业技术人员新职业培训教程

增材制造工程技术人员培训教程·初级系列

增材制造技术开发

增材制造技术应用

责任编辑　韩银兰
责任校对　洪　娟
　　　　　薛宝丽
责任设计　娄力维

天猫旗舰店　　中国人力资源和社会保障出版集团

ISBN 978-7-5129-2088-0

定价：56.00 元